Go语言
底层原理剖析

郑建勋 / 著

U0218007

電子工業出版社
Publishing House of Electronics Industry
北京•BEIJING

内 容 简 介

Go 语言是一门年轻、简捷，但是强大、高效、充满潜力的服务器语言。本书使用浅显易懂的语言与大量图片深入介绍了 Go 语言编译时、类型系统、语法特性、函数调用规范、并发编程、内存管理与垃圾回收、运行状态监控等模块的使用方法和底层原理，并举例说明了构建大型软件工程需要遵循的设计规则，让读者系统并完整掌握 Go 语言的底层细节。

本书适合有一定工作经验的开发工程师阅读，以便进一步提升自己，更好地开发软件、系统架构，并参加工作面试。本书也可以作为高等院校计算机专业师生学习编程语言设计原理的参考教材。

图书在版编目（CIP）数据

Go语言底层原理剖析 / 郑建勋著. —北京：电子工业出版社，2021.8
ISBN 978-7-121-41662-0

Ⅰ. ①G… Ⅱ. ①郑… Ⅲ. ①程序语言－程序设计－高等学校－教材 Ⅳ. ①TP312

中国版本图书馆CIP数据核字(2021)第150584号

责任编辑：张 晶
印　　刷：三河市华成印务有限公司
装　　订：三河市华成印务有限公司
出版发行：电子工业出版社
　　　　　北京市海淀区万寿路 173 信箱　　邮编：100036
开　　本：787×980　1/16　印张：24.75　字数：514.8 千字
版　　次：2021 年 8 月第 1 版
印　　次：2021 年 10 月第 3 次印刷
定　　价：99.00 元

凡所购买电子工业出版社图书有缺损问题，请向购买书店调换。若书店售缺，请与本社发行部联系，联系及邮购电话：（010）88254888，88258888。

质量投诉请发邮件至 zlts@phei.com.cn，盗版侵权举报请发邮件至 dbqq@phei.com.cn。

本书咨询联系方式：010-51260888-819，faq@phei.com.cn。

前言

Go 语言虽然是一门非常年轻的语言（2009 年正式开源），却以不可思议的速度在成长着。

顶级大公司（谷歌）的支持、顶尖的设计者（罗勃·派克、肯·汤普逊）和豪华的开发团队、“杀手级”的项目（Kubernetes）、开放活跃的社区以及数以百万计的开发者都揭示了 Go 语言的巨大潜力。在国内，Go 语言良好的发展趋势可以从招聘网站中数量庞大的岗位需求以及每天发表在各种媒体上的种类繁多的相关文章中得到印证。

在可预见的未来，相信 Go 语言还将延续强劲的发展势头。为了把握和适应时代的需求，开发者需要在短时间内掌握 Go 这门语言。虽然高级语言足够抽象，在大部分情况下掌握了基本的语法就可以创建庞大和复杂的项目，但是仍然需要遵守一定的规则才能写出正确、优雅、容易维护的代码。当程序的执行结果不符合预期时，我们是否有足够多的手段去调试？很显然，会使用和能用好有本质的区别，充分的经验、合理的架构、遵守软件设计规范、使用经典的设计模式、规避常见的错误陷阱、强制性工具检查都能够帮助开发者写出更好的程序。然而很多时候我们并不满足于此，还希望探究语言背后的原理。

Go 语言的编译器、运行时，本身就是用 Go 语言写出的既复杂又精巧的程序；探究语言设计、语法特性，本身就是学习程序设计与架构、数据结构与算法等知识的绝佳途径。学习底层原理能够帮助我们更好地了解 Go 语言的语法，做出合理的性能优化，设计科学的程序架构，监控程序的运行状态，排查复杂的程序异常问题，开发出检查协程泄露、语法等问题的高级工具，理解 Go 语言的局限性，从而在不同场景下做出合理抉择。学习 Go 语言底层原理能提升自己的专业技能和薪资水平，这种学习本身也是一种乐趣，而这种乐趣恰恰是很多自上而下学习编程语言的开发者不能体会的。

目前市面上鲜有系统介绍 Go 语言底层实现原理的书籍，为了弥补这个缺陷，笔者写作本书，系统性地介绍 Go 语言在编译时、运行时以及语法特性等层面的底层原理和更好的使用方法。本书基于 Go 1.14 编写，共 21 章，可以分为 6 部分。

第 1～8 章为第 1 部分，介绍 Go 语言的基础——编译时及类型系统。包括浮点数、切片、哈希表等类型以及类型转换的原理。

第 9～11 章为第 2 部分，介绍程序运行重要的组成部分——函数与栈。包括栈帧布局、栈扩容、栈调试的原理，并介绍了延迟调用、异常与异常捕获的原理。

第 12、13 章为第 3 部分，介绍 Go 语言程序设计的关键——接口。包括如何正确合理地使用接口构建程序、接口的实现原理和可能遇到的问题，并探讨了接口之上的反射原理。

第 14～17 章为第 4 部分，介绍 Go 语言并发的核心——协程与通道。详细论述了协程的本质以及运行时调度器的调度时机与策略。介绍了通过通信来共享内存的通道本质以及通道的多路复用原理，并探讨了并发控制、数据争用问题的解决办法及锁的本质。

第 18～20 章为第 5 部分，介绍 Go 语言运行时最复杂的模块——内存管理与垃圾回收。详细论述了 Go 语言中实现内存管理方法及垃圾回收的详细步骤。

第 21 章为第 6 部分，介绍 Go 语言可视化工具——pprof 与 trace。详细论述了通过工具排查问题、观察系统运行状态的方法与实现原理。

为了准确地论述每一个话题，笔者参阅了市面上能够找到的文章、提案并详细参考了相应的源代码。从某种意义上来讲，这是一本站在巨人肩膀上的著作。学习原理是为了更好地使用，笔者在本书中不会粘贴大段的源码，而是将其充分整理并结合了作者的思考后用图和例子的形式来讲解。相信当读者阅读完本书后能够建立一整套底层原理模型并对程序有不一样的体会，就像清晰地看到了 Go 程序中的每一根血管和每一个细胞一样。

郑建勋
2021 年 5 月

本书各章参考资料可通过微信扫描封底二维码获取。

目录

第 1 章

深入Go语言编译器

以.go 为后缀的 UTF-8 格式的 Go 文本文件最终能被编译成特定机器上的可执行文件，离不开 Go 语言编译器的复杂工作。Go 语言编译器不仅能准确地翻译高级语言，也能进行代码优化。在本章中，笔者将解析从编写 Go 文本文件到生成可执行文件的关键流程。

1.1 为什么要了解 Go 语言编译器

编译器是一个大型且复杂的系统，一个好的编译器会很好地结合形式语言理论、算法、人工智能、系统设计、计算机体系结构及编程语言理论。Go 语言的编译器遵循了主流编译器采用的经典策略及相似的处理流程和优化规则（例如经典的递归下降的语法解析、抽象语法树的构建）。另外，Go 语言编译器有一些特殊的设计，例如内存的逃逸等。在本章中，笔者将分别介绍 Go 语言编译器的各个阶段。

编译原理值得用一本书的笔墨去讲解，通过了解 Go 语言编译器，不仅可以了解大部分高级语言编译器的一般性流程与规则，也能指导我们写出更加优秀的程序。本书后面的章节经常会禁用编译器的优化以及内联函数等特性调试和查看代码的执行流程。后面还会看到，很多 Go 语言的语法特性都离不开编译时与运行时的共同作用。另外，如果读者希望开发 go import、go fmt、go lint 等扫描源代码的工具，那么同样离不开编译器的知识和 Go 语言提供的 API。

1.2 Go 语言编译器的阶段

如图 1-1 所示，在经典的编译原理中，一般将编译器分为编译器前端、优化器和编译器后端。这种编译器被称为三阶段编译器（three-phase compiler）。其中，编译器前端主要专注于理解源程序、扫描解析源程序并进行精准的语义表达。编译器的中间阶段（Intermediate Representation，IR）可能有多个，编译器会使用多个 IR 阶段、多种数据结构表示代码，并在中间阶段对代码进行多次优化。例如，识别冗余代码、识别内存逃逸等。编译器的中间阶段离不开编译器前端记录的细节。编译器后端专注于生成特定目标机器上的程序，这种程序可能是可执行文件，也可能是需要进一步处理的中间形态 obj 文件、汇编语言等。

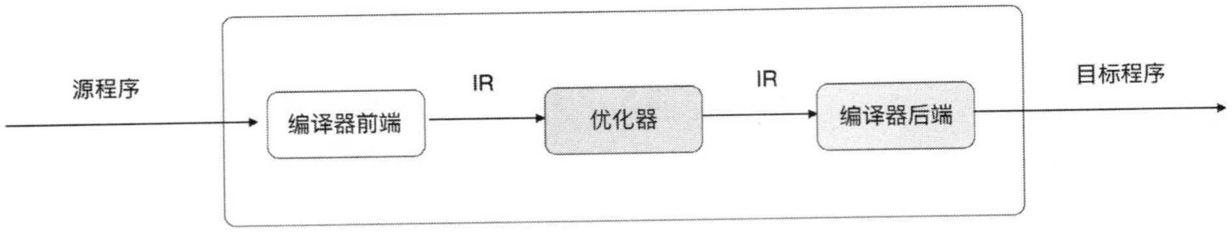

图 1-1　三阶段编译器

需要注意的是，编译器优化并不是一个非常明确的概念。优化的主要目的一般是降低程序资源的消耗，比较常见的是降低内存与 CPU 的使用率。但在很多时候，这些目标可能是相互冲突的，对一个目标的优化可能降低另一个目标的效率。同时，理论已经表明有一些代码优化存在着 NP 难题[1]，这意味着随着代码的增加，优化的难度将越来越大，需要花费的时间呈指数增长。因为这些原因，编译器无法进行最佳的优化，所以通常采用一种折中的方案。

Go 语言编译器一般缩写为小写的 gc（go compiler），需要和大写的 GC（垃圾回收）进行区分。Go 语言编译器的执行流程可细化为多个阶段，包括词法解析、语法解析、抽象语法树构建、类型检查、变量捕获、函数内联、逃逸分析、闭包重写、遍历函数、SSA 生成、机器码生成，如图 1-2 所示。后面的章节将对这些阶段逐一进行分析。

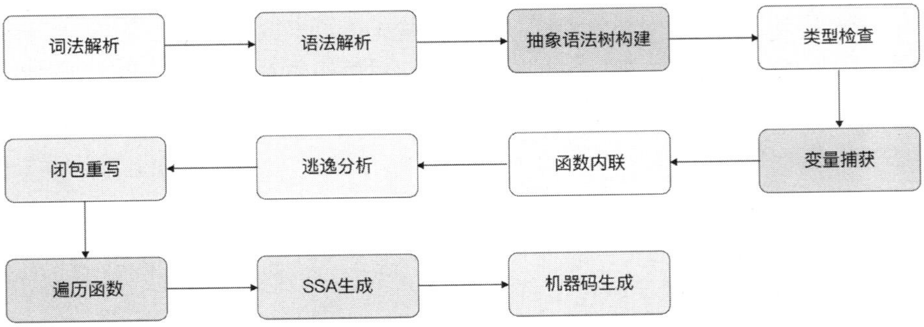

图 1-2　Go 语言编译器执行流程

1.3　词法解析

和 Go 语言编译器有关的代码主要位于 src/cmd/compile/internal 目录下，在后面分析中给出的文件路径均默认位于该目录中。在词法解析阶段，Go 语言编译器会扫描输入的 Go 源文件，并将其符号（token）化。例如“+”和“-”操作符会被转换为_IncOp，赋值符号“:=”会被转换为_Define。这些 token 实质上是用 iota 声明的整数，定义在 syntax/tokens.go 中。符号化保留了 Go 语言中定义的符号，可以识别出错误的拼写。同时，字符串被转换为整数后，在后续的阶段中能够被更加高效地处理。图 1-3 为一个示例，展现了将表达式 a:=b + c(12)符号化之后的情形。代码中声明的标识符、关键字、运算符和分隔符等字符串都可以转化为对应的符号。

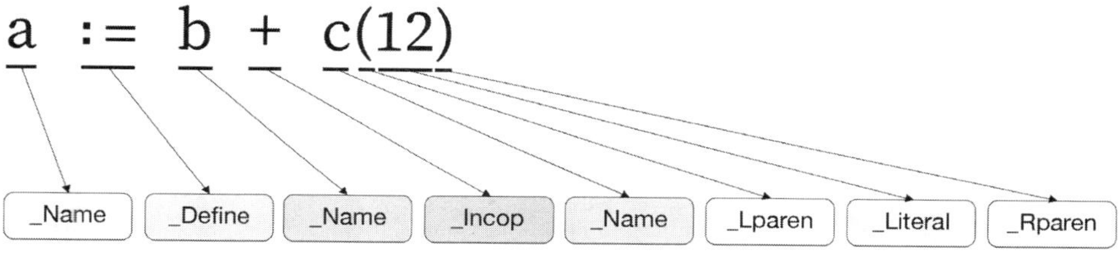

图 1-3　Go 语言编译器词法解析示例

Go 语言标准库 go/scanner、go/token 也提供了许多接口用于扫描源代码。在下例中，我们将使用这些接口模拟对 Go 文本文件的扫描。

```
package main
import (
    "fmt"
    "go/scanner"
    "go/token"
)
func main() {
    src := []byte("cos(x) + 2i*sin(x) // Euler")

    // 初始化 scanner
    var s scanner.Scanner
    fset := token.NewFileSet()
    file := fset.AddFile("", fset.Base(), len(src))
    s.Init(file, src, nil , scanner.ScanComments)
  // 扫描
    for {
        pos, tok, lit := s.Scan()
        if tok == token.EOF {
```

```
            break
        }
        fmt.Printf("%s\t%s\t%q\n", fset.Position(pos), tok, lit)
    }
}
```

在上例中，src 为进行词法扫描的表达式，可以将其模拟为一个文件并调用 scanner.Scanner 词法，扫描后分别打印出 token 的位置、符号及其字符串字面量。每个标识符与运算符都被特定的 token 代替，例如 2i 被识别为复数 IMAG，注释被识别为 COMMENT。

```
1:1     IDENT   "cos"
1:4     (       ""
1:5     IDENT   "x"
1:6     )       ""
1:8     +       ""
1:10    IMAG    "2i"
1:12    *       ""
1:13    IDENT   "sin"
1:16    (       ""
1:17    IDENT   "x"
1:18    )       ""
1:20    ;       "\n"
1:20    COMMENT "// Euler"
```

1.4 语法解析

词法解析阶段结束后，需要根据 Go 语言中指定的语法对符号化后的 Go 文件进行解析。Go 语言采用了标准的自上而下的递归下降（Top-Down Recursive-Descent）算法，以简单高效的方式完成无须回溯的语法扫描，核心算法位于 syntax/nodes.go 及 syntax/parser.go 中。图 1-4 为 Go 语言编译器对文件进行语法解析的示意图。在一个 Go 源文件中主要有包导入声明（import）、静态常量（const）、类型声明（type）、变量声明（var）及函数声明。

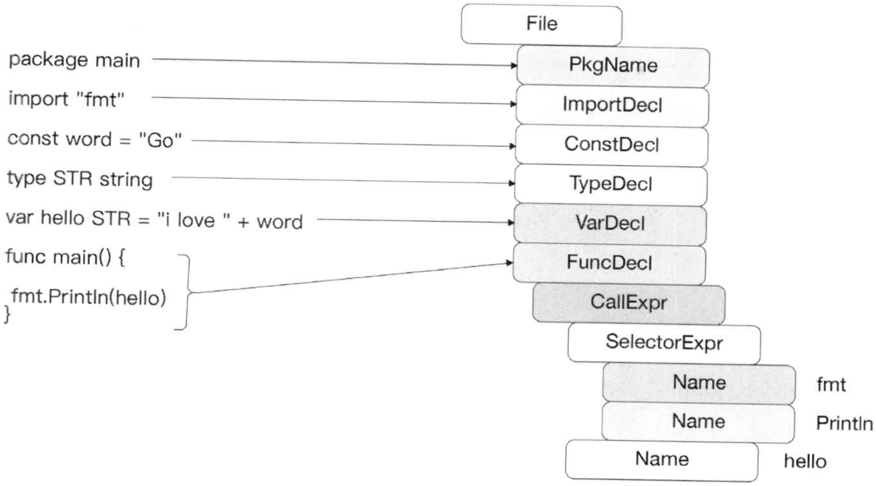

图 1-4 Go 语言编译器对文件进行语法解析的示意图

源文件中的每一种声明都有对应的语法，递归下降通过识别初始的标识符，例如_const，采用对应的语法进行解析。这种方式能够较快地解析并识别可能出现的语法错误。每一种声明语法在 Go 语言规范中都有定义[2]。

```
//包导入声明
ImportSpec = [ "." | PackageName ] ImportPath .
ImportPath = string_lit .
// 静态常量
ConstSpec = IdentifierList [ [ Type ] "=" ExpressionList ] .
//类型声明
TypeSpec = identifier [ "=" ] Type .
//变量声明
VarSpec = IdentifierList ( Type [ "=" ExpressionList ] | "=" ExpressionList ) .
```

函数声明是文件中最复杂的一类语法，因为在函数体的内部可能有多种声明、赋值（例如:= ）、表达式及函数调用等。例如 defer 语法为 defer Expression，其后必须跟一个函数或方法。每一种声明语法或者表达式都有对应的结构体，例如 a := b + f(89) 对应的结构体为赋值声明 AssignStmt。Op 代表当前的操作符，即“ :=”, Lhs 与 Rhs 分别代表左右两个表达式。

```
type AssignStmt struct {
   Op       Operator
   Lhs, Rhs Expr
   simpleStmt
}
```

语法解析丢弃了一些不重要的标识符，例如括号“（”，并将语义存储到了对应的结构体中。语法声明的结构体拥有对应的层次结构，这是构建抽象语法树的基础。图 1-5 为 a := b + c(12) 语句被语法解析后转换为对应的 syntax.AssignStmt 结构体之后的情形。最顶层的 Op 操作符为 token.Def（:= ）。Lhs 表达式类型为标识符 syntax.Name，值为标识符“a”。Rhs 表达式为 syntax.Operator 加法运算。加法运算左边为标识符“b”，右边为函数调用表达式，类型为 CallExpr。其中，函数名 c 的类型为 syntax.Name，参数为常量类型 syntax.BasicLit，代表数字 12。

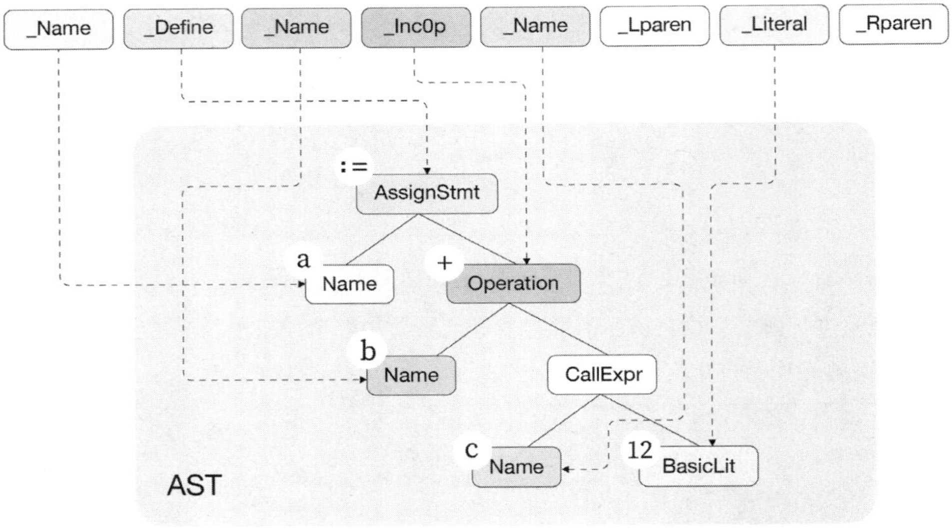

图 1-5 特定表达式的语法解析示例

1.5 抽象语法树构建

编译器前端必须构建程序的中间表示形式，以便在编译器中间阶段及后端使用。抽象语法树（Abstract Syntax Tree，AST）是一种常见的树状结构的中间态。

在 Go 语言源文件中的任何一种 import、type、const、func 声明都是一个根节点，在根节点下包含当前声明的子节点。如下 decls 函数将源文件中的所有声明语句转换为节点（Node）数组。核心逻辑位于 gc/noder.go 中。

```
func (p *noder) decls(decls []syntax.Decl) (l []*Node) {
    var cs constState
    for _, decl := range decls {
```

```
        p.setlineno(decl)
        switch decl := decl.(type) {
        case *syntax.ImportDecl:
            p.importDecl(decl)

        case *syntax.VarDecl:
            l = append(l, p.varDecl(decl)...)

        case *syntax.ConstDecl:
            l = append(l, p.constDecl(decl, &cs)...)

        case *syntax.TypeDecl:
            l = append(l, p.typeDecl(decl))

        case *syntax.FuncDecl:
            l = append(l, p.funcDecl(decl))
        }
    return
}
```

每个节点都包含了当前节点属性的 Op 字段，定义在 gc/syntax.go 中，以 O 开头。与词法解析阶段中的 token 相同的是，Op 字段也是一个整数。不同的是，每个 Op 字段都包含了语义信息。例如，当一个节点的 Op 操作为 OAS 时，该节点代表的语义为 Left := Right，而当节点的操作为 OAS2 时，代表的语义为 x, y, z = a, b, c。

```
OXXX Op = iota
  // 名字
  ONAME    // var or func name
  ONONAME  // unnamed arg or return value: f(int, string) (int, error) { etc }
  OTYPE    // type name
  OPACK    // import
  OLITERAL // literal
  // 表达式
  OADD          // Left + Right
  OSUB          // Left - Right
  OOR           // Left | Right
  OXOR          // Left ^ Right
  OAS           // Left = Right or (if Colas=true) Left := Right
  OAS2          // List = Rlist (x, y, z = a, b, c)
```

以 a := b + c(12)为例，该赋值语句最终会变为如图 1-6 所示的抽象语法树。节点之间具有从上到下的层次结构和依赖关系。

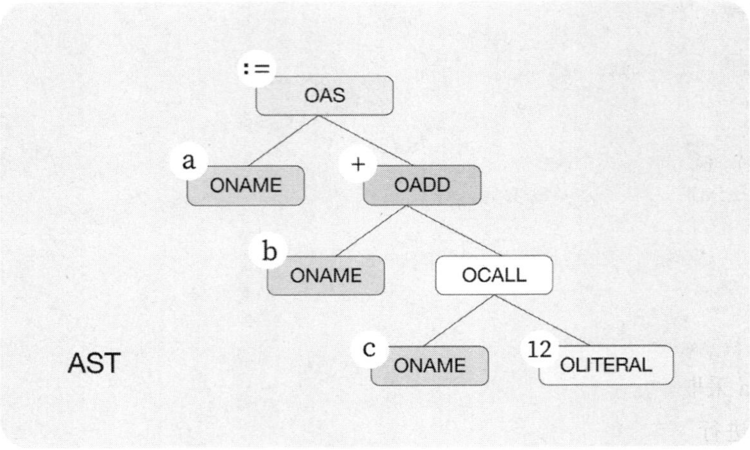

图 1-6 抽象语法树

1.6 类型检查

完成抽象语法树的初步构建后，就进入类型检查阶段遍历节点树并决定节点的类型。这其中包括了语法中明确指定的类型，例如 var a int，也包括了需要通过编译器类型推断得到的类型。例如，a := 1 中的变量 a 与常量 1 都未直接声明类型，编译器会自动推断出节点常量 1 的类型为 TINT，并自动推断出 a 的类型为 TINT()。相关内容在第 3 章会有更深入的分析。

在类型检查阶段，会对一些类型做特别的语法或语义检查。例如：引用的结构体字段是否是大写可导出的？数组字面量的访问是否超过了其长度？数组的索引是不是正整数？

除此之外，在类型检查阶段还会进行其他工作。例如：计算编译时常量、将标识符与声明绑定等。类型检查的核心逻辑位于 gc/typecheck.go 中。

1.7 变量捕获

类型检查阶段完成后，Go 语言编译器将对抽象语法树进行分析及重构，从而完成一系列优化。变量捕获主要是针对闭包场景而言的，由于闭包函数中可能引用闭包外的变量，因此变量捕获需要明确在闭包中通过值引用或地址引用的方式来捕获变量。下面的例子中有一个闭包函数，在闭包内引入了闭包外的 a、b 变量，由于变量 a 在闭包之后进行了其他赋值操作，因此在闭包中，a、b 变量的引用方式会有所不同。在闭包中，必须采取地址引用的方式对变量 a 进行操作，而对变量 b 的引用将通过直接值传递的方式进行。

```
func main(){
    a := 1
    b := 2
    go func() {
        fmt.Println(a,b)
    }()
    a = 99
}
```

在 Go 语言编译的过程中，可以通过如下方式查看当前程序闭包变量捕获的情况。从输出中可以看出，a 采取 ref 引用传递的方式，而 b 采取了值传递的方式。assign=true 代表变量 a 在闭包完成后又进行了赋值操作。

```
» go tool compile -m=2  main.go | grep capturing
main.go:9:15: capturing by ref: a (addr=true assign=true width=8)
main.go:9:17: capturing by value: b (addr=false assign=false width=8)
```

闭包变量捕获的核心逻辑位于 gc/closure.go 的 capturevars 函数中。

1.8　函数内联

函数内联指将较小的函数直接组合进调用者的函数。这是现代编译器优化的一种核心技术。函数内联的优势在于，可以减少函数调用带来的开销。对于 Go 语言来说，函数调用的成本在于参数与返回值栈复制、较小的栈寄存器开销以及函数序言部分的检查栈扩容（Go 语言中的栈是可以动态扩容的），详见第 9 章。同时，函数内联是其他编译器优化（例如无效代码消除）的基础。我们可以通过一段简单的程序衡量函数内联带来的效率提升[3]，如下所示，使用 bench 对 max 函数调用进行测试。当我们在函数的注释前方加上//go:noinline 时，代表当前函数是禁止进行函数内联优化的。取消该注释后，max 函数将会对其进行内联优化。

```
//go:noinline
func max(a, b int) int {
    if a > b {
        return a
    }
    return b
}
var Result int
func BenchmarkMax(b *testing.B) {
```

```
    var r int
    for i := 0; i < b.N; i++ {
        r = max(-1, i)
    }
    Result = r
}
```

通过下面的 bench 对比结果可以看出，在内联后，max 函数的执行时间显著少于非内联函数调用花费的时间，这里的消耗主要来自函数调用增加的执行指令。

```
» go test 5_inline_test.go -bench=.
BenchmarkMax-12         1000000000           0.415 ns/op
» go test 5_noinline_test.go -bench=.
BenchmarkMax-12         1000000000           1.61 ns/op
```

Go 语言编译器会计算函数内联花费的成本，只有执行相对简单的函数时才会内联。函数内联的核心逻辑位于 gc/inl.go 中。当函数内部有 for、range、go、select 等语句时，该函数不会被内联，当函数执行过于复杂（例如太多的语句或者函数为递归函数）时，也不会执行内联。

```
case OCLOSURE,
     OCALLPART,
     ORANGE,
     OFOR,
     OFORUNTIL,
     OSELECT,
     OTYPESW,
     OGO,
     ODEFER,
     ODCLTYPE,
     OBREAK,
     ORETJMP:
     v.reason = "unhandled op " + n.Op.String()
     return true
```

另外，如果函数前的注释中有 go:noinline 标识，则该函数不会执行内联。如果希望程序中所有的函数都不执行内联操作，那么可以添加编译器选项“-l”。在之后的章节中会频繁地使用这种技巧进行调试。

```
go build  -gcflags="-l" main.go
go tool compile -l main.go
```

在调试时，可以获取当前函数是否可以内联，以及不可以内联的原因。

```
func small() string {
    s := "hello, " + "world!"
    return s
}
func fib(index int) int{
    if index <2{
        return index
    }
    return fib(index-1) + fib(index-2)
}
func main() {
    small()
    fib(65)
}
```

在上面的代码中，当在编译时加入-m=2 标志时，可以打印出函数的内联调试信息。可以看出，small 函数可以被内联，而 fib（斐波那契）函数为递归函数，不能被内联。

```
» go tool compile -m=2 5_inline.go
    5_inline.go:3:6: can inline small as: func() string { s := "hello, world!";
return s }
    5_inline.go:8:6: cannot inline fib: recursive
```

当函数可以被内联时，该函数将被纳入调用函数。如下所示，a := b + f(1)，其中，f 函数可以被内联。

```
func f(n int) int {
    return n + 1
}
a := b + f(1)
```

函数参数与返回值在编译器内联阶段都将转换为声明语句，并通过 goto 语义跳转到调用者函数语句中，上述代码的转换形式如下，在后续编译器阶段还将对该内联结构做进一步优化。

```
n := 1
~r1 := n + 1
goto end
end:
    a = b + ~r1
```

1.9 逃逸分析

逃逸分析是 Go 语言中重要的优化阶段，用于标识变量内存应该被分配在栈区还是堆区。在传统的 C 或 C++语言中，开发者经常会犯的错误是函数返回了一个栈上的对象指针，在函数执行完成，栈被销毁后，继续访问被销毁栈上的对象指针，导致出现问题。Go 语言能够通过编译时的逃逸分析识别这种问题，自动将该变量放置到堆区，并借助 Go 运行时的垃圾回收机制（详见第 19~20 章）自动释放内存。编译器会尽可能地将变量放置到栈中，因为栈中的对象随着函数调用结束会被自动销毁，减轻运行时分配和垃圾回收的负担。

在 Go 语言中，开发者模糊了栈区与堆区的差别，不管是字符串、数组字面量，还是通过 new、make 标识符创建的对象，都既可能被分配到栈中，也可能被分配到堆中。分配时，遵循以下两个原则：

◎ 原则 1：指向栈上对象的指针不能被存储到堆中

◎ 原则 2：指向栈上对象的指针不能超过该栈对象的生命周期

Go 语言通过对抽象语法树的静态数据流分析（static data-flow analysis）来实现逃逸分析，这种方式构建了带权重的有向图。

简单的逃逸现象举例如下：

```
var z *int
func escape() {
    a := 1
    z = &a
}
```

在上例中，变量 z 为全局变量，是一个指针。在函数中，变量 z 引用了变量 a 的地址。如果变量 a 被分配到栈中，那么最终程序将违背原则 2，即变量 z 超过了变量 a 的生命周期，因此变量 a 最终将被分配到堆中。可以通过在编译时加入-m=2 标志打印出编译时的逃逸分析信息。如下所示，表明变量 a 将被放置到堆中。

```
go tool compile -m 6_escape.go
6_escape.go:6:2: moved to heap: a
```

Go 语言在编译时构建了带权重的有向图，其中权重可以表明当前变量引用与解引用的数量。下例为 p 引用 q 时的权重，当权重大于 0 时，代表存在*解引用操作。当权重为-1 时，代表存在&引用操作。

```
    p = &q    // -1
    p = q     //  0
    p = *q    //  1
    p = **q   //  2
    p = **&**&q  // 2
```

并不是权重为-1 就一定要逃逸，例如在下例中，虽然 z 引用了变量 a 的地址，但是由于变量 z 并没有超过变量 a 的声明周期，因此变量 a 与变量 z 都不需要逃逸。

```
func f() int{
    a := 1
    z := &a
    return *z
}
```

为了理解编译器带权重的有向图，再来看一个更加复杂的例子。在该案例中有多次的引用与解引用过程。

```
package main
var o *int
func main(){
    l := new(int)
    *l = 42
    m := &l
    n := &m
    o = **n
}
```

最终编译器在逃逸分析中的数据流分析，会被解析成如图 1-7 所示的带权重的有向图。其中，节点代表变量，边代表变量之间的赋值，箭头代表赋值的方向，边上的数字代表当前赋值的引用或解引用的个数。节点的权重=前一个节点的权重+箭头上的数字，例如节点 m 的权重为 2-1 = 1，而节点 l 的权重为 1-1 = 0。

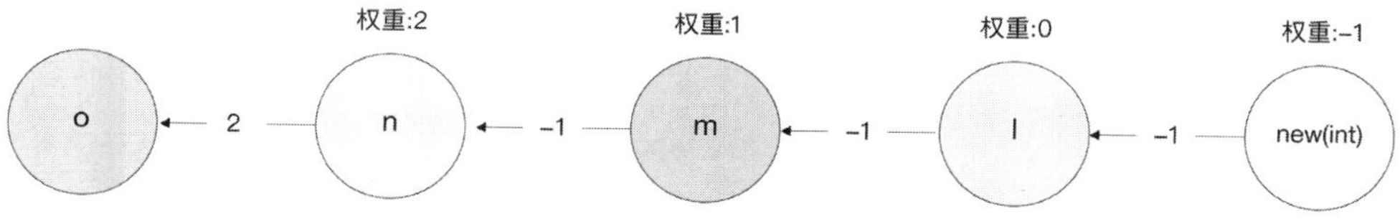

图 1-7　逃逸分析带权重的有向图

遍历和计算有向权重图的目的是找到权重为-1 的节点，例如图 1-7 中的 new(int)节点，它的节点变量地址会被传递到根节点 o 中，这时还需要考虑逃逸分析的分配原则，o 节点为全局变量，不能被分配在栈中，因此，new(int)节点创建的变量会被分配到堆中。

```
» go tool compile -m 7_escape.go
7_escape.go:5:10: new(int) escapes to heap
```

实际的情况更加复杂，因为一个节点可能拥有多条边（例如结构体），而节点之间可能出现环。Go 语言采用 Bellman Ford 算法遍历查找有向图中权重小于 0 的节点，核心逻辑位于 gc/escape.go 中。

另一个有趣的话题是 defer 这一关键特性在不同情况下的逃逸分析，将在第 10 章详细介绍。

1.10 闭包重写

在前面的阶段，编译器完成了闭包变量的捕获用于决定是通过指针引用还是值引用的方式传递外部变量。在完成逃逸分析后，下一个优化的阶段为闭包重写，其核心逻辑位于 gc/closure.go 中。闭包重写分为闭包定义后被立即调用和闭包定义后不被立即调用两种情况。在闭包被立即调用的情况下，闭包只能被调用一次，这时可以将闭包转换为普通函数的调用形式。

```
func do() {
    a := 1
    func() {
        fmt.Println(a)
        a = 2
    }()
}
```

上面的闭包最终会被转换为类似正常函数调用的形式，如下所示，由于变量 a 为引用传递，因此构造的新的函数参数应该为 int 指针类型。如果变量是值引用的，那么构造的新的函数参数应该为 int 类型。

```
func do() {
    a := 1
    func1(&a)
}
func func1(a *int) {
    fmt.Println(*a)
    *a = 2
}
```

如果闭包定义后不被立即调用，而是后续调用，那么同一个闭包可能被调用多次，这时需要创建闭包对象。

如果变量是按值引用的，并且该变量占用的存储空间小于 2×sizeof(int)，那么通过在函数体内创建局部变量的形式来产生该变量。如果变量通过指针或值引用，但是占用存储空间较大，那么捕获的变量（var）转换成指针类型的“&var”。这两种方式都需要在函数序言阶段将变量初始化为捕获变量的值。

1.11 遍历函数

闭包重写后，需要遍历函数，其逻辑在 gc/walk.go 文件的 walk 函数中。在该阶段会识别出声明但是并未被使用的变量，遍历函数中的声明和表达式，将某些代表操作的节点转换为运行时的具体函数执行。例如，获取 map 中的值会被转换为运行时 mapaccess2_fast64 函数（详见第 8 章）。

```
v, ok := m["foo"]
// 转换为
autotmp_1, ok := runtime.mapaccess2_fast64(typeOf(m), m, "foo")
v := *autotmp_1
```

字符串变量的拼接会被转换为调用运行时 concatstrings 函数（详见第 5 章）。对于 new 操作，如果变量发生了逃逸，那么最终会调用运行时 newobject 函数将变量分配到堆区。for...range 语句会重写为更简单的 for 语句形式。

在执行 walk 函数遍历之前，编译器还需要对某些表达式和语句进行重新排序，例如将 x /= y 替换为 x = x / y。根据需要引入临时变量，以确保形式简单，例如 x = m[k] 或 m[k] = x，而 k 可以寻址。

1.12 SSA 生成

遍历函数后，编译器会将抽象语法树转换为下一个重要的中间表示形态，称为 SSA（Static Single Assignment，静态单赋值）。SSA 被大多数现代的编译器（包括 GCC 和 LLVM）使用，在 Go 1.7 中被正式引入并替换了之前的编译器后端，用于最终生成更有效的机器码。在 SSA 生成阶段，每个变量在声明之前都需要被定义，并且，每个变量只会被赋值一次。

```
y := 1
y := 2
x = y
```

例如，在上面的代码中，变量 y 被赋值了两次，不符合 SSA 的规则，很容易看出，y:=1 这条语句是无效的。可以转化为如下形式：

```
y1 := 1
y2 := 2
x1 := y2
```

通过 SSA，很容易识别出 y1 是无效的代码并将其清除。

条件判断等多个分支的情况会稍微复杂一些，如下所示，假如我们将第一个 x 变为 x_1，条件变量括号内的 x 变为 x_2，那么 f(x)中的 x 应该是 x_1 还是 x_2 呢？

```
x = 1
if condition {
    x = 2
}
f(x)
```

为了解决以上问题，在 SSA 生成阶段需要引入额外的函数 Φ 接收 x_1 和 x_2 产生新的变量 x_v，x_v 的大小取决于代码运行的路径，如图 1-8 所示。

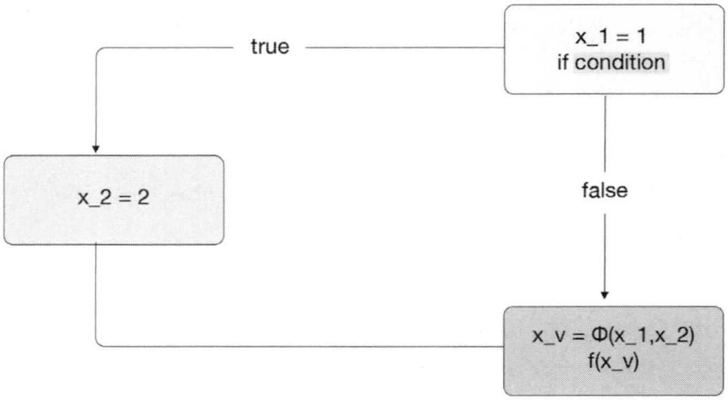

图 1-8　SSA 生成阶段处理多分支下的单一变量名

SSA 生成阶段是编译器进行后续优化的保证，例如常量传播（Constant Propagation）、无效代码清除、消除冗余、强度降低（Strength Reduction）等[4]。

大部分与 SSA 相关的代码位于 ssa/文件夹中，但是将抽象语法树转换为 SSA 的逻辑位于

gc/ssa.go 文件中。在 ssa/README.md 文件中，有对 SSA 生成阶段比较详细的描述。

Go 语言提供了强有力的工具查看 SSA 初始及其后续优化阶段生成的代码片段，可以通过在编译时指定 GOSSAFUNC=main 实现。

```
package main
var d uint8
func main(){
    var a uint8 = 1
    a = 2
    if true{
        a = 3
    }
    d = a
}
```

以上述代码为例，可以通过如下指令生成 ssa.html 文件。

```
» GOSSAFUNC=main GOOS=linux GOARCH=amd64 go tool compile main.go
dumped SSA to ssa.html
```

通过浏览器打开 ssa.html 文件，将看到图 1-9 所示的许多代码片段，其中一些片段是隐藏的。这些是 SSA 的初始阶段、优化阶段、最终阶段的代码片段。

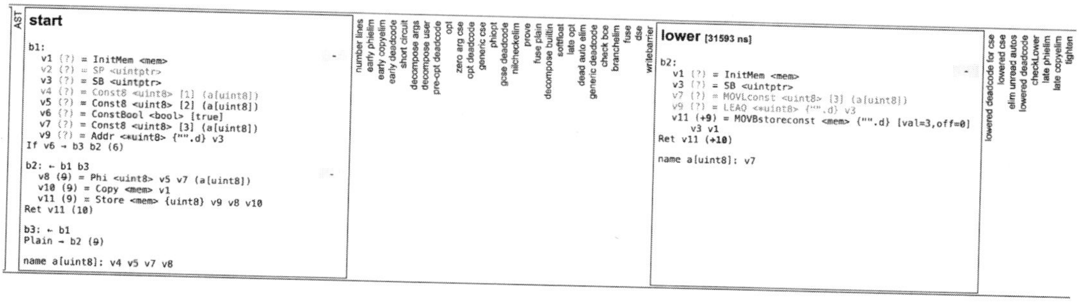

图 1-9　SSA 所有优化阶段的代码片段

以如下最初生成 SSA 代码的初始（start）阶段为例，其中，bN 代表不同的执行分支，例如 b1、b2、b3。vN 代表变量，每个变量只能被分配一次，变量后的 Op 操作代表不同的语义，与特定的机器无关。例如 Addr 代表取值操作，Const8 代表常量，后接要操作的类型；Store 代表赋值是与内存有关的操作。Go 语言编译器采取了特殊的方式处理内存操作，例如 v11 中 Store 的第三个参数代表内存的状态，用于确定内存的依赖关系，从而避免编译器内存的重排。另外，v8 的取值取决于判断语句是否为 true，这就是之前介绍的函数 Φ。

```
b1:-
v1 (?) = InitMem <mem>
v2 (?) = SP <uintptr>
v3 (?) = SB <uintptr>
v4 (?) = Const8 <uint8> [1] (a[uint8])
v5 (?) = Const8 <uint8> [2] (a[uint8])
v6 (?) = ConstBool <bool> [true]
v7 (?) = Const8 <uint8> [3] (a[uint8])
v9 (?) = Addr <*uint8> {"".d} v3
If v6 → b3 b2 (6)
b2: ← b1 b3-
v8 (9) = Phi <uint8> v5 v7 (a[uint8])
v10 (9) = Copy <mem> v1
v11 (9) = Store <mem> {uint8} v9 v8 v10
Ret v11 (10)
b3: ← b1
Plain → b2 (9)
name a[uint8]: v4 v5 v7 v8
```

初始阶段结束后，编译器将根据生成的 SSA 进行一系列重写和优化。SSA 最终的阶段叫作 genssa，在上例的 genssa 阶段中，编译器清除了无效的代码及不会进入的 if 分支，并且将常量 Op 操作变为了 amd64 下特定的 MOVBstoreconst 操作。

```
b2:-
v1 (?) = InitMem <mem>
v3 (?) = SB <uintptr> : SB
v11 (+11) = MOVBstoreconst <mem> {"".d} [val=3,off=0] v3 v1
Ret v11 (+13)
```

1.13 机器码生成——汇编器

在 SSA 阶段，编译器先执行与特定指令集无关的优化，再执行与特定指令集有关的优化，并最终生成与特定指令集有关的指令和寄存器分配方式。在 ssa/gen/genericOps.go 中，包含了和特定指令集无关的 Op 操作。在 ssa/gen/AMD64Ops.go 中，包含了和 AMD64 指令集相关的操作。

在 SSA lower 阶段之后，就开始执行与特定指令集有关的重写与优化，在 genssa 阶段，编译器会生成与单个指令对应的 obj/link.go 中的 Prog 结构。

```
type Prog struct {
    From    Addr
    To      Addr
```

```
    As       As
    Pcond    *Prog
    ...
}
```

例如，最终生成的指令 MOVL R1，R2 会被 Prog 表示为 As=MOVL，From=R1，To=R2。Pcond 代表跳转指令，除此之外，还有一些与特定指令集相关的结构。

在 SSA 后，编译器将调用与特定指令集有关的汇编器（Assembler）生成 obj 文件，obj 文件作为链接器（Linker）的输入，生成二进制可执行文件。internal/obj 目录中包含了汇编与链接的核心逻辑，内部有许多与机器码生成相关的包。不同类型的指令集（amd64、arm64、mips64 等）需要使用不同的包生成。Go 语言目前能在所有常见的 CPU 指令集类型上编译运行。

汇编和链接是编译器后端与特定指令集有关的阶段。由于历史原因，Go 语言的汇编器基于了不太常见的 plan9 汇编器的输入形式[5]。需要注意的是，输入汇编器中的汇编指令不是机器码的表现形式，其仍然是人类可读的底层抽象。在 Go 语言 runtime 及 math/big 标准库中，可以看到许多特定指令集的汇编代码，Go 语言也提供了一些方式用于查看编译器生成的汇编代码。

```
package main
import "fmt"
func main(){
    fmt.Println(123)
}
```

对于上面的简单程序，其输出的汇编代码如下所示（笔者删除了 FUNCDATA 与 PCDATA 这两个与垃圾回收有关的操作），这段汇编代码显示了 main 函数栈帧的大小与代码的行号及其对应的汇编指令。其中，$88-0 表明了栈帧的大小及函数参数的大小，在第 9 章中会详细介绍栈大小、栈扩容函数 runtime.morestack_noctxt 的知识。关于汇编代码最前方获取 TLS 线程本地存储的操作，会在第 15 章介绍。

```
» go tool compile -S  main.go
"".main STEXT size=137 args=0x0 locals=0x58
 0x0000 00000 (main.go:5)    TEXT    "".main(SB), ABIInternal, $88-0
 0x0000 00000 (main.go:5)    MOVQ    (TLS), CX
 0x0009 00009 (main.go:5)    CMPQ    SP, 16(CX)
 0x000d 00013 (main.go:5)    JLS     127
 0x000f 00015 (main.go:5)    SUBQ    $88, SP
 0x0013 00019 (main.go:5)    MOVQ    BP, 80(SP)
 0x0018 00024 (main.go:5)    LEAQ    80(SP), BP
 0x001d 00029 (main.go:6)    XORPS   X0, X0
 0x0020 00032 (main.go:6)    MOVUPS  X0, "".autotmp_11+64(SP)
```

```
0x0025 00037 (main.go:6)        LEAQ    type.int(SB), AX
0x002c 00044 (main.go:6)        MOVQ    AX, "".autotmp_11+64(SP)
0x0031 00049 (main.go:6)        LEAQ    "".stmp_0(SB), AX
0x0038 00056 (main.go:6)        MOVQ    AX, "".autotmp_11+72(SP)
  ...
0x0070 00112 ($GOROOT/src/fmt/print.go:274)    CALL    fmt.Fprintln(SB)
0x0075 00117 (main.go:6)        MOVQ    80(SP), BP
0x007a 00122 (main.go:6)        ADDQ    $88, SP
0x007e 00126 (main.go:6)        RET
0x007f 00127 (main.go:6)        NOP
0x007f 00127 (main.go:5)        CALL    runtime.morestack_noctxt(SB)
0x0084 00132 (main.go:5)        JMP     0
```

在本书后面的章节中，还会经常通过查看汇编代码的方式来研究 Go 语言中某些特性的实现方式，正所谓汇编之下无秘密。

1.14 机器码生成——链接

程序可能使用其他程序或程序库（library），正如我们在 helloworld 程序中使用的 fmt package 一样，编写的程序必须与这些程序或程序库组合在一起才能执行，链接就是将编写的程序与外部程序组合在一起的过程。链接分为静态链接与动态链接，静态链接的特点是链接器会将程序中使用的所有库程序复制到最后的可执行文件中，而动态链接只会在最后的可执行文件中存储动态链接库的位置，并在运行时调用。因此静态链接更快，并且可移植，它不需要运行它的系统上存在该库，但是它会占用更多的磁盘和内存空间。静态链接发生在编译时的最后一步，动态链接发生在程序加载到内存时。表 1-1 对比了静态链接与动态链接的区别。

表 1-1　静态链接与动态链接的区别

	静态链接	动态链接
所在位置	将程序中使用的所有库模块复制到最终可执行文件的过程。加载程序后，操作系统会将包含可执行代码和数据的单个文件放入内存	外部库（共享库）的地址放置在最终的可执行文件中，而实际链接是在运行时将可执行文件和库都放置在内存中时进行的，动态链接让多个程序可以使用可执行模块的单个副本
发生时期	由被称为链接器的程序执行，是编译程序的最后一步	由操作系统在运行时执行
文件大小	由于外部程序内置在可执行文件中，文件明显更大	共享库中只有一个副本保留在内存中，减小了可执行程序的大小，从而节省了内存和磁盘空间
扩展性	如果任何外部程序已更改，则必须重新编译并重新链接它们，否则更改将不会反映在现有的可执行文件中	只需要更新和重新编译各个共享模块程序即可

续表

	静态链接	动态链接
加载时间	程序每次将其加载到内存中执行时，都会花费恒定的加载时间	如果共享库代码已存在于内存中，则可以减少加载时间
程序运行时期	使用静态链接库的程序通常比使用共享库的程序快	使用共享库的程序通常比使用静态链接库的程序慢
兼容性	所有代码都包含在一个可执行模块中，不会遇到兼容性问题	程序依赖兼容的库，如果更改了库（例如，新的编译器版本更改了库），则必须重新设计应用程序以使其与新库兼容

Go 语言在默认情况下是使用静态链接的，但是在一些特殊情况下，如在使用了 CGO（即引用了 C 代码）时，则会使用操作系统的动态链接库，例如，Go 语言的 net/http 包在默认情况下会使用 libpthread 与 lib c 的动态链接库。Go 语言也支持在 go build 编译时通过传递参数来指定要生成的链接库的方式，可以使用 go help build 命令查看。

```
» go help buildmode
    -buildmode=archive
              将非 main package 构建为.a 文件, .main 包将被忽略
    -buildmode=c-archive
        将 main package 及其导入的所有 package 都构建到 C 归档文件中
    -buildmode=c-shared
        将 main package 以及它们导入的所有 package 都构建到 C 动态库中
    -buildmode=shared
        将所有非 main package 都合并到一个动态库中，在使用-linkshared 参数后，能够使用此
动态库
    -buildmode=exe
       将 main package 和其导入的 package 构建为可执行文件
    -buildmode=pie
        ...
```

下面我们以 helloworld 程序为例，说明 Go 语言编译与链接的过程，我们可以使用 go build 命令，-x 参数代表打印执行的过程。

```
>> go build  -x main.go
```

由于生成的信息较长，接下来，将逐步对输出的信息进行解析。

首先创建一个临时目录，用于存放临时文件。在默认情况下，命令结束时自动删除此目录，如果需要保留则添加-work 参数。

```
WORK=/var/folders/g2/014g444904vbn8wxnrw0j_980000gn/T/go-build757876739
mkdir -p $WORK/b001/
cat >$WORK/b001/importcfg << 'EOF' # internal
```

然后生成编译配置文件，主要为编译过程需要的外部依赖（如引用的其他包的函数定义）。

```
# import config
packagefile fmt=/usr/local/go/pkg/darwin_amd64/fmt.a
packagefile runtime=/usr/local/go/pkg/darwin_amd64/runtime.a
```

编译阶段会生成中间结果$WORK/b001/_pkg_.a。

```
cd /Users/jackson/go/src/viper/XXX
/usr/local/go/pkg/tool/darwin_amd64/compile -o $WORK/b001/_pkg_.a -trimpath
"$WORK/b001=>" -p main -complete -buildid
JqleDuJlC1iLMVADicsQ/JqleDuJlC1iLMVADicsQ -goversion go1.13.6 -D
_/Users/jackson/go/src/viper/args -importcfg $WORK/b001/importcfg -pack
-c=4 ./main.go
```

.a 类型的文件又叫目标文件（object file），是一个压缩包，其内部包含_.PKGDEF 和 go_.o 两个文件，分别为编译目标文件和链接目标文件。

```
$ file _pkg_.a # 检查文件格式
_pkg_.a: current ar archive # 说明是 ar 格式的打包文件
$ ar x _pkg_.a #解包文件
$ ls
__.PKGDEF  _go_.o
```

文件内容由导出的函数、变量及引用的其他包的信息组成。弄清这两个文件包含的信息需要查看 Go 语言编译器实现的相关代码，这些代码在 gc/obj.go 文件中。

在下面的代码中，dumpobj1 函数会生成 ar 文件，ar 文件是一种非常简单的打包文件格式，广泛用于 Linux 的静态链接库文件中，文件以字符串“!\n”开头，随后是 60 字节的文件头部（包含文件名、修改时间等信息），之后是文件内容。因为 ar 文件格式简单，所以 Go 语言编译器直接在函数中实现了 ar 打包过程。其中，startArchiveEntry 用于预留 ar 文件头信息的位置（60 字节），finishArchiveEntry 用于写入文件头信息。因为文件头信息中包含文件大小，在写入完成之前文件大小未知，所以分两步完成。

```
func dumpobj1(outfile string, mode int) {
    bout, err := bio.Create(outfile)
    if err != nil {
        flusherrors()
        fmt.Printf("can't create %s: %v\n", outfile, err)
```

```
        errorexit()
    }
    defer bout.Close()
    bout.WriteString("!<arch>\n")

    if mode&modeCompilerObj != 0 {
        start := startArchiveEntry(bout)
        dumpCompilerObj(bout)
        finishArchiveEntry(bout, start, "__.PKGDEF")
    }
    if mode&modeLinkerObj != 0 {
        start := startArchiveEntry(bout)
        dumpLinkerObj(bout)
        finishArchiveEntry(bout, start, "_go_.o")
    }
}
```

生成链接配置文件，主要包含了需要链接的依赖项。

```
cat >$WORK/b001/importcfg.link << 'EOF' # internal
packagefile command-line-arguments=$WORK/b001/_pkg_.a
packagefile fmt=/usr/local/go/pkg/darwin_amd64/fmt.a
packagefile runtime=/usr/local/go/pkg/darwin_amd64/runtime.a
packagefile errors=/usr/local/go/pkg/darwin_amd64/errors.a
...
EOF
```

执行链接器，生成最终可执行文件 main，同时将可执行文件复制到当前路径下并删除临时文件。

```
/usr/local/go/pkg/tool/darwin_amd64/link -o $WORK/b001/exe/a.out -importcfg
$WORK/b001/importcfg.link -buildmode=exe
-buildid=zCU3mCFNeUDzrRM33f4L/JqleDuJlCliLMVADicsQ/r7xJ7p5GD5T9VONtmxob/zCU3
mCFNeUDzrRM33f4L -extld=clang $WORK/b001/_pkg_.a
/usr/local/go/pkg/tool/darwin_amd64/buildid -w $WORK/b001/exe/a.out # internal
mv $WORK/b001/exe/a.out main
rm -r $WORK/b001/
```

1.15 ELF 文件解析

在 Windows 操作系统下，编译后的 Go 文本文件最终会生成以.exe 为后缀的 PE 格式的可执行文件，而在 Linux 和类 UNIX 操作系统下，会生成 ELF 格式的可执行文件。除机器码外，在可执行文件中还可能包含调试信息、动态链接库信息、符号表信息。ELF（Executable and Linkable

Format）是类 UNIX 操作系统下最常见的可执行且可链接的文件格式。有许多工具可以完成对 ELF 文件的探索查看，如 readelf、objdump。下面使用 readelf 查看 ELF 文件的头信息：

```
» readelf -h main
ELF Header:
  Magic:   7f 45 4c 46 02 01 01 00 00 00 00 00 00 00 00 00
  Class:                             ELF64
  Data:                              2's complement, little endian
  Version:                           1 (current)
  OS/ABI:                            UNIX - System V
  ABI Version:                       0
  Type:                              EXEC (Executable file)
  Machine:                           Advanced Micro Devices X86-64
  Version:                           0x1
  Entry point address:               0x45d5a0
  Start of program headers:          64 (bytes into file)
  Start of section headers:          456 (bytes into file)
  Flags:                             0x0
  Size of this header:               64 (bytes)
  Size of program headers:           56 (bytes)
  Number of program headers:         7
  Size of section headers:           64 (bytes)
  Number of section headers:         25
  Section header string table index: 3
```

ELF 包含多个 segment 与 section。debug/elf 包中给出了一些调试 ELF 的 API，以下程序可以打印出 ELF 文件中 section 的信息。

```
package main
import (
    "debug/elf"
    "log"
)
func main() {
    f, err := elf.Open("main")
    if err != nil {
        log.Fatal(err)
    }
    for _, section := range f.Sections {
        log.Println(section)
    }
}
```

通过 readelf 工具查看 ELF 文件中 section 的信息。

```
» readelf -S main
There are 25 section headers, starting at offset 0x1c8:
Section Headers:
  [Nr] Name              Type             Address           Offset
       Size              EntSize          Flags  Link  Info  Align
  [ 0]                   NULL             0000000000000000  00000000
       0000000000000000  0000000000000000           0     0     0
  [ 1] .text             PROGBITS         0000000000401000  00001000
       0000000000090729  0000000000000000  AX       0     0     16
  [ 2] .rodata           PROGBITS         0000000000492000  00092000
       00000000004b2ac   0000000000000000   A       0     0     32
  [10] .data             PROGBITS         000000000055c0c0  0015c0c0
       00000000000070f0  0000000000000000  WA       0     0     32
  [11] .bss              NOBITS           00000000005631c0  001631c0
       0000000000029990  0000000000000000  WA       0     0     32
  [22] .note.go.buildid  NOTE             0000000000400f9c  00000f9c
       0000000000000064  0000000000000000   A       0     0     4
  [23] .symtab           SYMTAB           0000000000000000  001da000
       00000000000f6a8   0000000000000018          24   127     8
  [24] .strtab           STRTAB           0000000000000000  001e96a8
       00000000000f89b   0000000000000000           0     0     1
...
```

segment 包含多个 section，它描述程序如何映射到内存中，如哪些 section 需要导入内存、采取只读模式还是读写模式、内存对齐大小等。以下是 section 与 segment 的对应关系。

```
» readelf -lW hello
There are 7 program headers
Program Headers:
   Type           FileSiz  MemSiz   Flg Align
   PHDR           0x000188 0x000188 R   0x1000
   NOTE           0x000064 0x000064 R   0x4
   LOAD           0x0b491e 0x0b491e R E 0x1000
   LOAD           0x0dfed4 0x0dfed4 R   0x1000
   LOAD           0x017620 0x0442c8 RW  0x1000
   GNU_STACK       0x000000 0x000000 RW  0x8
   LOOS+0x5041580  0x000000 0x000000     0x8
 Section to Segment mapping:
  Segment Sections...
   00
   01     .note.go.buildid
   02     .text .note.go.buildid
   03     .rodata .typelink .itablink .gosymtab .gopclntab
   04     .go.buildinfo .noptrdata .data .bss .noptrbss
```

```
05
06
```

并不是所有的 section 都需要导入内存，当 Type 为 LOAD 时，代表 section 需要被导入内存。后面的 Flg 代表内存的读写模式。包含.text 的代码区代表可以被读和执行，包含.data 与.bss 的全局变量可以被读写，其中，为了满足垃圾回收的需要还区分了是否包含指针的区域。包含.rodata 常量数据的区域代表只读区，其中，.itablink 为与 Go 语言接口相关的全局符号表，详见第 12 章。.gopclntab 包含程序计数器 PC 与源代码行的对应关系。

一个 Hello World 程序一共包含 25 个 section，可以看到并不是所有 section 都需要导入内存，同时，该程序包含单独存储调试信息的区域。如.note.go.buildid 包含 Go 程序唯一的 ID，可以通过 objdump 工具在.note.go.buildid 中查找到每个 Go 程序唯一的 ID。

```
» objdump -s -j .note.go.buildid main
main:     file format elf64-x86-64
Contents of section .note.go.buildid:
 400f9c 04000000 53000000 04000000 476f0000  ....S.......Go..
 400fac 754e3678 52645933 474f6750 444d7552  uN6xRdY3GOgPDMuR
 400fbc 4b507273 2f635966 744d3643 304a6f6c  KPrs/cYftM6C0Jol
 400fcc 57724335 6a445637 562f4151 72457044  WrC5jDV7V/AQrEpD
 400fdc 65784b4a 5a344863 396b4f7a 51502f4e  exKJZ4Hc9kOzQP/N
 400fec 66557645 755a6e70 61436345 43717474  fUvEuZnpaCcECqtt
 400ffc 75655700                             ueW.
```

另外，.go.buildinfo section 包含 Go 程序的构建信息，“go version”命令会查找该区域的信息获取 Go 语言版本号。

1.16 总结

Go 语言可执行文件的生成离不开编译器所做的复杂工作，如果不理解 Go 语言的编译器，那么对 Go 语言的理解是不完整的。编译阶段包括词法解析、语法解析、抽象语法树构建、类型检查、变量捕获、函数内联、逃逸分析、闭包重写、遍历并编译函数、SSA 生成、机器码生成。编译器不仅能准确地表达语义，还能对代码进行一定程度的优化。可以看到，Go 语言的很多语法检查、语法特性都依赖编译时。理解编译时的基本流程、优化方案及一些调试技巧有助于写出更好的程序。本书的后续章节，还将频繁使用编译器的知识来探究 Go 语法中的特性。

第 2 章

浮点数设计原理与使用方法

2.1 浮点数陷阱

整数数据类型（如 int32、int64）无法表示小数，而浮点数能够在程序中高效表示和计算小数，但是在表示和计算的过程中可能丢失精度。以下面的一段简单程序为例，有人会天真地认为其输出结果是 0.9，但实际的输出结果是 0.8999999999999999。

```
var f1 float64 = 0.3
var f2 float64 = 0.6
fmt.Println(f1 + f2)
```

结果的荒诞性告诉我们，必须深入理解浮点数在计算机中的存储方式及性质，才能正确处理数字的计算问题。很多初学者，甚至编程经验很丰富的开发工程师都经常在浮点数上栽跟头。如果对资金等重要数据的运算发生错误，那么可能导致灾难性的后果。本章将深入介绍浮点数的本质及在实践中需要注意的问题。

2.2 定点数与浮点数

计算机通过二进制的形式存储数据，然而大多数小数表示成二进制后是近似且无限的。以 0.1 为例，它是一个简单的十进制数，转换为二进制数后却非常复杂——0.0001100110011001100…是一个无限循环的数字。显然不能用数学中的计算方式存储所有的小数，因为有限的空间无法表达无限的结果，计算机必须有其他的机制来处理小数的存储与计算。

最简单的表示小数的方法是定点表示法，即用固定的大小来表示整数，剩余部分表示小数。例如，对于一个 16 位的无符号整数（uint）16，可以用前 8 位存储整数部分，后 8 位存储小数部分。这样整数部分的表示范围为 0~256，小数部分的表示范围为 1/256 ~1。这种表示方式在某些场景可能很适用，但是它不适用于所有场景。因为在一些情况下可能整数部分很大，小数部分的位数很少；而在另一些情况下可能整数部分很小，小数部分的位数很多。为了解决这一问题，我们自然会想到采用浮点表示法存储数据。例如在图 2-1 中，对于十进制数，可以通过科学计数法表示小数，那么 5 位数字可以表示的范围为 0.00 ~ 9.99×10^99。这种方式既可以表示很大的整数，也可以表示很多的小数点后的位数。这就是计算机浮点数存储设计的灵感来源。

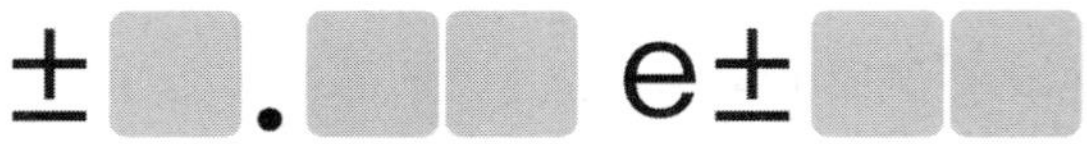

图 2-1　小数的浮点表示法

Go 语言与其他很多语言（如 C、C++、Python）一样，使用了 IEEE-754 浮点数标准存储小数。IEEE-754 浮点数标准由电气与电子工程师学会（IEEE）在 1985 年推出并在之后不断更新。许多硬件浮点数单元（例如 intel FPU）使用 IEEE-754 标准。该标准规定了浮点数的存储、计算、四舍五入、异常处理等一系列规则。

2.3 IEEE-754 浮点数标准

IEEE-754 规范使用以 2 为底数的指数表示小数，这和使用以 10 为底数的指数表示法（即科学计数法）非常类似。表 2-1 给出了几个例子，如 0.085 可以用指数的形式表示为 1.36 × 2^-4，其中 1.36 为系数，2 为底数，−4 为指数。

表 2-1　数字的表示方法示例

十进制数字	科学计数法	指数表示法	系　数	底　数	指　数
4900000000	4.9e+9	4.9 × 10^9	4.9	10	9
5362.63	5.36263e+3	5.36263 × 10^3	5.36263	10	3
-0.00345	3.45e-3	3.45 × 10^-3	3.45	10	−3
0.085	8.5e-2	1.36 × 2^-4	1.36	2	−4

IEEE-754 的浮点数存在多种精度。很显然，更多的存储位数可以表达更大的数或更高的精度。在高级语言中一般存在两种精度的浮点数，即大部分硬件浮点数单元支持的 32 位的单精度浮点数与 64 位的双精度浮点数。如表 2-2 所示，两种精度的浮点数具有不同的格式。

表 2-2　单精度与双精度浮点数格式

精　　度	符 号 位	指 数 位	小 数 位	偏 移 量
单精度（32 Bits）	1 Bit（31）	8 Bits　（30~23）	23 Bits（22~00）	127
双精度（64 Bits）	1 Bit（63）	11 Bits　（62~52）	52 Bits（51~00）	1023

其中，最开头的 1 位为符号位，1 代表负数，0 代表正数。符号位之后为指数位，单精度为 8 位，双精度为 11 位。指数位存储了指数加上偏移量的值，偏移量是为了表达负数而设计的。例如当指数为−4 时，实际存储的值为−4+127 = 123。剩下的是小数位，小数位存储系数中小数位的准确值或最接近的值，是 0 到 1 之间的数。小数位占用的位数最多，直接决定了精度的大小。以数字 0.085 为例，单精度下的浮点数表示如表 2-3 所示。

表 2-3　数字 0.085 的单精度浮点数表示

符号	指数部分（123）	小数部分（ .36）
0	0111 1011	010 1110 0001 0100 0111 1011

2.3.1　小数部分计算

小数部分的计算是最复杂的，其存储的可能是系数的近似值而不是准确值。小数位的每一位代表的都是 2 的幂，并且指数依次减少 1。以 0.085 的浮点表示法中系数的小数部分（0.36）为例，对应的二进制数为 010 1110 0001 0100 0111 1011，其计算步骤如表 2-4 所示，存储的数值接近 0.36。

表 2-4　小数部分计算步骤

位	对应的整数	转化为分数	转化为十进制小数	各位的总和
2	4	1/4	0.25	0.25
4	16	1/16	0.0625	0.3125
5	32	1/32	0.03125	0.34375
6	64	1/64	0.015625	0.359375
11	2048	1/2048	0.00048828125	0.35986328125
13	8192	1/8192	0.0001220703125	0.3599853515625
17	131072	1/131072	0.00000762939453	0.35999298095703
18	262144	1/262144	0.00000381469727	0.3599967956543
19	524288	1/524288	0.00000190734863	0.35999870300293
20	1048576	1/1048576	0.00000095367432	0.35999965667725

续表

位	对应的整数	转化为分数	转化为十进制小数	各位的总和
22	4194304	1/4194304	0.00000023841858	0.35999989509583
23	8388608	1/8388608	0.00000011920929	0.36000001430512

那么小数位又是如何计算出来的呢？以数字 0.085 为例，可以使用“乘 2 取整法”将该十进制小数转化为二进制小数，即

0.085（十进制）

= 0.0001010111000010100011110101110000101000111101011100001 1（二进制）

$= 1.0101110000101000111101011100001010001111010111000011 \times 2^{-4}$

由于小数位只有 23 位，因此四舍五入后为 010 1110 0001 0100 0111 1011，这就是最终浮点数的小数部分。

2.3.2 显示浮点数格式

Go 语言标准库的 math 包提供了许多有用的计算函数，其中，Float32 可以以字符串的形式打印出单精度浮点数的二进制值。下例中的 Go 代码可以输出 0.085 的浮点数表示中的符号位、指数位与小数位。

```
func main() {
    var number float32 = 0.085
    fmt.Printf("Starting Number: %f\n", number)
    bits := math.Float32bits(number)
    binary := fmt.Sprintf("%.32b", bits)
    fmt.Printf("Bit Pattern: %s | %s %s | %s %s %s %s %s %s\n",
        binary[0:1],
        binary[1:5], binary[5:9],
        binary[9:12], binary[12:16], binary[16:20],
        binary[20:24], binary[24:28], binary[28:32])
}
```

输出结果为：

```
» go run 1_float32bits.go
Starting Number: 0.085000
Bit Pattern: 0 | 0111 1011 | 010 1110 0001 0100 0111 1011
```

为了验证之前理论的正确性，可以根据二进制值反向推导出其所表示的原始十进制值

0.085。思路是将符号位、指数位、小数位分别提取出来，将小数部分中每个为 1 的 bit 位都转化为对应的十进制小数，并求和。

```
binary := fmt.Sprintf("%.32b", bits)
  bias := 127
  sign := bits & (1 << 31)
  exponentRaw := int(bits >> 23)
  exponent := exponentRaw - bias
  var mantissa float64
  for index, bit := range binary[9:32] {
     if bit == 49 {
         position := index + 1
         bitValue := math.Pow(2, float64(position))
         fractional := 1 / bitValue
         mantissa = mantissa + fractional
     }
  }
  value := (1 + mantissa) × math.Pow(2, float64(exponent))
  fmt.Printf("Sign: %d Exponent: %d (%d) Mantissa: %f Value: %f\n\n",
     sign,
     exponentRaw,
     exponent,
     mantissa,
     value)
```

符号位、指数位、小数位，以及最终结果输出如下，验证了之前的理论。

```
» go run 2_bitstofloat32.go
Starting Number: 0.085000
Sign: 0 Exponent: 123 (-4) Mantissa: 0.360000 Value: 0.085000
```

2.4　最佳实践：判断浮点数为整数

判断浮点数为整数的重要思路是指数能够弥补小数部分（即指数的值大于或等于小数的位数）。例如，在十进制数中，1.23×10^2 是整数，而 1.234×10^2 不是整数，因为指数 2 不能弥补 3 个小数位。以 2 为底数的浮点数的判断思路类似。

下面是一段判断浮点数是否为整数的 Go 代码，笔者接下来会逐行进行分析，以帮助读者加深对浮点数的理解。

```
func IsInt(bits uint32, bias int) {
    exponent := int(bits >> 23) - bias - 23
    coefficient := (bits & ((1 << 23) - 1)) | (1 << 23)
    intTest := (coefficient & (1 << uint32(-exponent) - 1))
    fmt.Printf("\nExponent: %d Coefficient: %d IntTest: %d\n",
        exponent,
        coefficient,
        intTest)
    if exponent < -23 {
        fmt.Printf("NOT INTEGER\n")
        return
    }
    if exponent < 0 && intTest != 0 {
        fmt.Printf("NOT INTEGER\n")
        return
    }
    fmt.Printf("INTEGER\n")
}
```

要保证浮点数格式中实际存储的数为整数，一个必要条件就是浮点数格式中指数位的值大于 127。指数位的值为 127 代表指数为 0，如果指数位的值大于 127，则代表指数大于 0，反之则代表指数小于 0。以十进制数 234523 为例，其调用 IsInt 函数后输出如下：

```
Starting Number: 234523.000000
Bit Pattern: 0 | 1001 0000 | 110 0101 0000 0110 1100 0000
Sign: 0 Exponent: 144 (17) Mantissa: 0.789268 Value: 234523.000000
Exponent: -6 Coefficient: 15009472 IntTest: 0
INTEGER
```

第一步，计算指数。这里多减去了数字 23，后面会看到其用途，所以在第一个判断中判断条件为 exponent < −23，即比较指数位的值与 0 的大小。

```
exponent := int(bits >> 23) - bias - 23
```

第二步，通过位运算的方式计算出小数部分的值。

```
coefficient := (bits & ((1 << 23) - 1)) | (1 << 23)
Bits:                   01001000011001010000011011000000
(1 << 23) - 1:          00000000011111111111111111111111
bits & ((1 << 23) - 1): 00000000011001010000011011000000
```

(1 << 23)代表在指数位前方加 1，得到系数。

```
bits & ((1 << 23) - 1): 00000000110010100000110110000000
(1 << 23):             00000000100000000000000000000000
coefficient:           00000000111001010000011011000000
```

第三步，计算 IntTest。只有当指数可以弥补小数部分的时候，才是一个整数。例如，数字 234523 的指数的值是 144−127=17，代表其不能弥补最后 23−17=6 位的小数，即当最后 6 位不全为 0 时，数字 234523 一定为小数。但由于数字 234523 最后 6 位刚好都为 0，所以可以判断它是整数。

```
exponent:                    (144 - 127 - 23) = -6
1 << uint32(-exponent):        000000
(1 << uint32(-exponent)) - 1: 111111

coefficient:                 00000000111001010000011011000000
1 << uint32(-exponent)) - 1: 00000000000000000000000000111111
intTest:                    00000000000000000000000000000000
```

2.5 常规数与非常规数

如表 2-2 所示，在 IEEE-754 中指数位有一个偏移量，偏移量是为了表达负数而设计的。比如单精度中的 0.085，实际的指数是−4，在点数格式中指数位存储的是数字 123。所以可以看出，浮点数指数位表达的负数值始终是有下限的。单精度浮点数指数值的下限就是−126。如果比这个数还要小，例如−127，那么应该表达为 0.1×2^{-126}，这时的系数小于 1，我们把系数小于 1 的数叫作非常规数（Denormal Number），把系数在 1 到 2 之间的数叫作常规数（Normal Number）。

2.6 NaN 与 Inf

在 Go 语言中有正无穷（+Inf）与负无穷（-Inf）两类异常的值，例如正无穷 1/0。NaN 代表异常或无效的数字，例如 0/0 或者 Sqrt(−1)。下例中分别构造出+Inf、-Inf 与 NaN。

```
var z float64
fmt.Println(z, -z, 1/z, -1/z, z/z) // "0 -0 +Inf -Inf NaN"
```

在 IEEE754 浮点数标准中，在正常情况下，不可能所有的指数位都为 1 或者都为 0。例如，Float32 的最大值其实是 0 | 1111 1110 | 111 1111 1111 1111 1111 1111。

当所有的指数位都为 0 时代表 0，当所有的指数位都为 1 时代表-1。在 IEEE-754 标准中，NaN 分为 sNAN 与 qNAN。qNAN 代表出现了无效或异常的结果，sNAN 代表发生了无效的操作，例如将字符串转化为浮点数。qNAN 的指数位全为 1，且小数位的第一位为 1；sNAN 的指数位全为 1，但是小数位的第一位为 0。用 math.NaN 函数可以生成一个 NaN，对 NAN 的任何操作都会返回 NAN。另外，对 NAN 的任何比较都会返回 false。例如:

```
nan := math.NaN()
fmt.Println(nan == nan, nan < nan, nan > nan) // "false false false"
```

有些时候需要判断浮点数是否为 NaN 或者 Inf，这需要借助 Math.IsNaN 和 Math.IsInf 函数。其判断条件很简单，在 IEEE-754 标准中，NaN ！=NaN 会返回 true，Go 语言编译器在判断浮点数时，浮点数的比较会被编译成 UCOMISD 或 COMISD CPU 指令，该指令会判断和处理 NaN 等异常情况从而实现当 NaN ！=NaN 时返回 true[3]。可以通过判断浮点数是否在有效的范围内来检查其是否为 Inf。浮点数的最大和最小值的常量在 math/const.go 中定义。

```
const (
    MaxFloat32  = 2**127 * (2**24 - 1) / 2**23
    SmallestNonzeroFloat32 = 1 / 2**(127 - 1 + 23)
    MaxFloat64  = 2**1023 * (2**53 - 1) / 2**52
    SmallestNonzeroFloat64 = 1 / 2**(1023 - 1 + 52)
)

func IsNaN(f float64) (is bool) {
  return f != f
}

func IsInf(f float64, sign int) bool {
  return sign >= 0 && f > MaxFloat64 || sign <= 0 && f < -MaxFloat64
}
```

2.7 浮点数精度

精度是一个复杂的概念，大部分人对精度有一些误解。当在互联网上搜索单精度浮点数的精度到底为多少时，会看到许多不同的答案: 6 位、7 位、8 位。然而实际情况是浮点数的精度是不固定的，并且，一般在谈论浮点数的精度时都有一个默认的前提，即讨论的是二进制浮点数的十进制精度。

在一个范围内，将 *d* 位十进制数（按照科学计数法表达）转换为二进制数，再将二进制数转换为 *d* 位十进制数，如果数据转换不发生损失，则意味着在此范围内有 *d* 位精度。

精度存在的原因在于，数据在进制之间相互转换时，不是精准匹配的，而是匹配到一个最接近的值。如图 2-2（a）所示，十进制数转换为二进制数，二进制数又转换为十进制数，如果能够还原为最初的值，那么转换精度是无损的，说明在当前范围内浮点数是有 *d* 位精度的。反之，如图 2-2（b）所示，*d* 位十进制数转换为二进制数，二进制数又转换为 *d* 位十进制数，得到的并不是原来的值，那么说明在该范围内浮点数没有 *d* 位精度。2 的幂与 10 的幂不是一一对应的，导致在不同的范围内可能有不同的精度。

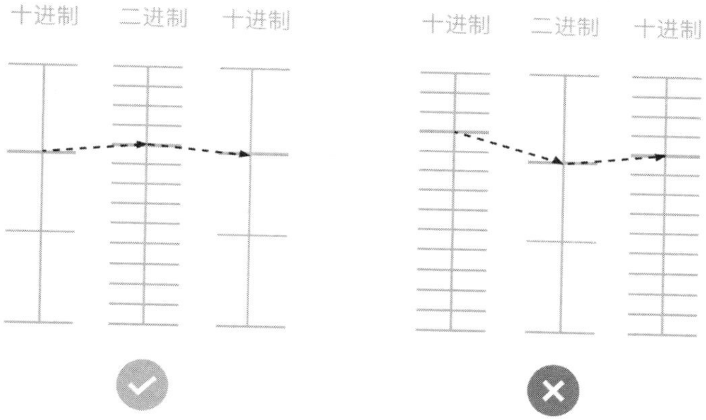

（a）　　（b）

图 2-2　精度存在的原因

理论表明，单精度浮点数 float32 的精度为 6~8 位，双精度浮点数 float64 的精度为 15~17 位。图 2-3 所示为单精度浮点数在 10 进制不同范围内的精度。

当十进制数的小数部分在 6 位之内时，单精度浮点数能够精确表示其值；当十进制数的小数部分在 7~8 位时，单精度浮点数能否精准表示其值取决于其所在的范围；而当十进制数的小数部分超过 8 位时，单精度浮点数将不能精准表达其值。

10的幂	精度	10的幂	精度	10的幂	精度
10^{-38}	6-7	10^{-12}	7	10^{14}	7-8
10^{-37}	7	10^{-11}	7-8	10^{15}	6-8
10^{-36}	7-8	10^{-10}	6-8	10^{16}	7
10^{-35}	6-8	10^{-9}	7	10^{17}	7-8
10^{-34}	7	10^{-8}	7-8	10^{18}	6-8
10^{-33}	7-8	10^{-7}	6-8	10^{19}	7
10^{-32}	6-8	10^{-6}	7	10^{20}	7-8
10^{-31}	7	10^{-5}	7-8	10^{21}	6-8
10^{-30}	7-8	10^{-4}	6-8	10^{22}	7
10^{-29}	7-8	10^{-3}	7	10^{23}	7-8
10^{-28}	7-8	10^{-2}	7-8	10^{24}	6-8
10^{-27}	7-8	10^{-1}	7-8	10^{25}	7
10^{-26}	7-8	10^{0}	7	10^{26}	7-8
10^{-25}	7-8	10^{1}	7-8	10^{27}	6-8
10^{-24}	7-8	10^{2}	7-8	10^{28}	7
10^{-23}	7-8	10^{3}	7-8	10^{29}	7-8
10^{-22}	6-8	10^{4}	7-8	10^{30}	7-8
10^{-21}	7	10^{5}	7-8	10^{31}	7-8
10^{-20}	7-8	10^{6}	7-8	10^{32}	7-8
10^{-19}	6-8	10^{7}	7-8	10^{33}	7-8
10^{-18}	7	10^{8}	7-8	10^{34}	7-8
10^{-17}	7-8	10^{9}	6-8	10^{35}	7-8
10^{-16}	6-8	10^{10}	7	10^{36}	7-8
10^{-15}	7	10^{11}	7-8	10^{37}	6-8
10^{-14}	7-8	10^{12}	6-8	10^{38}	7
10^{-13}	6-8	10^{13}	7		

图 2-3　单精度浮点数在 10 进制不同范围内的精度[1]

2.8　浮点数与格式化打印

理解了精度的概念，才能明白为什么浮点数通过 fmt.Println 能够打印出精确的十进制值。这是因为 fmt.Println 内部对于浮点数进行了复杂的运算，将其转换为了最接近的十进制值。由于精度是无损的，所以能够精准表示十进制值。

```
var f float32 = 0.3
fmt.Println(f)
```

理解了精度的概念，就能够明白为什么 Go 语言中默认浮点数打印出的值为 8 位了。因为 8

位以上就一定不准确了。如下所示，小数位后有 9 位，其打印出的结果为 0.33333334，精度已经丢失。

```
var f2 float32 = 0.333333339
fmt.Println(f2)
```

fmt 可以格式化打印浮点数的多种格式，其用例如下所示。

```
    var f float32 = 0.085
    fmt.Println(f)
    fmt.Printf("%b\n",f) // 11408507p-27  底数为 2 的指数
    fmt.Printf("%E\n",f) // 8.500000E-02  科学计数法
    fmt.Printf("%e\n",f) // 8.500000e-02  科学计数法
    fmt.Printf("%f\n",f) // 0.085000  打印浮点数
    fmt.Printf("%F\n",f) // 0.085000  与 f 相同
    fmt.Printf("%g\n",f) // 根据情况选择 %e 或 %f 以产生更紧凑的（末尾无 0 的）输出
    fmt.Printf("%G\n",f) // 根据情况选择 %E 或 %f 以产生更紧凑的（末尾无 0 的）输出
    fmt.Printf("%8.1f\n",123.456) // 123.5 输出长度始终为 8，不足以空格补充，小数
//部分为 1 位
```

格式化输出浮点数的核心是调用标准库 strconv.FormatFloat 函数。抛开格式化的操作，该函数的核心功能是计算出浮点数最接近的十进制值。Go 语言借助 Grisu3 算法快速并精准打印浮点数，该算法的速度是普通高精度算法的 4 倍[2]。但 Grisu3 会有很小的失败概率，当失败时，会使用更慢但是更精准的方式计算出浮点数最接近的十进制值，从而进一步对数据进行格式化表达。

```
func FormatFloat(f float64, fmt byte, prec, bitSize int) string {
    return string(genericFtoa(make([]byte, 0, max(prec+4, 24)), f, fmt, prec,
bitSize))
}

func AppendFloat(dst []byte, f float64, fmt byte, prec, bitSize int) []byte {
    return genericFtoa(dst, f, fmt, prec, bitSize)
}
```

2.9 浮点数计算与精度损失

前面介绍了浮点数的表示可能丢失精度，其实在浮点数的计算过程中，也可能丢失精度。当对浮点数进行加减乘除运算时，可以采取一种直接的方式。例如对于算式 0.5×0.75，0.5 的浮点数表示为 0 | 01110110 | 000 0000 0000 0000 0000 0000，0.75 的浮点数表示为 0 | 01110110 |

100 0000 0000 0000 0000 0000。由于它们的指数位相同，所以可以直接对小数位相乘，相乘后的结果为 100 0000 0000 0000 0000 0000。

当前指数位的值为 126，对于指数位，采取直接相加的方式 126 + 126 = 252，接着减去 127 得到最终的指数值 252 − 127 = 125。由于符号位全部为 0，因此符号位的结果也为 0。最终得到的结果为：0 | 01111101 | 100 0000 0000 0000 0000 0000 。除法运算可以采取相同的操作。

而对于加法和减法运算，需要先调整指数值的大小，再将小数部分直接相加。例如，$1.23 \times 10^{28} + 1.00 \times 10^{25}$ 需要转换为 $1.23 \times 10^{28} + 0.001 \times 10^{28}$，再对小数部分求和，结果为 1.231×10^{28}。可以发现，如果浮点数的小数部分只能精确地表示 1.23，那么这个加法将被抛弃。在 IEEE-754 中总是会精确地计算，但是最终转换为浮点数类型时会进行四舍五入操作。在下面说明浮点数精度损失的例子中，1000 个 0.01 相加的最终结果为 9.999999999999831。

```
package main

import "fmt"

func main() {
    var n float64 = 0
    for i := 0; i < 1000; i++ {
        n += .01
    }
    fmt.Println(n)
}
```

可以看出，在浮点数的计算过程中可能产生精度的损失，并且精度的损失可能随着计算的次数而累积。同时浮点数的计算顺序也会对最终的结果产生影响。加法运算由于需要进行指数调整，有丢失精度的风险，优秀的开发工程师在执行涉及加、减、乘和除的运算时，会优先执行乘法和除法运算。通常 $x \times (y + z)$ 可以被转换为 $x \times y + x \times z$，从而得到更高的精度。

2.10 多精度浮点数与 math/big 库

尽管浮点数的表达和计算可能遇到精度问题，但是在一般场景下，这种轻微的损失基本可以忽略不计，Go 语言内置的 int64、float32 类型可以满足大部分场景的需求。在一些比较特殊的场景下，例如加密、数据库、银行、外汇等领域需要更高精度的存储和计算时，可以使用 math/big 标准库，著名区块链项目以太坊即用该库来实现货币的存储和计算。math/big 标准库提供了处理大数的三种数据类型——big.Int、big.Float、big.Rat，这些数据类型在 Go 语言编译时的常量计算中也被频繁用到。其中，big.Int 用于处理大整数，其结构如下所示。

```
type Int struct {
  neg bool // 符号
  abs nat  // 整数位
}
type nat []Word
type Word uint
```

big.Int 的核心思想是用 uint 切片来存储大整数，可以容纳的数据超过了 int64 的大小，甚至可以认为它是可以无限扩容的。

大数运算和普通 int64 相加或相乘不同的是，大数运算需要保留并处理进位。Go 语言对大数运算进行了必要的加速，例如大整数乘法运算使用了 Karatsuba 算法。另外，执行运算时采用汇编代码。汇编代码与处理器架构有关，位于 arith_$GOARCH.s 文件中。如下例计算出第一个大于 10^{99} 的斐波那契序列的值。在该示例中，使用 big.NewInt 函数初始化 big.Int，使用 big.Exp 函数计算 10^{99} 的大小，使用 big.Cmp 函数比较大整数的值，使用 big.Add 函数计算大整数的加法。

```
func main() {
  a := big.NewInt(0)
  b := big.NewInt(1)
  var limit big.Int
  limit.Exp(big.NewInt(10), big.NewInt(99), nil)
  for a.Cmp(&limit) < 0 {
    a.Add(a, b)
    a, b = b, a
  }
  fmt.Println(a)
}
```

big.Float 离不开大整数的计算，其结构如下。其中，prec 代表存储数字的位数，neg 代表符号位，mant 代表大整数，exp 代表指数。

```
type Float struct {
  prec uint32
  mode RoundingMode
  acc  Accuracy
  form form
  neg  bool
  mant nat
```

```
  exp  int32
}
```

big.Float 的核心思想是把浮点数转换为大整数运算。举一个简单的例子，十进制数 12.34 可以表示为 1234×10^−2，56.78 可以表示为 5678×10^−2，那么有，12.34×56.78 = 1234×5678×10^−4，从而将浮点数的运算转换为了整数的运算。但是一般不能用 uint64 来模拟整数运算，因为整数运算存在溢出问题，因此 big.Float 仍然依赖大整数的运算。

需要注意的是，big.Float 仍然会损失精度，因为有限的位数无法表达无限的小数。但是可以通过设置 prec 存储数字的位数来提高精度。prec 设置得越大，其精度越高，但是相应地，在计算中花费的时间也越多，因此在实际中需要权衡 prec 的大小。当 prec 设置为 53 时，其精度与 float64 相同，而在 Go 编译时常量运算中，为了保证高精度，prec 会被设置为数百位。

```go
package main
import (
  "fmt"
  "math/big"
)
func main() {
  var x1,y1 float64 = 10,3
  z1 := x1/y1
  fmt.Println(x1, y1, z1)
  x2, y2 := big.NewFloat(10), big.NewFloat(3)
  z2 := new(big.Float).Quo(x2, y2)
  fmt.Println(x2, y2, z2)
}
```

在上例中，x2,y2 通过 big.NewFloat 初始化。当不设置 prec 时，其精度与 float64 相同。如上例中，x2,y2 最终打印出的结果与 x1,y1 是完全一致的。

```
10 3 3.3333333333333335
10 3 3.3333333333333335
```

当把 x2,y2 的 prec 位数设置为 100 时，如下所示，可以看到，打印出的浮点数精度有明显的提升。

```go
x2, y2 := big.NewFloat(10), big.NewFloat(3)
z2 := new(big.Float).Quo(x2, y2)
x2.SetPrec(100)
y2.SetPrec(100)
// 输出: 10 3 3.3333333333333333333333333332
fmt.Println(x2, y2, z2)
```

如果希望有理数计算不丢失精度，那么可以借助 big.Rat 实现。big.Rat 仍然依赖大整数运算，其结构如下所示，其中，a、b 分别代表分子和分母。

```
type Rat struct {
  a, b big.Int
}
```

big.Rat 的核心思想是将有理数的运算转换为分数的运算。例如 12/34×56/78 = (12×78 + 34 ×56) / (34 ×78) ，最后分子分母还需要进行约分。将有理数的运算转换为分数的运算将永远不会损失精度。对于下面这段程序，最终打印出的结果为 z:1/3。

```
func main() {
  x, y := big.NewRat(1,2), big.NewRat(2,3)
   z := new(big.Rat).Mul(x,y)
   fmt.Println("z:",z)
}
```

有一些第三方库采用了其他思路来处理浮点数的精度问题，例如笔者贡献过代码的 shopspring/decimal[4]将浮点数以十进制的方式表示，其结构如下所示，即每个数值都表示为 value $\times 10^{exp}$。该库仍然是依靠封装 big.Int 实现的。其通过牺牲一定的效率换取更简单直观的 API，并且该库在处理货币方面有一定优势，可以实现不丢失精度的计算。

```
type Decimal struct {
  value *big.Int
  exp int32
}
```

2.11　总结

浮点数是编程中基础但是非常具有挑战性的概念。本章讨论了浮点数的设计理念并详细介绍了 Go 语言浮点数使用的 IEEE-754 标准、精度、异常情况下的非常规数、INF、NAN 等，最后通过大量的案例介绍了 Go 语言中浮点数的特性及需要注意的问题。

由于浮点数在表达和计算的过程中可能丢失精度，因此在使用过程中需要注意其精度的损失是否会影响实际业务，如果内置的 float64 不满足精度要求，那么可以使用 big/math 或优秀的第三方库中更高精度甚至无损的浮点数计算，但是要注意采用更高精度可能带来的性能损失。

第 3 章
类型推断全解析

类型推断（Type Inference）是编程语言在编译时自动解释表达式中数据类型的能力，通常在函数式编程的语言（例如 Haskell）中存在。类型推断的优势主要在于可以省略类型，这使编程变得更加容易。

明确地指出变量的类型在编程语言中很常见，编译器在多大程度上支持类型推断因语言而异。例如，某些编译器可以推断出变量、函数参数和返回值的类型。如图 3-1 所示，Go 语言提供了特殊的操作符“:=”用于变量的类型推断。

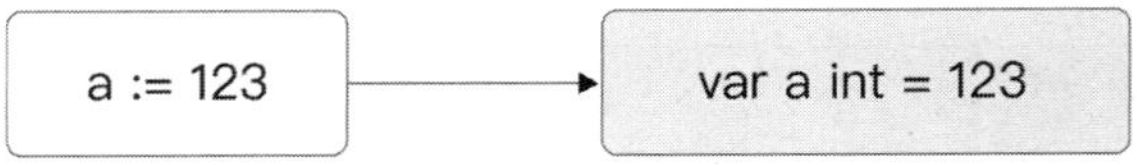

图 3-1　:=操作符用于变量类型推断

本章将介绍 Go 语言中类型推断的使用方法和编译器实现该特性的原理。

3.1　类型推断的优势

语言支持类型推断有两个主要的优势。一是如果使用得当，那么它可以使代码更易阅读。例如，可以将 C ++代码

```
vector<int> v;
vector<int>::iterator itr = v.iterator();
```

变为

```
vector<int> v;
auto itr = v.iterator();
```

二是如果类型更加复杂，那么类型推断的价值变得显而易见。在许多情况下，这将减少代码中的冗余信息。

类型推断还具有动态语言的灵活特性，例如 Haskell 语言的如下代码，不管变量 x 是什么类型，都加 1 并返回结果。

```
succ x = x + 1
```

尽管如此，显式地指出类型仍可以让编译器更轻松地了解代码实际应执行的操作，而不会犯任何错误。

3.2 Go 语言中类型推断的特性

每个语言的类型推断能力是不同的，Go 语言的目标是减少在其他静态类型语言中存在的混乱情况，Go 语言的设计者认为 Java 或 C++中的类型系统过于复杂[1]。因此，在设计 Go 语言时，他们对变量使用简单的类型推断，给人以编写动态类型代码的感觉，同时仍然保留静态类型的好处。

Go 语言的类型推断目前还相对简单，没有涵盖参数和返回值之类的内容。在实践中，可以通过在声明新变量或常量时忽略类型信息或使用:=表示法来触发 Go 语言中的类型推断。例如，在 Go 语言中，以下三个语句是等效的。

```
var a int = 10
var a = 10
a := 10
```

以 a := 333 为例，变量 a 最终会被推断为 int 类型，可以用 Printf 的%T 格式化打印出 a 的类型，输出结果为 type:int。

```
a :=  333
fmt.Printf("type:%T",a)
```

由于 Go 语言的类型系统禁止了不同类型之间的转换（第 4 章中的常量除外），因此下例中的 a 已经被推断为 int 类型，不能够赋值给 int64 类型。

```
func main() {
    a:=333
    var b int64
    b = a
}
```

Go 语言的类型推断在处理包含变量标识符的推断方面是半智能的。本质上，编译器不允许对变量标识符引用的值进行强制类型转换，举几个例子：

下面这段代码能够正常运行，并且 a 的类型为 float64。

```
a := 1 + 1.1
```

下面的代码仍然正确，a 会被推断为浮点数，1 会被转换为浮点数与 a 的值相加。

```
a := 1.1
b := 1 + a
```

但是，下面的代码是错误的，即 a 的值已被推断为整数，而 1.1 为浮点数，不能将 a 强制转换为浮点数，相加失败。编译器报错：constant 1.1 truncated to integer。

```
a := 1
b := a + 1.1
```

下面的例子犯了相同的错误，编译器提示类型不匹配：invalid operation: a + b (mismatched types int and float64)。

```
a := 1
b := 1.1
c := a + b
```

3.3 类型推断原理

类型推断依赖编译器的处理能力，编译器执行的过程为：词法解析→语法分析→抽象语法树构建→类型检查→中间代码→代码优化→生成机器码。编译阶段的代码位于 go/src/cmd/compile 文件中（更详细的过程请查看第 1 章）。

3.3.1 词法解析与语法分析阶段

在词法解析阶段，会将赋值语句右边的常量解析为一个未定义的类型，例如，ImagLit 代表复数，FloatLit 代表浮点数，IntLit 代表整数。

```
//go/src/cmd/compile/internal/syntax
const (
 IntLit LitKind = iota
 FloatLit
 ImagLit
```

```
 RuneLit
 StringLit
)
```

Go 语言源代码采用 UTF-8 的编码方式，在进行词法解析时，当遇到需要赋值的常量操作时，会逐个读取后面常量的 UTF-8 字符。字符串的首字符为"，数字的首字符为'0'~'9'。具体实现位于 syntax.next 函数中。

```
// go/src/cmd/compile/internal/syntax
func (s *scanner) next() {
...
switch c {
    case '0', '1', '2', '3', '4', '5', '6', '7', '8', '9':
        s.number(c)
    case '"':
        s.stdString()
    case '`':
        s.rawString()
    ...
```

因此对于整数、小数等常量的识别就显得非常简单。如图 3-2 所示，整数就是字符中全是 0~9 的数字，浮点数就是字符中有“.”号的数字，字符串的首字符为"或'。

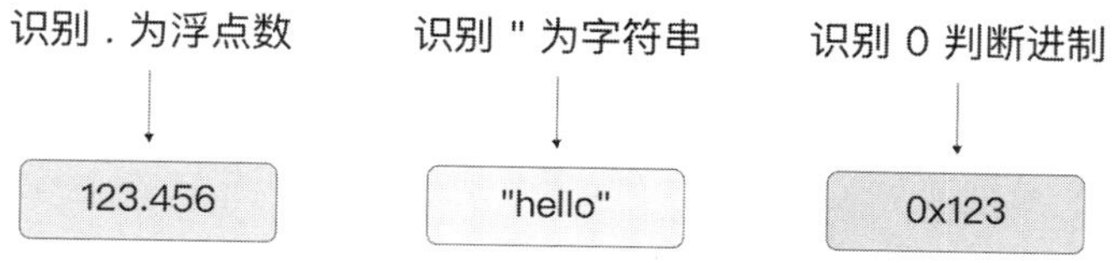

图 3-2 词法解析阶段解析未定义的常量示例

下面列出的 number 函数为语法分析阶段处理数字的具体实现。数字首先会被分为小数部分与整数部分，通过字符. 进行区分。如果整数部分是以 0 开头的，则可能有不同的含义，例如 0x 代表十六进制数、0b 代表二进制数。

```
// go/src/cmd/compile/internal/syntax
func (s *scanner) number(c rune) {
    // 整数部分
    var ds int
    if c != '.' {
        s.kind = IntLit
        if c == '0' {
            c = s.getr()
```

```
        switch lower(c) {
        case 'x':
            c = s.getr()
            base, prefix = 16, 'x'
        case 'o':
            c = s.getr()
            base, prefix = 8, 'o'
        case 'b':
            c = s.getr()
            base, prefix = 2, 'b'
        }
    }
    c, ds = s.digits(c, base, &invalid)
    digsep |= ds
}
// 小数部分
if c == '.' {
    s.kind = FloatLit
    c, ds = s.digits(s.getr(), base, &invalid)
    digsep |= ds
}
```

以赋值语句 a := 333 为例，完成词法解析与语法分析时，此赋值语句将以 AssignStmt 结构表示。

```
type AssignStmt struct {
    Op       Operator
    Lhs, Rhs Expr
    simpleStmt
}
```

其中 Op 代表操作符，在这里是赋值操作 OAS。Lhs 与 Rhs 分别代表左右两个表达式，左边代表变量 a，右边代表常量 333，此时其类型为 intLit。

3.3.2 抽象语法树生成与类型检查

完成语法解析后，进入抽象语法树阶段。在该阶段会将词法解析阶段生成的 AssignStmt 结构解析为一个 Node，Node 结构体是对抽象语法树中节点的抽象。

```
type Node struct {
    Left   *Node
    Right  *Node
    Ninit  Nodes
```

```
    Nbody  Nodes
    List   Nodes
    Rlist  Nodes
    Type   *types.Type
    E      interface{}
    ...
}
```

其中，Left（左节点）代表左边的变量 a，Right（右节点）代表整数 333，其 Op 操作为 OLITERAL。Right 的 E 接口字段会存储值 333，如果前一阶段为 IntLit 类型，则需要转换为 Mpint 类型。Mpint 类型用于存储整数常量，具体结构如下所示。

```
// Mpint 代表整数常量
type Mpint struct {
    Val  big.Int
    Ovf  bool
    Rune bool
}
```

从 Mpint 类型的结构可以看到，在编译时 AST 阶段整数通过 math/big.Int 进行高精度存储，浮点数通过 big.Float 进行高精度存储（关于 math/big 库，详见第 2 章）。

在类型检查阶段，右节点中的 Type 字段存储的类型会变为 types.Types[TINT]。types.Types 是一个数组（var Types [NTYPE]*Type），存储了不同标识对应的 Go 语言中的实际类型，其中，types.Types[TINT]对应 Go 语言内置的 int 类型。

接着完成最终的赋值操作，并将右边常量的类型赋值给左边变量的类型。具体实现位于 typecheckas 函数中。

```
func typecheckas(n *Node) {
    if n.Left.Name != nil && n.Left.Name.Defn == n && n.Left.Name.Param.Ntype
== nil {
            n.Right = defaultlit(n.Right, nil)
            n.Left.Type = n.Right.Type
        }
    }
...
}
```

在 SSA 阶段，变量 a 中存储的大数类型的 333 最终会调用 big.Int 包中的 Int64 函数并将其转换为 int64 类型的常量，形如：v4 (?) = MOVQconst <int> [333] (a[int])。

3.4 总结

本章介绍了类型推断的内涵、意义以及 Go 语言中类型推断的特点。以 a:=333 为例，介绍了 Go 语言在编译时进行类型推断的实现原理。Go 语言的类型推断目前还相对简单，没有涵盖参数和返回值等内容。同时，Go 语言的类型推断在处理包含变量标识符的推断方面是半智能的。

Go 语言中对变量使用简单的类型推断，给人以编写动态类型代码的感觉，同时仍然具有静态类型的安全性。在实现方法上，类型推断借鉴了编译时的原理。类型推断涉及编译时词法解析和抽象语法树阶段。处理常量时，先采用 math/big 库进行高精度处理，再在 SSA 阶段转换为 Go 语言中预置的标准类型（int，float64）。

第 4 章 常量与隐式类型转换

Go 语言最独特的功能之一是对常量的处理。Go 语言规范中的常量规则是精心设计的并且是语言特有的[1]，其在编译时为静态类型的 Go 语言提供了灵活性，以使编写的代码更具可读性和直观性，同时保持类型安全。本章将介绍 Go 语言常量的特性、使用方法与原理。

4.1 常量声明与生存周期

在 Go 语言中使用 const 关键字来声明常量，在声明时可以指定或省略类型，如下所示。

```
const untypedInteger       = 12345
const untypedFloatingPoint = 3.141592
const typedInteger int     = 12345
const typedFloatingPoint float64 = 3.141592
```

其中，等式左边的常量叫作命名常量，等式右边的常量叫作未命名常量，拥有未定义的类型。当有足够的内存来存储整数值时，可以始终精确地表示整数。由于 Go 语言规范中要求整数常量至少能够存储 256 位，因此在实际中 Go 语言能涵盖几乎所有的整数常量。

为了获得精确的浮点数，编译器可以采用不同的策略和选项。Go 语言规范未说明编译器必须如何执行此操作，但给出了一些强制性的要求[2]：

- ◎ 如果浮点数以$(1+\text{mantissa})\times(2^{\text{exponent}})$表示，那么 mantissa 至少能表示 256 位的小数，而 exponent 至少能够用 16 bits 表示。
- ◎ 如果由于溢出而无法表示浮点数或复数常量，则报错。
- ◎ 如果由于精度限制而无法表示浮点数，则四舍五入表示为最接近的可表示常量。

以下是不同编译器实现精确浮点数的两种策略：

◎ 将所有浮点数表示为分数，并对这些分数进行有理运算。这些浮点数永远不会损失任何精度。

◎ 使用高精度浮点数。当使用具有数百位精度的浮点数时，精确值和近似值之间的差异几乎可以忽略。

可以看到，在 Go 语言编译器中使用了大数包 math/big 来处理编译时的大整数和更高精度的浮点数。

未命名常量只会在编译期间存在，因此其不会存储在内存中，而命名常量存在于内存静态只读区，不能被修改。同时，Go 语言禁止了对常量取地址的操作，因此下面尝试对常量寻址的代码是错误的。报错为 cannot take the address of k。

```
const k = 5
address := &k
```

4.2 常量类型转换

如下所示，常量可以进行类型推断。第 3 章详细介绍了未定义的常量是如何进行转换的，在转换为具体的类型之前，Go 语言编译时会使用一种高精度的结构存储常量。

```
var myInt =123
```

本节还将介绍常量的其他转换规则。

4.2.1 隐式整数转换

在 Go 语言中，变量之间没有隐式类型转换，不同的类型之间只能强制转换。但是，编译器可以进行变量和常量之间的隐式类型转换。

如下所示，将整数常量 123 隐式转换为 int。由于常量不使用小数点或指数，因此采用的类型为整数。只要不需要截断，就可以将类型为整数的未命名常量隐式转换为有符号和无符号命名常量。

```
var myInt int = 123
```

如果常量使用与整数兼容的类型，也可以将浮点常量隐式转换为整数变量：

```
var myInt int = 123.0
```

但是下面的转换是不可行的，无法对常量进行截断。

```
// 123.1 truncated to integer
var myInt int = 123.1
```

4.2.2 隐式浮点数转换

如下所示，编译器可以将类型为小数的未命名常量 0.333 隐式转换为单精度或双精度类型的浮点数。

```
var myFloat float64 = 0.333
```

另外，编译器可以在整数常量与 float64 变量之间进行隐式转换。

```
var myFloat float64 = 1
```

4.2.3 常量运算中的隐式转换

常量与变量之间的运算在程序中最常见，它遵循 Go 语言规范中运算符的规则。该规则规定，除非操作涉及位运算或未定义的常量，否则操作数两边的类型必须相同。这意味着常量在进行运算时，操作数两边的类型不一定相同，如下所示。

```
var answer = 3 * 0.333
```

在 Go 语言规范中，对于常量表达式也制定了专门的规则。除了移位操作，如果操作数两边是不同类型的无类型常量，则结果类型的优先级为：整数（int）<符文数（rune）<浮点数（float）<复数（Imag）。根据此规则，上面两个常数之间相乘的结果将是一个浮点数，因为浮点数的优先级比整数高。下面的例子结果为浮点数。

```
const third = 1 / 3.0
```

下面的例子将在整数常量之间进行除法运算，结果必然是一个整数常量。由于 3 除 1 的值小于 1，因此该除法的结果为整数常量。

```
const zero = 1 / 3
```

4.2.4 常量与变量之间的转换

常量与具体类型的变量之间的运算，会使用已有的具体类型。例如下例中常量 p 为 float64，常量 2 会转换为和 b 相同的类型。

```
const b float64 = 1
const p = b * 2
```

下面的例子会报错，因为 2.3 不能转换为 b 的类型 int。

```
const b int = 1
const p = b * 2.3
```

4.2.5 自定义类型的转换

当常量转换涉及用户自定义的类型时，会变得更加复杂。下例中声明了一个新类型，称为 Numbers，其基本类型为 int8。接着以 Numbers 声明常量 One，并分配整数类型的常量 1。最后声明常量 Two，常量 Two 通过未命名常量 2 和 Numbers 类型的常量 One 相乘转换为了 Numbers 类型。

```
type Numbers int8
const One Numbers = 1
const Two = 2 * One
```

自定义类型在实际开发和 Go 源码中都很常见，例如在标准库 time 中，声明时间常量的方式使用了自定义类型的转换。

```
type Duration int64
const (
    Nanosecond Duration = 1
    Microsecond         = 1000 * Nanosecond
    Millisecond         = 1000 * Microsecond
    Second             = 1000 * Millisecond
)
```

由于编译器将对常量执行隐式转换，因此可以在 Go 语言中像下面一样编写代码[3]：

```
const fiveSeconds = 5 * time.Second
func main() {
    now := time.Now()
    lessFiveNanoseconds := now.Add(-5)
    lessFiveSeconds := now.Add(-fiveSeconds)
    fmt.Printf("Now     : %v\\n", now)
    fmt.Printf("Nano    : %v\\n", lessFiveNanoseconds)
    fmt.Printf("Seconds : %v\\n", lessFiveSeconds)
}
Output:
Now     : 2020-03-27 13:30:49.111038384 -0400 EDT
```

```
Nano    : 2020-03-27 13:30:49.111038379 -0400 EDT
Seconds : 2020-03-27 13:30:44.111038384 -0400 EDT
```

Add 方法接受一个类型为 Duration 的参数，Time 包中的 Add 方法的定义如下。

```
func (t Time) Add(d Duration) Time
```

在上例实际调用 Add 函数的过程中，将-5 与-fiveSeconds 作为函数也并没有出错，这是由于编译器会将常量-5 隐式转换为类型为 Duration 的变量，以允许方法调用。同时，基于常量的运算规则可知，常量 FiveSeconds 的类型为 Duration。

```
var lessFiveNanoseconds = now.Add(-5)
var lessFiveMinutes = now.Add(-fiveSeconds)
```

但是，如果指定了变量的类型，则调用不会成功。例如，在下面的例子中，一旦我们使用具体类型的整数值作为 Add 方法调用的参数，就会收到编译器报错。编译器不允许在类型变量之间进行隐式类型转换。

```
var difference int = -5
var lessFiveNano = now.Add(difference)
```

报错为

```
Compiler Error:
./const.go:16: cannot use difference (type int) as type time.Duration in function
argument
```

为了编译该代码，需要在程序中执行显式的类型转换。

```
Add(time.Duration(difference))
```

4.3　常量与隐式类型转换原理

常量以及常量具有的一系列隐式类型转换需要借助 Go 语言编译器完成。对于涉及常量的运算，统一在编译时类型检查阶段完成，由 compile/internal/gc.defaultlit2 函数进行统一处理。

```
func defaultlit2(l *Node, r *Node, force bool) (*Node, *Node) {
    if !l.Type.IsUntyped() {
            r = convlit(r, l.Type)
            return l, r
        }
        if !r.Type.IsUntyped() {
            l = convlit(l, r.Type)
```

```
            return l, r
        }
    if l.Type.IsBoolean() != r.Type.IsBoolean() {
        return l, r
    }
    if l.Type.IsString() != r.Type.IsString() {
        return l, r
    }
    if l.isNil() || r.isNil() {
        return l, r
    }
    k := idealkind(l)
    if rk := idealkind(r); rk > k {
        k = rk
    }
    t := defaultType(k)
    l = convlit(l, t)
    r = convlit(r, t)
    return l, r
}
```

在 defaultlit2 函数的参数中，l 代表操作符左边的节点，r 代表操作符右边的节点。函数首先判断操作符左节点有无类型，如果有，则将操作符右边的类型转换成左边的类型。要注意的是，并不是所有的类型组合都能进行隐式转换。如下例中，字符串不能和非字符串进行组合，布尔类型不能和其他类型进行组合，nil 不能和其他类型进行组合。

```
a := "123" + 12
b := true + 12
c := nil + 12
```

如果操作符左节点无类型，右节点有类型，则将左边的类型转换为右边的类型。小数的浮点表示法优先级如图 4-1 所示。如果操作符左、右节点都无具体类型，则根据整数（int）<符文数（rune）<浮点数（float）<复数（Imag）的优先级决定类型的转换。

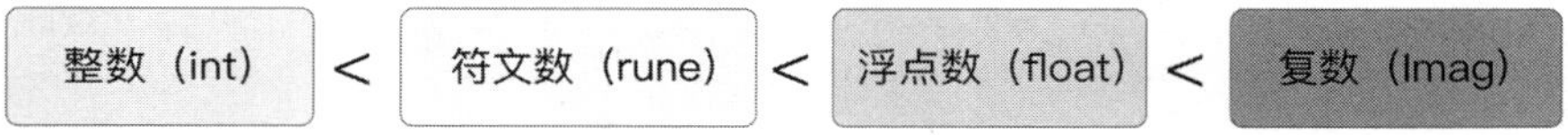

图 4-1　小数的浮点表示法优先级

4.4 总结

常量给了 Go 语言极大的灵活性，既有静态语言类型安全的优势，又可以通过隐式类型转换使用不用强制的指定类型，提供了类似动态语言的便利。本章介绍了常量的内涵、规则、生命周期以及各种情形下的隐式类型转换。

常量分为命名常量与未命名常量。未命名常量只会在编译期间存在，因此不会存储在内存中。而命名常量存在于内存静态只读区，不能被修改。同时，Go 语言禁止对常量取地址的操作。

常量作为 Go 语言独特的功能之一，离不开编译时的解析。具体来说，隐式类型转换的规则为：有类型常量优先于无类型常量，当两个无类型常量进行运算时，结果类型的优先级为：整数（int）<符文数（rune）<浮点数（float）<复数（Imag）。

第 5 章
字符串本质与实现

字符串在编程语言中无处不在，程序的源文件本身就是由众多字符组成的，在程序开发中的存储、传输、日志打印等环节，都离不开字符串的显示、表达及处理。因此，字符与字符串是编程中最基础的学问。不同的语言对于字符串的结构、处理有所差异。在本章中，笔者将对 Go 语言解析、表达、处理字符串的原理进行深入分析，并对字符串可能遇到的性能问题进行探讨。

5.1 字符串的本质

在编程语言中，字符串是一种重要的数据结构，通常由一系列字符组成。字符串一般有两种类型，一种在编译时指定长度，不能修改。一种具有动态的长度，可以修改。但是在 Go 语言中，字符串不能被修改，只能被访问，不能采取如下方式对字符串进行修改。

```
var b = "hello world"
b[1] = 'o'
```

字符串的终止有两种方式，一种是 C 语言中的隐式申明，以字符“\0”作为终止符。一种是 Go 语言中的显式声明。Go 语言运行时字符串 string 的表示结构如下。

```
type StringHeader struct {
   Data uintptr
   Len  int
}
```

其中，Data 指向底层的字符数组，Len 代表字符串的长度。字符串在本质上是一串字符数组，每个字符在存储时都对应了一个或多个整数，这涉及字符集的编码方式。如下所示，在打印 hello world 这 11 个字符时，通过下标输出其十六进制表示的字节数组为 68 65 6c 6c 6f 20 77 6f

72 6c 64。

```
var b = "hello world"
    for i:=0;i<len(b);i++{
        fmt.Printf("%x ",b[i])
    }
```

Go 语言中所有的文件都采用 UTF-8 的编码方式，同时字符常量使用 UTF-8 的字符编码集。UFT-8 是一种长度可变的编码方式，可包含世界上大部分的字符。上例中的字母都只占据 1 字节，但是特殊的字符（例如大部分中文）会占据 3 字节。如下所示，变量 b 看起来只有 4 个字符，但是 len(b)获取的长度为 8，字符串 b 中每个中文都占据了 3 字节。

```
var b = "Go语言"
   for i:=0;i<len(b);i++{
       fmt.Printf("%x ",b[i])
   }
```

5.2 符文类型

Go 语言的设计者认为[1]，用字符（character）表示字符串的组成元素可能产生歧义，因为有些字符非常相似，例如小写拉丁字母 a 与带重音符号的 à。这些相似的字符真正的区别在于其编码后的整数是不相同的，a 被表示为 0x61，à 被表示为 0xE0。因此在 Go 语言中使用符文（rune）类型来表示和区分字符串中的“字符”，rune 其实是 int32 的别称。

当用 range 轮询字符串时，轮询的不再是单字节，而是具体的 rune。如下所示，对字符串 b 进行轮询，其第一个参数 index 代表每个 rune 的字节偏移量，而 runeValue 为 int32，代表符文数。

```
var b = "Go语言"
   for index,runeValue := range b{
         fmt.Printf("%#U starts at byte position %d\n", runeValue, index)
   }
```

fmt.Printf 有一个特殊的格式化符#U 可用于打印符文数十六进制的 Unicode 编码方式及字符形状。如上例打印出：

```
U+0047 'G' starts at byte position 0
U+006F 'o' starts at byte position 1
U+8BED '语' starts at byte position 2
U+8A00 '言' starts at byte position 5
```

Go 的标准库 unicode/utf8 为解释 UTF-8 文本提供了强大的支持，包含了验证、分离、组合 UTF-8 字符的功能。例如 DecodeRuneInString 函数返回当前字节之后的符文数及实际的字节长度。上面的 for range 样例可以改写为如下形式:

```
const nihongo = "Go 语言"
for i, w := 0, 0; i < len(nihongo); i += w {
    runeValue, width := utf8.DecodeRuneInString(nihongo[i:])
    fmt.Printf("%#U starts at byte position %d\n", runeValue, i)
    w = width
}
```

5.3 字符串工具函数

Go 语言标准库中提供了众多的字符处理函数。如下所示，在标准库 strings 包中包含字符查找、分割、大小写转换、trim 修剪等数十个函数。

```
// 判断字符串 s 是否包含 substr 字符串
func Contains(s, substr string) bool
// 判断字符串 s 是否包含 chars 字符串中的任一字符
func ContainsAny(s, chars string) bool
// 判断字符串 s 是否包含符文数 r
func ContainsRune(s string, r rune) bool
// 将字符串 s 以空白字符分割，返回一个切片
func Fields(s string) []string
// 将字符串 s 以满足 f(r)==true 的字符分割，返回一个切片
func FieldsFunc(s string, f func(rune) bool) []string
// 将字符串 s 以 sep 为分隔符进行分割，分割后字符末尾去掉 sep
func Split(s, sep string) []string
```

在标准库 strconv 包中，还包含很多字符串与其他类型进行转换的函数，如下所示:

```
// 字符串转换为十进制整数
func Atoi(s string) (int, error)
// 字符串转换为某一进制的整数，例如八进制、十六进制
func ParseInt(s string, base int, bitSize int) (i int64, err error)
// 整数转换为字符串
func Itoa(i int) string
// 某一进制的整数转换为字符串，例如八进制整数转换为字符串
func FormatInt(i int64, base int) string
```

5.4 字符串底层原理

5.4.1 字符串解析

在第 3 章和第 4 章中介绍过整数、浮点数在词法解析阶段的转换过程。简单地说，整数是全为数字的常量，浮点数是带小数点的常量。字符串也有特殊标识，它有两种声明方式：

```
var a string = `hello world`
var b string = "hello world"
```

字符串常量在词法解析阶段最终会被标记成 StringLit 类型的 Token 并被传递到编译的下一个阶段。在语法分析阶段，采取递归下降的方式读取 Uft-8 字符，单撇号或双引号是字符串的标识。分析的逻辑位于 syntax/scanner.go 文件中。

```
func (s *scanner) next() {
    ...
    c := s.getr()
    for c == ' ' || c == '\\t' || c == '\\n' && !nlsemi || c == '\\r' {
        c = s.getr()
    }
    switch c {
    case '"':
        s.stdString()
    case '`':
        s.rawString()
    ...
    }
```

如果在代码中识别到单撇号，则调用 rawString 函数；如果识别到双引号，则调用 stdString 函数，两者的处理略有不同。

对于单撇号的处理比较简单：一直循环向后读取，直到寻找到配对的单撇号，如下所示。

```
func (s *scanner) rawString() {
    s.startLit()
    for {
        r := s.getr()
        if r == '`' {
            break
        }
        if r < 0 {
            s.errh(s.line, s.col, "string not terminated")
```

```
            break
        }
    }
}
```

双引号调用 stdString 函数，如果出现另一个双引号则直接退出；如果出现了\\，则对后面的字符进行转义。

```
func (s *scanner) stdString() {
    for {
        r := s.getr()
        if r == '"' {
            break
        }
        if r == '\\\\' {
            s.escape('"')
            continue
        }
        if r == '\\n' {
            s.ungetr() // assume newline is not part of literal
            s.error("newline in string")
            break
        }
        if r < 0 {
            s.errh(s.line, s.col, "string not terminated")
            break
        }
    }
}
```

在双引号中不能出现换行符，以下代码在编译时会报错：newline in string。这是通过对每个字符判断 r == '\\n'实现的。

```
str := " hello world:
1131052403 "
```

string(s.stopLit())将解析到的字节转换为字符串，这种转换会在字符串左、右两边加上双引号，因此"hello"会被解析为""hello""。在抽象语法树阶段，无论是 import 语句中包的路径、结构体中的字段标签还是字符串常量，都会调用 strconv.Unquote(s)去掉字符串两边的引号等干扰，还原其本来的面目，例如将""hello"" 转换为 "hello"。

```
// go/src/cmd/compile/internal/gc
func (p *noder) basicLit(lit *syntax.BasicLit) Val {
```

```
    case syntax.StringLit:
        if len(s) > 0 && s[0] == '`' {
            s = strings.Replace(s, "\\r", "", -1)
        }
        u, _ := strconv.Unquote(s)
        return Val{U: u}
    default:
        panic("unhandled BasicLit kind")
    }
}
```

5.4.2 字符串拼接

在 Go 语言中，可以方便地通过加号操作符（+）对字符串进行拼接。

```
func main(){
    h := "hello "+"world"
    fmt.Println(h)  // hello world
}
```

很显然，由于数字的加法操作也使用加号操作符，因此需要编译时识别具体为何种操作。

当加号操作符两边是字符串时，编译时抽象语法树阶段具体操作的 Op 会被解析为 OADDSTR。对两个字符串常量进行拼接时会在语法分析阶段调用 noder.sum 函数。例如对于 "a"+"b"+"c" 的场景，noder.sum 函数先将所有的字符串常量放到字符串数组中，然后调用 strings.Join 函数完成对字符串常量数组的拼接。

```
cmd/compile/internal/gc/noder.go
func (p *noder) sum(x syntax.Expr) *Node {
    chunks := make([]string, 0, 1)
    for i := len(adds) - 1; i >= 0; i-- {
        // 添加
        chunks = append(chunks, strlit(r))
    }
    // 拼接
    if len(chunks) > 1 {
        nstr.SetVal(Val{U: strings.Join(chunks, "")})
    }
    return n
}
```

如果涉及如下字符串变量的拼接，那么其拼接操作最终是在运行时完成的。

```
    var a = "hello"
    str :=  a + "xxs"
```

在语法分析阶段会做一些准备工作。例如在类型检查阶段，typecheck1 函数解析赋值及字符串拼接语义。在函数遍历阶段，walkexpr 函数会决定具体使用运行时的哪一个拼接函数。

```
go/src/cmd/compile/internal/gc/walk.go
func walkexpr(n *Node, init *Nodes) *Node {
    case OADDSTR:
        n = addstr(n, init)
}
```

walkexpr 函数调用了 addstr(n, init)，当拼接数量小于或等于 5 时，调用运行时 concatstring1~concatstring5 中对应的函数。当字符串的数量大于 5 时，调用运行时 concatstrings 函数，并且将字符串通过切片传入。

```
func addstr(n *Node, init *Nodes) *Node {
    // 函数名
    var fn string
    if c <= 5 {
        fn = fmt.Sprintf("concatstring%d", c)
    } else {
        fn = "concatstrings"
        t := types.NewSlice(types.Types[TSTRING])
        slice := nod(OCOMPLIT, nil, typenod(t))
        if prealloc[n] != nil {
            prealloc[slice] = prealloc[n]
        }
        slice.List.Set(args[1:]) // skip buf arg
        args = []*Node{buf, slice}
        slice.Esc = EscNone
    }
...
}
```

5.4.3 运行时字符拼接

运行时字符串的拼接原理如图 5-1 所示，其并不是简单地将一个字符串合并到另一个字符串中，而是找到一个更大的空间，并通过内存复制的形式将字符串复制到其中，本节将详细分析该过程。

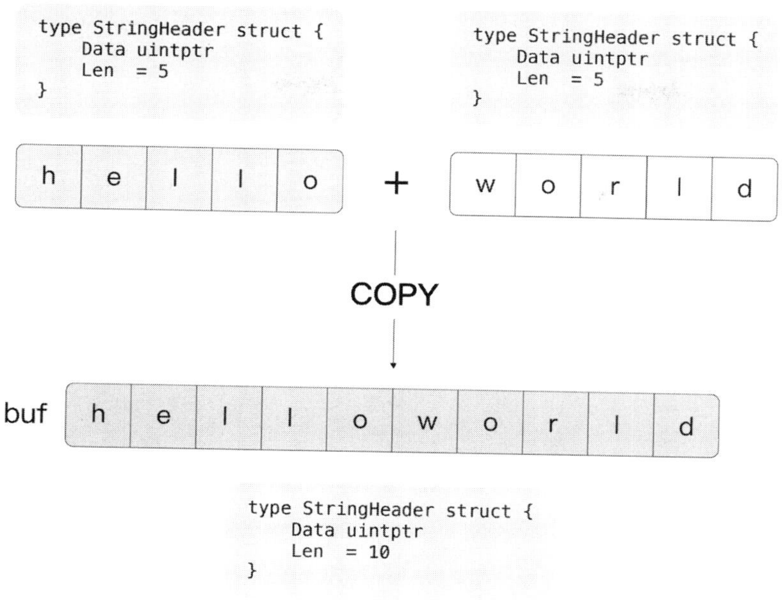

图 5-1 字符串拼接原理

运行时具体的拼接代码如下，其实无论使用 concatstring{2,3,4,5} 函数中的哪一个，最终都会调用 runtime.concatstrings 函数。

```
func concatstring2(buf *tmpBuf, a [2]string) string {
   return concatstrings(buf, a[:])
}
func concatstring3(buf *tmpBuf, a [3]string) string {
   return concatstrings(buf, a[:])
}
func concatstring4(buf *tmpBuf, a [4]string) string {
   return concatstrings(buf, a[:])
}
func concatstring5(buf *tmpBuf, a [5]string) string {
   return concatstrings(buf, a[:])
}
```

concatstrings 函数会先对传入的切片参数进行遍历，过滤空字符串并计算拼接后字符串的长度。

```
/usr/local/go/src/runtime/string.go
func concatstrings(buf *tmpBuf, a []string) string {
   idx := 0
```

```
    l := 0
    count := 0
    for i, x := range a {
        n := len(x)
        if n == 0 {
            continue
        }
        l += n
        count++
        idx = i
    }
    if count == 0 {
        return ""
    }
    s, b := rawstringtmp(buf, l)
    for _, x := range a {
        copy(b, x)
        b = b[len(x):]
    }
    return s
}
```

拼接的过程位于 rawstringtmp 函数中，当拼接后的字符串小于 32 字节时，会有一个临时的缓存供其使用。当拼接后的字符串大于 32 字节时，堆区会开辟一个足够大的内存空间，并将多个字符串存入其中，期间会涉及内存的复制（copy）。

```
func rawstringtmp(buf *tmpBuf, l int) (s string, b []byte) {
    if buf != nil && l <= len(buf) {
        b = buf[:l]
        s = slicebytetostringtmp(b)
    } else {
        s, b = rawstring(l)
    }
    return
}
```

5.4.4 字符串与字节数组的转换

字节数组与字符串可以相互转换。如下所示，字符串 a 强制转换为了字节数组 b，字节数组 b 强制转换为了字符串 c。

```
    a := "hello world"
    b := []byte(a)
    c := string(b)
```

字节数组转换为字符串在运行时调用了 slicebytetostring 函数。需要注意的是，字节数组与字符串的相互转换并不是简单的指针引用，而是涉及了复制。当字符串大于 32 字节时，还需要申请堆内存，因此在涉及一些密集的转换场景时，需要评估这种转换带来的性能损耗。

```
func slicebytetostring(buf *tmpBuf, b []byte) (str string) {
    ...
    var p unsafe.Pointer
    if buf != nil && len(b) <= len(buf) {
        p = unsafe.Pointer(buf)
    } else {
        p = mallocgc(uintptr(len(b)), nil, false)
    }
    stringStructOf(&str).str = p
    stringStructOf(&str).len = len(b)
    memmove(p, (*(*slice)(unsafe.Pointer(&b))).array, uintptr(len(b)))
    return
}
```

当字符串转换为字节数组时，在运行时需要调用 stringtoslicebyte 函数，其和 slicebytetostring 函数非常类似，需要新的足够大小的内存空间。当字符串小于 32 字节时，可以直接使用缓存 buf。当字符串大于 32 字节时，rawbyteslice 函数需要向堆区申请足够的内存空间。最后使用 copy 函数完成内存复制。

```
func stringtoslicebyte(buf *tmpBuf, s string) []byte {
    var b []byte
    if buf != nil && len(s) <= len(buf) {
        *buf = tmpBuf{}
        b = buf[:len(s)]
    } else {
        b = rawbyteslice(len(s))
    }
    copy(b, s)
    return b
}
func rawbyteslice(size int) (b []byte) {
    cap := roundupsize(uintptr(size))
    p := mallocgc(cap, nil, false)
    *(*slice)(unsafe.Pointer(&b)) = slice{p, size, int(cap)}
```

```
    return
}
```

5.5 总结

字符串是 Go 语言中重要的数据结构，其只能被访问而不能被修改和扩容，但是可以通过拼接构造出一个新的字符串。字符串常量在存储时使用了 UTF-8 字符编码，这与 Go 文件的编码方式相同。为了消除字符的歧义，引入了符文类型，它是 4 字节 int32 的整数。

Go 语言标准库为字符串处理提供了强大的支持，包括用于解析 utf-8 编码的 unicode/utf8 包，用于字符串截取和解析的 strings 包，以及用于字符串与其他类型转换的 strconv 包。

字符串常量存储于静态存储区，其内容不可以被改变，声明时有单撇号和双引号两种方法。字符串常量的拼接发生在编译时，而字符串变量的拼接发生在运行时。当拼接后的 s 字符串小于 32 字节时，会有一个临时的缓存供其使用。当拼接后的字符串大于 32 字节时，会请求在堆区分配内存。需要注意的是，字节数组与字符串的相互转换并不是无损的指针引用，而是涉及了复制。因此，在频繁涉及字节数组与字符串相互转换的场景需要考虑转换的成本。

第 6 章
数组

本节将介绍 Go 语言中重要的数据类型——数组。几乎所有主流语言都支持数组，它是一片连续的内存区域。Go 语言中的数组与其他语言中的数组有显著不同的特性，例如，其不能进行扩容、在复制和传递时为值复制。人们通常将数组与 Go 语言中另一个重要的结构——切片进行对比。本章将详细介绍数组的使用方法及实现原理。

6.1 数组的声明方式

数组的声明主要有三种方式，如下所示。

```
//数组声明的三种方式
var arr [3]int
var arr2  = [4]int{1,2,3,4}
arr3 :=[...]int{2,3,4}
```

可以在声明的同时为数组赋值，如 var arr2= [4]int{1,2,3,4}。数组是内存中一片连续的区域，需要在初始化时被指定长度，数组的大小取决于数组中存放的元素大小。对于数组还有一种语法糖，可以不用指定类型，如 arr3 :=[...]int{2,3,4}，这种声明方式在编译时自动推断长度。

可以通过 fmt.Printf 的%T 格式化打印出数组的类型，不同类型的数组之间不能进行比较。

```
// 输出为：类型 arr2: [4]int,类型 arr3: [3]int
fmt.Printf("类型 arr2: %T,类型 arr3: %T\n",arr2,arr3)
```

数组长度可以通过内置的 len 函数获取，数组中的元素可以通过下标获取。只能访问数组中已有的元素，如果数组访问越界，则在编译时会报错。

```
len(arr3)
arr3[2]
```

```
// 访问越界，报错为：invalid array index 99 (out of bounds for 3-element array)
arr[99]
```

6.2 数组值复制

与 C 语言中的数组显著不同的是，Go 语言中的数组在赋值和函数调用时的形参都是值复制。如下所示，无论是赋值的 b 还是函数调用中的 c，都是值复制的。这意味着不管是修改 b 还是 c 的值，都不会影响 a 的值，因为他们是完全不同的数组。

```
a:= [3]int{1,2,3}
b = a
func Change(c [3]int){}
```

可以使用下例中的程序打印出赋值前后的地址来验证值复制。

```
func CopyArray( c [5]int){
    fmt.Printf("c:%p\n",&c)
}
func main() {
    a := [5]int{1,2,3,4,5}
    fmt.Printf("a:%p\n",&a)
    b:=a
    CopyArray(a)
    fmt.Printf("b:%p\n",&b)
}
```

程序输出如下，每个数组在内存中的位置都是不相同的，验证了值复制。

```
a:0xc00001a150
c:0xc00001a1b0
b:0xc00001a180
```

6.3 数组底层原理

6.3.1 编译时数组解析

数组形如[n]T，在编译时就需要确定其长度和类型。数组在编译时构建抽象语法树阶段的数据类型为 TARRAY，通过 NewArray 函数进行创建，AST 节点的 Op 操作为 OARRAYLIT。

```
// NewArray returns a new fixed-length array Type.
func NewArray(elem *Type, bound int64) *Type {
```

```
    if bound < 0 {
        Fatalf("NewArray: invalid bound %v", bound)
    }
    t := New(TARRAY)
    t.Extra = &Array{Elem: elem, Bound: bound}
    t.SetNotInHeap(elem.NotInHeap())
    return t
}
```

TARRAY 内部的 Array 结构存储了数组中元素的类型及数组的大小。

```
type Array struct {
    Elem  *Type
    Bound int64
}
```

6.3.2 数组字面量初始化原理

数组字面量的初始化在编译时类型检查阶段进行，通过 typecheckcomplit 函数循环字面量并分别进行赋值。

```
func typecheckcomplit(n *Node) (res *Node) {
    nl := n.List.Slice()
    for i2, l := range nl {
        i++
        if i > length {
            length = i
            if checkBounds && length > t.NumElem() {
                setlineno(l)
                yyerror("array index %d out of bounds [0:%d]", length-1,
                    t.NumElem())
                checkBounds = false
            }
        }
    }
    if t.IsDDDArray() {
        t.SetNumElem(length)
    }
}
```

用抽象的伪代码表示其过程，如下：

```
a:=[3]int{2,3,4}
变为
```

```
var arr [3]int
a[0] = 2
a[1] = 3
a[2] = 4
```

数组声明中存在语法糖[...]int{2,3,4}，其实质与一般的数组声明类似。如果 t.IsDDDArray 判断数组初始化是以语法糖的形式进行的，那么会通过 t.SetNumElem(length)将数组长度设置到数组中。

6.3.3 数组字面量编译时内存优化

在编译时还会进行重要的优化。在函数 walk 遍历阶段，anylit 函数用于处理各种类型的字面量。当数组的长度小于 4 时，在运行时数组会被放置在栈中，当数组的长度大于 4 时，数组会被放置到内存的静态只读区。fixedlit 函数将执行数组初始化与赋值的逻辑。

```
func anylit(n *Node, var_ *Node, init *Nodes) {
    t := n.Type
    switch n.Op {
    case OSTRUCTLIT, OARRAYLIT:
        if !t.IsStruct() && !t.IsArray() {
            Fatalf("anylit: not struct/array")
        }
        if var_.isSimpleName() && n.List.Len() > 4 {
            ...
            fixedlit(ctxt, initKindStatic, n, vstat, init)
            // copy static to var
            a := nod(OAS, var_, vstat)
            a = typecheck(a, ctxStmt)
            a = walkexpr(a, init)
            init.Append(a)
            // add expressions to automatic
            fixedlit(inInitFunction, initKindDynamic, n, var_, init)
            break
        }
}
```

6.3.4 数组索引与访问越界原理

数组访问越界是非常严重的错误，Go 语言中对越界的判断有一部分是在编译期间类型检查阶段完成的，typecheck1 函数会对访问数组的索引进行验证。

```
func typecheck1(n *Node, top int) (res *Node) {
    switch n.Op {
    case OINDEX:
        ok |= ctxExpr
        l := n.Left  // 数组
        r := n.Right // 索引
        switch n.Left.Type.Etype {
        case TSTRING, TARRAY, TSLICE:
            ...
            if n.Right.Type != nil && !n.Right.Type.IsInteger() {
                yyerror("non-integer array index %v", n.Right)
                break
            }
            if !n.Bounded() && Isconst(n.Right, CTINT) {
                x := n.Right.Int64()
                if x < 0 {
                    yyerror("invalid array index %v (index must be non-negative)",
n.Right)
                } else if n.Left.Type.IsArray() && x >= n.Left.Type.NumElem() {
                    yyerror("invalid array index %v (out of bounds for %d-element
array)", n.Right, n.Left.Type.NumElem())
                }
...
```

具体的验证逻辑如下：

◎ 访问数组的索引是非整数时报错为 non-integer array index %v。

◎ 访问数组的索引是负数时报错为 invalid array index %v (index must be non-negative)。

◎ 访问数组的索引越界时报错为 invalid array index %v (out of bounds for %d-element array)。

使用未命名常量索引访问数组时，例如 a[3]，数组的一些简单越界错误能够在编译期间被发现。但是如果使用变量去访问数组或者字符串，编译器无法发现对应的错误，因为变量的值随时可能变化。下例在运行时也会检查数组的越界错误。

```
m:= a[i]
```

Go 语言运行时在发现数组、切片和字符串的越界操作时，会由运行时的 panicIndex 和 runtime.goPanicIndex 函数触发程序的运行时错误并导致崩溃。

```
TEXT runtime·panicIndex(SB),NOSPLIT,$0-8
    MOVL    AX, x+0(FP)
```

```
    MOVL    CX, y+4(FP)
    JMP runtime·goPanicIndex(SB)

func goPanicIndex(x int, y int) {
    panicCheck1(getcallerpc(), "index out of range")
    panic(boundsError{x: int64(x), signed: true, y: y, code: boundsIndex})
}
```

如果数组的索引是命名常量，那么仍然能够在编译时通过优化检测出越界并在运行时报错。例如对于一个简单的代码:

```
a := [3]int{1,2,3}
b := 8
_ = a[b]
```

可以通过如下 go tool compile 命令生成 ssa.html 文件，显示整个 SSA 生成与优化阶段。

```
GOSSAFUNC=main  GOOS=linux  GOARCH=amd64  go tool compile close.go
```

SSA 最初生成的 start 阶段代码如下所示。在 v22 阶段通过 IsInBounds 指令将数组长度与索引大小进行对比：v22 (17) = IsInBounds <bool> v20 v10，如果判断失败，则说明发生了数组越界，跳到 b3 处触发 panic 函数：v24 (17) = PanicBounds <mem> [0] v20 v10 v23。

```
start
b1:-
v10 (?) = Const64 <int> [3]
v20 (?) = Const64 <int> [4] (i[int])
v21 (17) = LocalAddr <*[3]int> {arr} v2 v19
v22 (17) = IsInBounds <bool> v20 v10
If v22 → b2 b3 (likely) (17)
b2: ← b1-
v25 (17) = PtrIndex <*int> v21 v20
v26 (17) = Copy <mem> v19
v27 (17) = Load <int> v25 v26 (elem[int])
Ret v26 (19)
b3: ← b1-
v23 (17) = Copy <mem> v19
v24 (17) = PanicBounds <mem> [0] v20 v10 v23
Exit v24 (17)
```

在 SSA 最后的 genssa 阶段，可以看到代码直接被优化为了 00008 (17) CALL runtime.panicIndex(SB)，虽然是在编译时检测出的错误，但会在运行时会直接触发 Panic。

```
genssa
# main.go
00000 (14) TEXT "".main(SB), ABIInternal
...
v24
00008 (17) CALL runtime.panicIndex(SB)
00009 (17) XCHGL AX, AX
00010 (?) END
```

6.4 总结

数组是 Go 语言中的特殊类型，与其他语言不太一样，其不可以添加值，但是可以获取值和长度。同时，数组中的复制都是值复制，因此尽量不要进行大数组的复制。常量的下标及某些变量的下标的访问越界问题可以在编译时被检测到，但是变量下标的数组越界问题只会在运行时报错。数组的声明中存在一个语法糖——[...]int{2,3,4}，依靠编译器进行数组长度的推断。

在编译时对数组还会进行重要的优化。当数组的长度小于 4 时，在运行时会选择在栈中初始化数组。当数组的长度大于 4 时，程序会在启动时在静态区初始化数组。Go 语言中较少使用数组，更多的时候会使用切片。下一章将重点介绍切片的使用。

第 7 章
切片使用方法与底层原理

Go 语言中的切片（slice）在某种程度上和其他语言（例如 C 语言 ）中的数组在使用中有许多相似的地方。但是 Go 语言中的切片有许多独特之处，例如，切片是长度可变的序列。序列中的每个元素都有相同的类型。一个切片一般写作[]T，其中 T 代表 slice 中元素的类型。和数组不同的是，切片不用指定固定长度。

7.1 切片使用方法

7.1.1 切片的结构

切片是一种轻量级的数据结构，提供了访问数组任意元素的功能，切片运行时结构如图 7-1 所示。

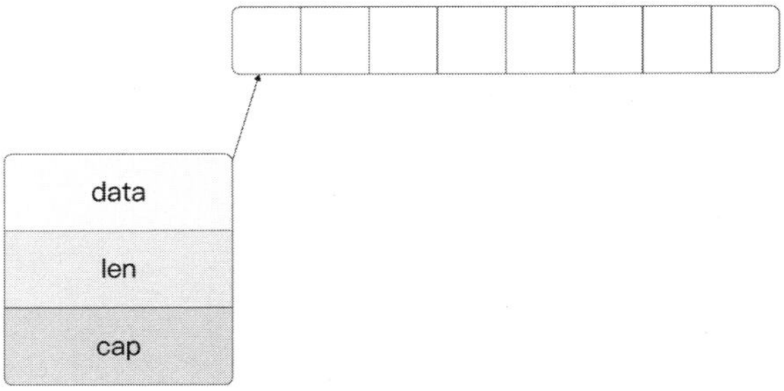

图 7-1　切片运行时结构

一个切片在运行时由指针（data）、长度（len）和容量（cap）3 部分构成。

```
type SliceHeader struct {
    Data uintptr
```

```
    Len  int
    Cap  int
}
```

指针指向切片元素对应的底层数组元素的地址。长度对应切片中元素的数目，长度不能超过容量。容量一般是从切片的开始位置到底层数据的结尾位置的长度。

7.1.2　切片的初始化

切片有多种声明方式，如下所示，在只声明不赋初始值的情况下，切片 slice1 的值为预置的 nil，切片的初始化需要使用内置的 make 函数。

```
var slice1 []int
var slice2 []int = make([]int,5)
var slice3 []int = make([]int,5,7)
numbers:= []int{1,2,3,4,5,6,7,8}
```

切片有长度和容量的区别，可以在初始化时指定。由于切片具有可扩展性，所以当它的容量比长度大时，意味着为切片元素的增长预留了内存空间。上例中 slice2 指定了长度为 5 的 int 切片，如果不指定容量，则默认其容量与长度相同。number 被称为切片字面量，在初始化阶段对切片进行了赋值。编译器会自动推断出切片初始化的长度，并使其容量与长度相同。

内置的 len 和 cap 函数可以分别获取切片的长度和容量。

```
slice := make([]int,0)
fmt.Printf("len=%d,cap=%d,slice=%v\n",len(slice),cap(slice),slice)
```

7.1.3　切片的截取

和数组一样，切片中的数据仍然是内存中的一片连续区域。要获取切片某一区域的连续数据，可以通过下标的方式对切片进行截断。被截取后的切片，其长度和容量都发生了变化。如下，number1 包含了切片中第 2、3 号元素。切片的长度变为了 2，容量变为了 6，即从第 2 号元素开始到元素数组的末尾。

```
numbers:= []int{1,2,3,4,5,6,7,8}
// 从下标 2 一直到下标 4，但是不包括下标 4
numbers1 :=numbers[2:4]
// 从下标 0 一直到下标 3，但是不包括下标 3
numbers2 :=numbers[:3]
```

```
// 从下标 3 一直到结尾
numbers3 :=numbers[3:]
```

切片在被截取时的另一个特点是，被截取后的数组仍然指向原始切片的底层数据。

```
foo := make([]int,5)
foo[3] = 42
foo[4] = 100
bar := foo[1:4]
bar[1] = 99
```

在这段代码中，bar 截取了 foo 切片中间的元素，并修改了 bar 中的第 2 号元素，程序执行完成后，其底层结构如图 7-2 所示。

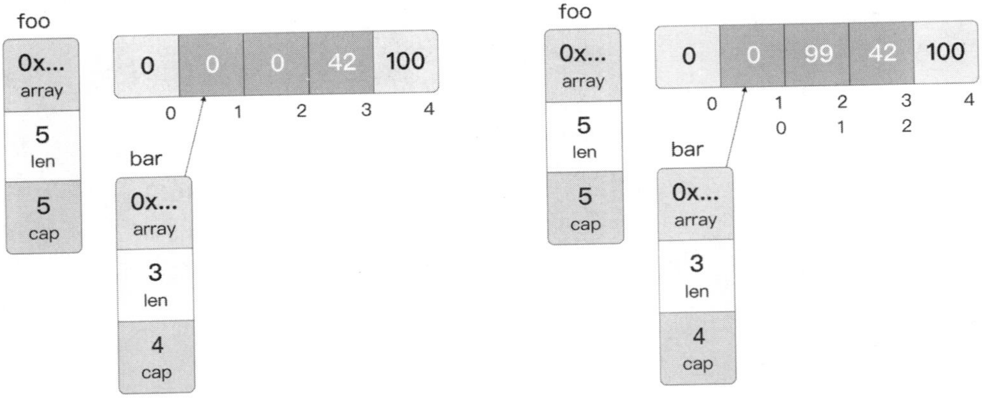

图 7-2 切片被截取时的底层结构

7.1.4 切片值复制与数据引用

数组的复制是值复制，如下例中，对于数组 a 的副本 c 的修改不会影响到数组 a。然而，对于切片 b 的副本 d 的修改会影响到原来的切片 b。这说明切片的副本与原始切片共用一个内存空间。

```
// 数组的类型是值
a := [4]int{1, 2, 3, 4}
// 切片的类型是引用
b := []int{100, 200, 300}
    c := a
    d := b
    c[1] = 200
```

```
d[0] = 1
//输出: c[1 200 3 4] a[1 2 3 4]
fmt.Println("a=", a, "c=", c)
//输出: d[1 200 300]  b[1 200 300]
fmt.Println("b=", b, "d=", d)
```

在 Go 语言中，切片的复制其实也是值复制，但这里的值复制指对于运行时 SliceHeader 结构的复制。如图 7-3 所示，底层指针仍然指向相同的底层数据的数组地址，因此可以理解为数据进行了引用传递。切片的这一特性使得即便切片中有大量数据，在复制时的成本也比较小，这与数组有显著的不同。

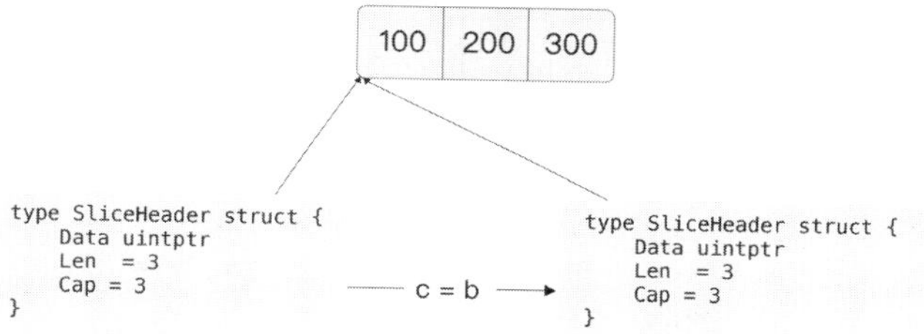

图 7-3　切片的值复制与数据引用

7.1.5　切片收缩与扩容

Go 语言内置的 append 函数可以添加新的元素到切片的末尾，它可以接受可变长度的元素，并且可以自动扩容。如果原有数组的长度和容量已经相同，那么在扩容后，长度和容量都会相应增加。

```
//append 一个元素
numbers = append(numbers, 0)
//append 多个元素
numbers = append(numbers, 1, 2, 3, 4, 5, 6, 7)
//append 添加切片
s1 := []int{100, 200, 300, 400, 500, 600, 700}
numbers = append(numbers, s1...)
```

如下所示，numbers 切片一开始的长度和容量都为 4，当添加一个元素后，其长度变为了 5，容量变为了 8，相当于扩容了一倍。这一现象将在后面的底层原理中得到解释。

```
numbers:= []int{1,2,3,4}
numbers = append(numbers,5)
fmt.Println(len(numbers),cap(numbers))
```

删除切片的第一个和最后一个元素都非常容易。如果要删除切片中间的某一段或某一个元素，可以借助切片的截取特性，通过截取删除元素前后的切片数组，再使用 append 函数拼接的方式实现。这种处理方式比较优雅，并且效率很高，因为它不会申请额外的内存空间。

```
// 删除第一个元素
numbers = numbers[1:]
// 删除最后一个元素
numbers = numbers[:len(numbers)-1]
// 删除中间一个元素
a := int(len(numbers) / 2)
numbers = append(numbers[:a], numbers[a+1:]...)
```

7.2 切片底层原理

在编译时构建抽象语法树阶段会将切片构建为如下类型。

```
type Slice struct {
    Elem *Type // element type
}
```

编译时使用 NewSlice 函数新建一个切片类型，并需要传递切片元素的类型。从中可以看出，切片元素的类型 elem 是在编译期间确定的。

```
func NewSlice(elem *Type) *Type {
    t := New(TSLICE)
    t.Extra = Slice{Elem: elem}
    elem.Cache.slice = t
    return t
}
```

7.2.1 字面量初始化

当使用形如 []int{1, 2, 3}的字面量创建新的切片时，会创建一个 array 数组([3]int{1,2,3})存储于静态区中，并在堆区创建一个新的切片，在程序启动时将静态区的数据复制到堆区，这样可以加快切片的初始化过程。其核心逻辑位于 cmd/compile/internal/gc.slicelit 函数中，其抽象的伪代码如下。

```
var vstat [3]int
vstat[0] = 1
vstat[1] = 2
```

```
vstat[2] = 3
var vauto *[3]int = new([3]int)
*vauto = vstat
slice := vauto[:]
```

7.2.2　make 初始化

对形如 make([]int,3,4) 的初始化切片。在类型检查阶段 typecheck1 函数中，节点 Node 的 Op 操作为 OMAKESLICE，并且左节点存储长度为 3，右节点存储容量为 4。

```
func typecheck1(n *Node, top int) (res *Node) {
switch t.Etype {
case TSLICE:
    l = args[i]
    i++
    l = typecheck(l, ctxExpr)
    var r *Node
    if i < len(args) {
        r = args[i]
        i++
        r = typecheck(r, ctxExpr)
    }
    n.Left = l
    n.Right = r
    n.Op = OMAKESLICE
```

编译时对于字面量的重要优化是判断变量应该被分配到栈中还是应该逃逸到堆区。如果 make 函数初始化了一个太大的切片，则该切片会逃逸到堆中。如果分配了一个比较小的切片，则会直接在栈中分配。此临界值定义在 cmd/compile/internal/gc.maxImplicitStackVarSize 变量中，默认为 64KB，可以通过指定编译时 smallframes 标识进行更新，因此，make([]int64,1023) 与 make([]int64,1024)实现的细节是截然不同的。

字面量内存逃逸的核心逻辑位于 cmd/compile/internal/gc/walk.go，n.Esc 代表是否判断出变量需要逃逸。其伪代码如下。

```
func walkexpr(n *Node, init *Nodes) *Node{
case OMAKESLICE:
   if n.Esc == EscNone {
        var arr [r]T
        n = arr[:l]
   } else {
```

```
    makeslice(T,len,cap)
}
```

如果没有逃逸，那么切片运行时最终会被分配在栈中。而如果发生了逃逸，那么运行时调用 makesliceXX 函数会将切片分配在堆中。当切片的长度和容量小于 int 类型的最大值时，会调用 makeslice 函数，反之调用 makeslice64 函数创建切片。

makeslice64 函数最终也调用了 makeslice 函数。makeslice 函数会先判断要申请的内存大小是否超过了理论上系统可以分配的内存大小，并判断其长度是否小于容量。再调用 mallocgc 函数在堆中申请内存，申请的内存大小为类型大小×容量。

```
// go/src/runtime/slice.go
func makeslice(et *_type, len, cap int) unsafe.Pointer {
    mem, overflow := math.MulUintptr(et.size, uintptr(cap))
    if overflow || mem > maxAlloc || len < 0 || len > cap {
        panic()
    }
    return mallocgc(mem, et, true)
}
func makeslice64(et *_type, len64, cap64 int64) unsafe.Pointer {
    len := int(len64)
    if int64(len) != len64 {
        panicmakeslicelen()
    }
    cap := int(cap64)
    if int64(cap) != cap64 {
        panicmakeslicecap()
    }
    return makeslice(et, len, cap)
}
```

7.2.3 切片扩容原理

切片使用 append 函数添加元素，但不是使用了 append 函数就需要进行扩容，如下代码向长度为 3，容量为 4 的切片 a 中添加元素后不需要扩容。

切片增加元素后长度超过了现有容量，例如 b 一开始的长度和容量都为 3，但使用 append 函数后，其容量变为了 6。

```
// 扩容
a:= make([]int,3,4)
```

```
append(a,1) // cap(a) == 4
// 不扩容
b:= make([]int,3,3)
append(b,1) // cap(b) == 6
```

切片扩容的现象说明了 Go 语言并不会在每次 append 时都进行扩容，也不会每增加一个元素就扩容一次，这是由于扩容常会涉及内存的分配，减慢 append 的速度。本节将介绍切片扩容的具体策略。

append 函数在运行时调用了 runtime/slice.go 文件下的 growslice 函数

```
func growslice(et *_type, old slice, cap int) slice {
    newcap := old.cap
    doublecap := newcap + newcap
    if cap > doublecap {
        newcap = cap
    } else {
        if old.len < 1024 {
            newcap = doublecap
        } else {
            for 0 < newcap && newcap < cap {
                newcap += newcap / 4
            }
            if newcap <= 0 {
                newcap = cap
            }
        }
    }
    ...
}
```

上面的代码显示了扩容的核心逻辑，Go 语言中切片扩容的策略为：

◎ 如果新申请容量（cap）大于 2 倍的旧容量（old.cap），则最终容量（newcap）是新申请的容量（cap）。

◎ 如果旧切片的长度小于 1024，则最终容量是旧容量的 2 倍，即 newcap=doublecap。

◎ 如果旧切片长度大于或等于 1024，则最终容量从旧容量开始循环增加原来的 1/4，即 newcap=old.cap,for {newcap += newcap/4}，直到最终容量大于或等于新申请的容量为止，即 newcap ≥ cap。

◎ 如果最终容量计算值溢出，即超过了 int 的最大范围，则最终容量就是新申请容量。

Growslice 函数会根据切片的类型，分配不同大小的内存。为了对齐内存，申请的内存可能大于实际的类型大小×容量大小。

如果切片需要扩容，那么最后需要到堆区申请内存。要注意的是，扩容后新的切片不一定拥有新的地址。因此在使用 append 函数时，通常会采用 a = append(a,T)的形式。根据 et.ptrdata 是否判断切片类型为指针，执行不同的逻辑。

```
if et.ptrdata == 0 {
        p = mallocgc(capmem, nil, false)
        memclrNoHeapPointers(add(p, newlenmem), capmem-newlenmem)
    } else {
        p = mallocgc(capmem, et, true)
        if lenmem > 0 && writeBarrier.enabled {
            bulkBarrierPreWriteSrcOnly(uintptr(p), uintptr(old.array), lenmem)
        }
    }
    memmove(p, old.array, lenmem)
    return slice{p, old.len, newcap}
```

当切片类型不是指针时，分配内存后只需要将内存后面的值清空，memmove(p, old.array, lenmem) 函数用于将旧切片的值赋给新的切片。整个过程的抽象表示如下。

```
old = make([]int,3,3)
new = append(old,1) => new = malloc(newcap * sizeof(int))
new[1] = old[1]
new[2] = old[2]
new[3] = old[3]
```

当切片类型为指针，涉及垃圾回收写屏障开启时，对旧切片中指针指向的对象进行标记。具体参见第 19 章。

7.2.4 切片截取原理

如下所示，根据下标截取的原理，new 切片截取了 old 切片的第 2、3 号元素。截取后虽然生成了一个新的切片，但是两个切片指向的底层数据源是同一个，可以使用 fmt.Printf 的%p 格式化打印出变量的地址进行验证。

```
old := make([]int64,3,3)
new := old[1:3]
fmt.Printf("%p %p",old,new) // 0xc000018140 0xc000018148
```

二者的地址正好相差 8 字节，这不是偶然的，而是因为二者指向了相同的数据源，所以刚好相差 int64 的大小。除此之外，也可以从生成的汇编代码查看 SSA 代码。

图 7-4 为 SSA 生成阶段的代码片段，old := make([]int64,3,3) 对应图上的 v16: SliceMake <[]int> v10 v15 v15。

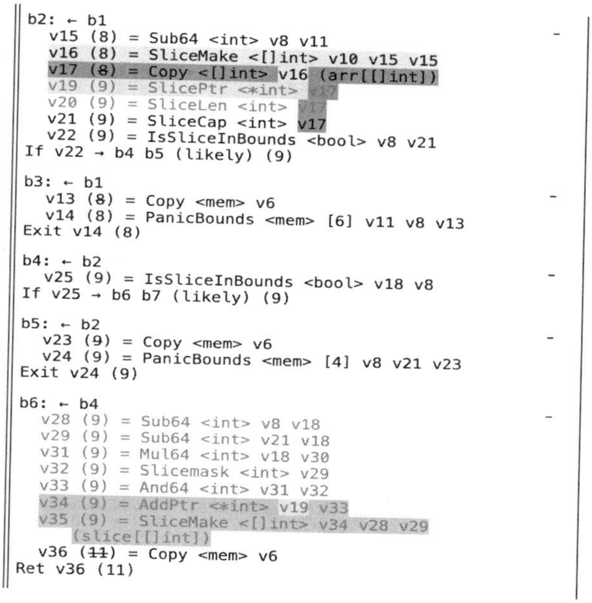
b2: ← b1
v15 (8) = Sub64 <int> v8 v11
v16 (8) = SliceMake <[]int> v10 v15 v15
v17 (8) = Copy <[]int> v16 (arr[[]int])
v19 (9) = SlicePtr <*int> v17
v20 (9) = SliceLen <int> v17
v21 (9) = SliceCap <int> v17
v22 (9) = IsSliceInBounds <bool> v8 v21
If v22 → b4 b5 (likely) (9)
b3: ← b1
v13 (8) = Copy <mem> v6
v14 (8) = PanicBounds <mem> [6] v11 v8 v13
Exit v14 (8)
b4: ← b2
v25 (9) = IsSliceInBounds <bool> v18 v8
If v25 → b6 b7 (likely) (9)
b5: ← b2
v23 (9) = Copy <mem> v6
v24 (9) = PanicBounds <mem> [4] v8 v21 v23
Exit v24 (9)
b6: ← b4
v28 (9) = Sub64 <int> v8 v18
v29 (9) = Sub64 <int> v21 v18
v31 (9) = Mul64 <int> v18 v30
v32 (9) = Slicemask <int> v29
v33 (9) = And64 <int> v31 v32
v34 (9) = AddPtr <*int> v19 v33
v35 (9) = SliceMake <[]int> v34 v28 v29 (slice[[]int])
v36 (11) = Copy <mem> v6
Ret v36 (11)

图 7-4　SSA 生成阶段的代码片段

SliceMake 操作需要传递数组的指针、长度、容量。而 new := old[1:3] 对应图 7-4 上的 v35: SliceMake <[]int> v34 v28 v29。传递的指针 v34 正好是原始的 Ptr + 8 字节后的位置。

7.2.5　切片的完整复制

复制的切片不会改变指向底层的数据源，但有些时候我们希望建一个新的数组，并且与旧数组不共享相同的数据源，这时可以使用 copy 函数。

```
// 创建目标切片
numbers1 := make([]int, len(numbers), cap(numbers)*2)
// 将 numbers 的元素复制到 numbers1 中
count := copy(numbers1, numbers)
```

虽然比较少见，但是切片的数据可以复制到数组中，下例展示了将字节切片的数据存储到字节数组中的情形。

```
slice := []byte("abcdefgh")
var arr [4]byte
copy(arr[:], slice[:4])
```

如果在复制时，数组的长度与切片的长度不同，例如 copy(arr[:], slice)，则复制的元素为 len(arr)与 len(slice)的较小值。

copy 函数在运行时主要调用了 memmove 函数，用于实现内存的复制。如果采用协程调用的方式 go copy(numbers1, numbers) 或者加入了 race 检测，则会转而调用运行时 slicestringcopy 或 slicecopy 函数，进行额外的检查。

7.3 总结

切片是 Go 语言中最常用的数据结构。和其他语言不同的是，切片除了维护底层的元素地址，还维护长度和容量。

切片与数组的赋值拷贝有明显区别，切片在赋值拷贝与下标截断时引用了相同的底层数据。如果要完全拷贝切片，则使用 copy 函数。其逻辑是新建一个内存，并复制过去。在极端情况下需要考虑其对性能的影响。

切片字面量的初始化，会以数组的形式存储于静态区中。在使用 make 函数初始化时，如果 make 函数初始化了一个大于 64KB 的切片，那么这个切片会逃逸到堆中，在运行时调用 makeslice 函数创建切片，小于 64KB 的切片直接在栈中初始化。

Go 语言中内置 append 函数用于添加元素，当容量超过了现有容量时，切片需要进行扩容，其策略是：

- ◎ 如果新申请容量大于 2 倍的旧容量，则最终容量是新申请的容量。
- ◎ 如果旧切片的长度小于 1024，则最终容量是旧容量的 2 倍。
- ◎ 如果旧切片长度大于或等于 1024，则最终容量从旧容量开始循环增加原来的 1/4，直到最终容量大于或等于新申请的容量为止。
- ◎ 如果最终容量过大导致溢出，则最终容量就是新申请容量。

切片扩容后返回的地址并不一定和原来的地址相同，因此必须小心其可能遇到的陷阱，一般会使用形如 a = append(a,T)的方式保证其安全。

第 8 章

哈希表与Go语言实现机制

Go 语言中的 map 又被称为哈希表，是使用频率极高的一种数据结构。哈希表的原理是将多个键/值（key/value）对分散存储在 buckets（桶）中。给定一个键（key），哈希（Hash）算法会计算出键值对存储的位置。通常包括两步，伪代码如下：

```
hash = hashfunc(key)
index = hash % array_size
```

在此伪代码中，第一步通过哈希算法计算键的哈希值，其结果与桶的数量无关。接着通过执行取模运算得到 0-array_size-1 之间的 index 序号。在实践中，我们通常将 map 看作 o(1) 时间复杂度的操作，通过一个键快速寻找其唯一对应的值（value）。在许多情况下，哈希表的查找速度明显快于一些搜索树形式的数据结构，被广泛用于关联数组、缓存、数据库缓存等场景中。

8.1 哈希碰撞与解决方法

哈希函数在实际中遇到的最常见问题是哈希碰撞（Hash Collision），即不同的键通过哈希函数可能产生相同的哈希值。如果将 2450 个键随机分配到一百万个桶中，则根据概率计算，至少有两个键被分配到同一个桶中的可能性有惊人的 95%[2]。哈希碰撞导致同一个桶中可能存在多个元素，有多种方式可以避免哈希碰撞，一般有两种主要的策略：拉链法及开放寻址法。

如图 8-1 所示，拉链法将同一个桶中的元素通过链表的形式进行链接，这是一种最简单、最常用的策略。随着桶中元素的增加，可以不断链接新的元素，同时不用预先为元素分配内存。拉链法的不足之处在于，需要存储额外的指针用于链接元素，这增加了整个哈希表的大小。同时由于链表存储的地址不连续，所以无法高效利用 CPU 高速缓存。

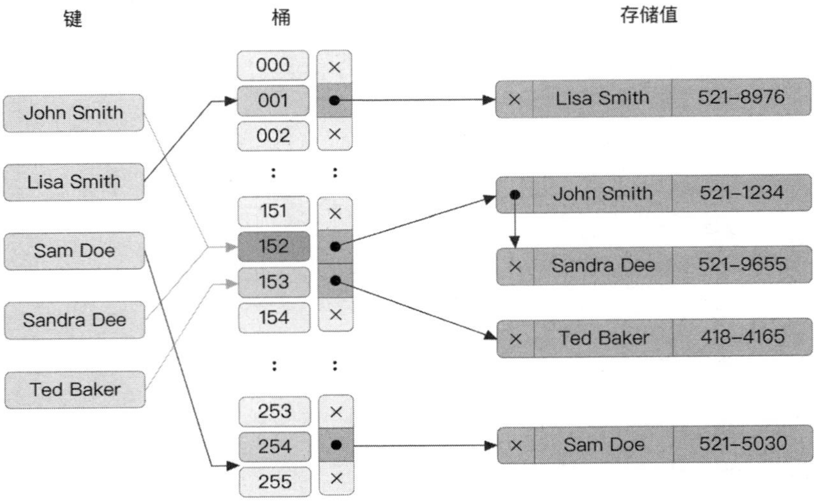

图 8-1　哈希表拉链法

与拉链法对应的另一种解决哈希碰撞的策略为开放寻址法（Open Addressing），如图 8-2 所示，所有元素都存储在桶的数组中。当必须插入新条目时，将按某种探测策略操作，直到找到未使用的数组插槽为止。当搜索元素时，将按相同顺序扫描存储桶，直到查找到目标记录或找到未使用的插槽为止。

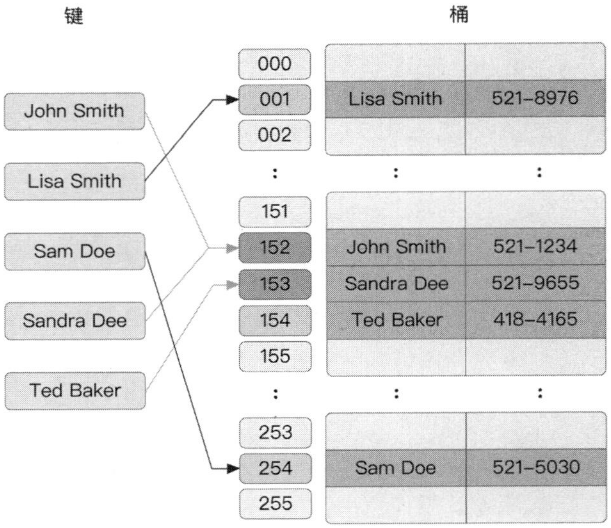

图 8-2　哈希表开放寻址法

Go 语言中的哈希表采用的是优化的拉链法，每一个桶中存储了 8 个元素用于加速访问。在第 12 章还会看到，接口使用的全局 itab 哈希表采用了开放寻址法中的二次方探测策略。

8.2 map 基本操作

8.2.1 map 声明与初始化

先看 map 的基本使用方式。map 的第一种声明方式如下：

```
var hash  map[T]T
```

其并未对 map 进行初始化操作，值为 nil，因此一旦进行 hash[key]=value 这样的赋值操作就会报错。

```
panic(plainError("assignment to entry in nil map"))
```

比较意外的是，Go 语言允许对值为 nil 的 map 进行访问，虽然结果毫无意义。

map 的第二种声明方式是通过 make 函数初始化。make 函数中的第二个参数代表初始化创建 map 的长度，当 NUMBER 为空时，其默认长度为 0。

```
var hash = make(map[T]T,NUMBER)
```

此种方式可以正常地对 map 进行访问与赋值。map 还有字面量形式初始化的方式，如下所示，country 与 rating 在创建 map 时即在其中添加了元素。

```
 var country = map[string]string{
      "China":  "Beijing",
      "Japan":  "Tokyo",
      "India":  "New Delhi",
      "France": "Paris",
      "Italy":  "Rome",
   }
rating := map[string]float64{"c": 5, "Go": 4.5, "Python": 4.5, "C++": 3}
```

8.2.2 map 访问

map 可以进行以下两种形式的访问：

```
v := hash[key]
v,ok := map[key]
```

当返回两个参数时，第 2 个参数代表当前 key 在 map 中是否存在。不用惊讶于为什么同样的访问既可以返回一个值也可以返回两个值，这是在编译时做到的，在介绍哈希表原理时会深入介绍。

8.2.3 map 赋值

map 的赋值语法相对简单，例如 hash[key] = value 代表将 value 与 map1 哈希表中的 key 绑定在一起。

delete 是 Go 语言中的关键字，用于进行 map 的删除操作，形如 delete(hash,key)，可以对相同的 key 进行多次删除操作而不会报错。

8.2.4 key 的比较性

很容易理解，如果没有办法比较 map 中的 key 是否相同，那么这些 key 就不能作为 map 的 key。关于 Go 语言中的可比较性，可参考官方文档[1]。下面简单列出一些基本类型的可比较性。

- ◎ 布尔值是可比较的。
- ◎ 整数值可比较的。
- ◎ 浮点值是可比较的。
- ◎ 复数值是可比较的。
- ◎ 字符串值是可比较的。
- ◎ 指针值是可比较的。如果两个指针值指向相同的变量，或者两个指针的值均为 nil，则它们相等。
- ◎ 通道值是可比较的。如果两个通道值是由相同的 make 函数调用创建的，或者两个值都为 nil，则它们相等。
- ◎ 接口值是可比较的。如果两个接口值具有相同的动态类型和相等的动态值，或者两个接口值都为 nil，则它们相等。
- ◎ 如果结构的所有字段都是可比较的，则它们的值是可比较的。
- ◎ 如果数组元素类型的值可比较，则数组值可比较。如果两个数组对应的元素相等，则它们相等。
- ◎ 切片、函数、map 是不可比较的。

8.2.5 map 并发冲突

和其他语言不同的是，map 并不支持并发的读写，map 并发读写是初级开发者经常会犯的错误。下面的操作由于协程并发读写会报错为 fatal error: concurrent map read and map write。

```
aa := make(map[int]int)
go func() {
    for{
        aa[0] = 5
    }
}()
go func() {
    for{
        _ = aa[1]
    }
}()
```

Go 语言只支持并发读取 map，因此下面的函数不会报错。

```
aa := make(map[int]int)
go func() {
    for{
        _ = aa[2]
    }
}()
go func() {
    for{
        _ = aa[1]
    }
}()
```

Go 语言为什么不支持并发的读写，是一个频繁被提起的问题。我们可以在 Go 官方文档的 Frequently Asked Questions[3]中找到问题的答案。官方文档的解释是：“map 不需要从多个 Goroutine 安全访问，在实际情况下，map 可能是某些已经同步的较大数据结构或计算的一部分。因此，要求所有 map 操作都互斥将减慢大多数程序的速度，而只会增加少数程序的安全性。”即 Go 语言只支持并发读写的原因是保证大多数场景下的查找效率。

8.3 哈希表底层结构

介绍了哈希表的基本操作，本节将介绍哈希表在运行时的行为，以便深入哈希表内部的实现机制。明白了哈希表的实现机制，有助于读者更加灵活地使用哈希表并进行深层次的调优。由于代码里面的逻辑关系比较复杂，本节会用多张图片帮助读者进行抽象的理解。Go 语言 map 的底层实现如下所示：

```
type hmap struct {
   count     int
   flags     uint8
   B        uint8
   noverflow uint16
   hash0     uint32
   buckets    unsafe.Pointer
   oldbuckets unsafe.Pointer
   nevacuate  uintptr
   extra *mapextra
}
```

其中，

◎ count 代表 map 中元素的数量。

◎ flags 代表当前 map 的状态（是否处于正在写入的状态等）。

◎ 2 的 B 次幂表示当前 map 中桶的数量，2^B = Buckets size。

◎ noverflow 为 map 中溢出桶的数量。当溢出的桶太多时，map 会进行 same-size map growth，其实质是避免溢出桶过大导致内存泄露。

◎ hash0 代表生成 hash 的随机数种子。

◎ buckets 是指向当前 map 对应的桶的指针。

◎ oldbuckets 是在 map 扩容时存储旧桶的，当所有旧桶中的数据都已经转移到了新桶中时，则清空。

◎ nevacuate 在扩容时使用，用于标记当前旧桶中小于 nevacuate 的数据都已经转移到了新桶中。

◎ extra 存储 map 中的溢出桶。

代表桶的 bmap 结构在运行时只列出了首个字段，即一个固定长度为 8 的数组。此字段顺序存储 key 的哈希值的前 8 位。

```
type bmap struct {
   tophash [bucketCnt]uint8
}
```

有读者可能会有疑问，桶中存储的 key 和 value 到哪里去了？map 在编译时即确定了 map

中 key、value 及桶的大小，因此在运行时仅仅通过指针操作就可以找到特定位置的元素。桶在存储的 tophash 字段后，会存储 key 数组及 value 数组。

```
type bmap struct {
    tophash [bucketCnt]uint8
    key   [bucketCnt]T
    value [bucketCnt]T
    ....
}
```

8.4　哈希表原理图解

Go 语言选择将 key 与 value 分开存储而不是以 key/value/key/value 的形式存储，是为了在字节对齐时压缩空间。

在进行 hash[key]的 map 访问操作时，会首先找到桶的位置，如下为伪代码：

```
hash = hashfunc(key)
index = hash % array_size
```

找到桶的位置后遍历 tophash 数组，如图 8-3 所示，如果在数组中找到了相同的 hash，那么可以接着通过指针的寻址操作找到对应的 key 与 value。

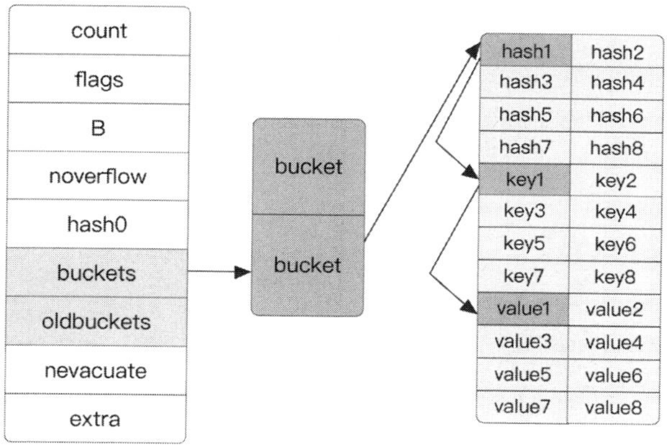

图 8-3 map 查找原理

在 Go 语言中还有一个溢出桶的概念，在执行 hash[key] = value 赋值操作时，当指定桶中的数据超过 8 个时，并不会直接开辟一个新桶，而是将数据放置到溢出桶中，每个桶的最后都存储了 overflow，即溢出桶的指针。在正常情况下，数据是很少会跑到溢出桶里面去的。

同理，我们可以知道，在 map 执行查找操作时，如果 key 的 hash 在指定桶的 tophash 数组中不存在，那么需要遍历溢出桶中的数据。

后面还会看到，如果一开始，初始化 map 的数量比较大，则 map 会提前创建好一些溢出桶存储在 extra *mapextra 字段。

```
type mapextra struct {
   overflow    *[]*bmap
   oldoverflow *[]*bmap
   nextOverflow *bmap
}
```

这样当出现溢出现象时，可以用提前创建好的桶而不用申请额外的内存空间。只有预分配的溢出桶使用完了，才会新建溢出桶。

当发生以下两种情况之一时，map 会进行重建：

◎ map 超过了负载因子大小。
◎ 溢出桶的数量过多。

在哈希表中有经典的负载因子的概念：

负载因子 = 哈希表中的元素数量 / 桶的数量

负载因子的增大，意味着更多的元素会被分配到同一个桶中，此时效率会减慢。试想，如果桶的数量只有 1 个，则此时负载因子到达最大，搜索效率就成了遍历数组。Go 语言中的负载因子为 6.5，当超过其大小后，map 会进行扩容，增大到旧表 2 倍的大小，如图 8-4 所示。旧桶的数据会存到 oldbuckets 字段中，并想办法分散转移到新桶中。

当旧桶中的数据全部转移到新桶中后，旧桶就会被清空。map 的重建还存在第二种情况，即溢出桶的数量太多，这时 map 只会新建和原来相同大小的桶，目的是防止溢出桶的数量缓慢增长导致的内存泄露。

如图 8-5 所示，当进行 map 的 delete 操作时，和赋值操作类似，delete 操作会根据 key 找到指定的桶，如果存在指定的 key，那么就释放掉 key 与 value 引用的内存。同时 tophash 中的指定位置会存储 emptyOne，代表当前位置是空的。

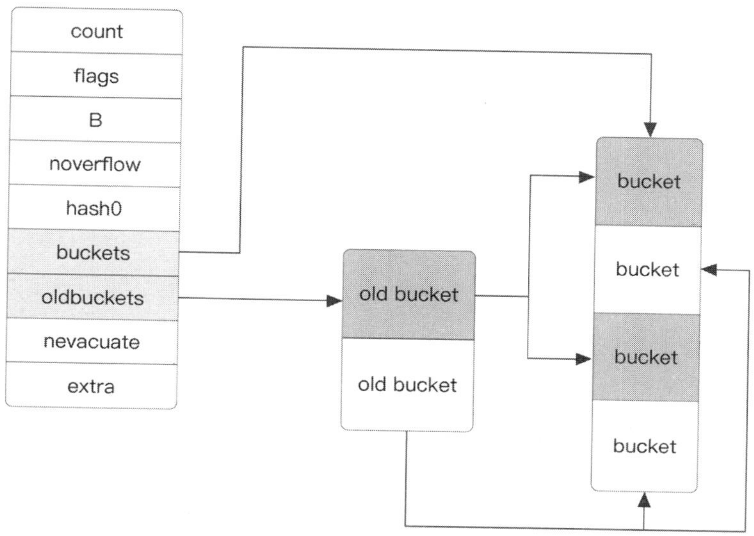

图 8-4　map 桶扩容原理

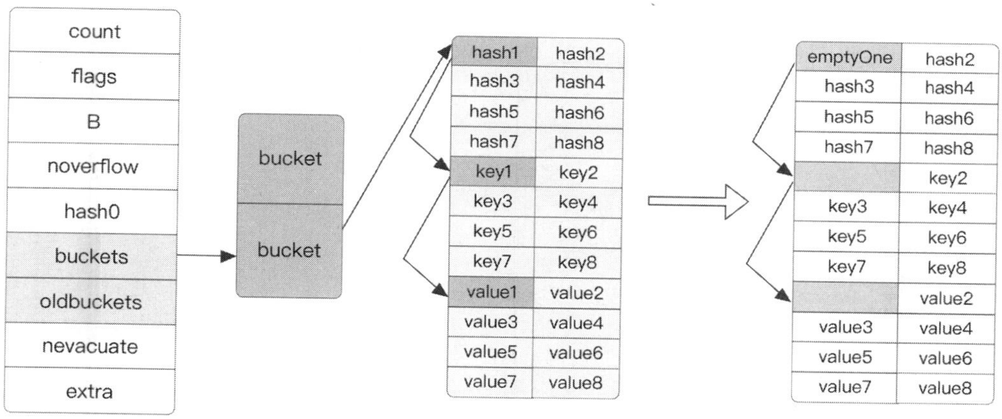

图 8-5　map 删除原理

同时，删除操作会探测当前要删除的元素之后是否都是空的。如果是，则 tophash 会存储为 emptyRest。这样做的好处是在做查找操作时，遇到 emptyRest 可以直接退出，因为后面的元素都是空的。

8.5 深入哈希表原理

上一节用多张图片解释了 map 的实现原理，本节会继续深入 Go 语言源码解释 map 的具体实现细节。

8.5.1 make 初始化原理

如果使用 make 关键字初始化 map，则在 typecheck1 类型检查阶段，将节点 Node 的 Op 操作变为 OMAKEMAP；如果 make 指定了哈希表的长度，则会将长度常量值类型转换为 TINT；如果未指定长度，则长度为 0（nodintconst(0)）。

```
func typecheck1(n *Node, top int) (res *Node) {
	...
	case TMAP:
		if i < len(args) {
			l = args[i]
			i++
			l = typecheck(l, ctxExpr)
			l = defaultlit(l, types.Types[TINT])
			if l.Type == nil {
				n.Type = nil
				return n
			}
			if !checkmake(t, "size", l) {
				n.Type = nil
				return n
			}
			n.Left = l
		} else {
			n.Left = nodintconst(0)
		}
		n.Op = OMAKEMAP
```

如果 make 的第二个参数不是整数，则会在类型检查时报错。

```
if !checkmake(t, "size", l) {
	n.Type = nil
	return n
}

func checkmake(t *types.Type, arg string, n *Node) bool {
  if !n.Type.IsInteger() && n.Type.Etype != TIDEAL {
```

```
        yyerror("non-integer %s argument in make(%v) - %v", arg, t, n.Type)
        return false
    }
}
```

在编译时的函数 walk 遍历阶段，walkexpr 函数会指定运行时应该调用 runtime.makemap 函数还是 runtime.makemap64 函数。

```
func walkexpr(n *Node, init *Nodes) *Node {
    fnname := "makemap64"
    argtype := types.Types[TINT64]
    if hint.Type.IsKind(TIDEAL) ||
        maxintval[hint.Type.Etype].Cmp(maxintval[TUINT]) <= 0 {
        fnname = "makemap"
        argtype = types.Types[TINT]
    }
    fn := syslook(fnname)
    fn = substArgTypes(fn, hmapType, t.Key(), t.Elem())
    n = mkcall1(fn, n.Type, init, typename(n.Type), conv(hint, argtype), h)
}
```

makemap64 最后也调用了 makemap 函数，并保证创建 map 的长度不能超过 int 的大小。

```
func makemap64(t *maptype, hint int64, h *hmap) *hmap {
    if int64(int(hint)) != hint {
        hint = 0
    }
    return makemap(t, int(hint), h)
}
```

makemap 函数会计算出需要的桶的数量，即 $\log_2 N$，并调用 makeBucketArray 函数生成桶和溢出桶。如果初始化时生成了溢出桶，则会放置到 map 的 extra 字段里去。

```
func makemap(t *maptype, hint int, h *hmap) *hmap {
    ...
    B := uint8(0)
    for overLoadFactor(hint, B) {
        B++
    }
    h.B = B
    if h.B != 0 {
        var nextOverflow *bmap
        h.buckets, nextOverflow = makeBucketArray(t, h.B, nil)
        if nextOverflow != nil {
```

```
            h.extra = new(mapextra)
            h.extra.nextOverflow = nextOverflow
        }
    }
    return h
}
```

makeBucketArray 会为 map 申请内存，需要注意的是，只有 map 的数量大于 24，才会在初始化时生成溢出桶。溢出桶的大小为 2(b−4)，其中，b 为桶的大小。

```
func makeBucketArray(t *maptype, b uint8, dirtyalloc unsafe.Pointer) (buckets unsafe.Pointer, nextOverflow *bmap) {
    if b >= 4 {
        nbuckets += bucketShift(b - 4)
        sz := t.bucket.size * nbuckets
        up := roundupsize(sz)
        if up != sz {
            nbuckets = up / t.bucket.size
        }
    }
    if dirtyalloc == nil {
        buckets = newarray(t.bucket, int(nbuckets))
    } else {
        buckets = dirtyalloc
        size := t.bucket.size * nbuckets
    }

    if base != nbuckets {
        nextOverflow = (*bmap)(add(buckets, base*uintptr(t.bucketsize)))
        last := (*bmap)(add(buckets, (nbuckets-1)*uintptr(t.bucketsize)))
        last.setoverflow(t, (*bmap)(buckets))
    }
    return buckets, nextOverflow
}
```

8.5.2 字面量初始化原理

如果 map 采取了字面量初始化的方式，那么它最终仍然需要转换为 make 操作。map 的长度被自动推断为字面量的长度，其核心逻辑位于 gc/sinit.go 文件的 anylit 函数中，该函数专门用于处理各种类型的字面量。

```
func anylit(n *Node, var_ *Node, init *Nodes){
    ...
```

```
case OMAPLIT:
        maplit(n, var_, init)
}
func maplit(n *Node, m *Node, init *Nodes) {
    a := nod(OMAKE, nil, nil)
    a.Esc = n.Esc
    a.List.Set2(typenod(n.Type), nodintconst(int64(n.List.Len())))
    if len(entries) > 25 {
        ...
    }
    ...
}
```

如果字面量的个数大于 25，则会构建两个数组专门存储 key 与 value，在运行时循环添加数据。如果字面量的个数小于 25，则编译时会通过在运行时初始化时直接添加的方式进行赋值，伪代码如下所示。

```
entries := n.List.Slice()
if len(entries) > 25 {
    // for i = 0; i < len(vstatk); i++ {
    //  map[vstatk[i]] = vstate[i]
    // }
}else{
        map[key1] = value1
        map[key2] = value2
        map[key3] = value3
}
```

8.5.3 map 访问原理

前面介绍过，对 map 的访问有两种形式：一种是返回单个值 v := hash[key]，一种是返回多个值。Go 语言没有函数重载的概念，很明显只能在编译时决定返回一个值还是两个值。v:= rating["Go"]在构建抽象语法树阶段被解析为一个 node，其中左边的类型为 ONAME，存储名字:，右边的类型为 OLITERAL，存储"Go"，节点的 Op 操作为 OINDEXMAP，根据 hash[key]位于赋值号的左边或右边，决定要执行访问还是赋值操作。

访问操作会转化为调用运行时 mapaccess1_XXX 函数，赋值操作会转换为调用 mapassign_XXX 函数。

Go 语言编译器会根据 map 中 key 的类型和大小选择不同的运行时 mapaccess1_XXX 函数进

行加速，这些函数在查找逻辑上都是相同的。

对于 v, ok := hash[key]类型的 map 访问则有所不同，在编译时的 Op 操作为 OAS2MAPR，在运行时最终调用 mapaccess2_XXX 函数进行 map 访问，其伪代码如下。需要注意，如果采用 _, ok := hash[key]的形式，则不用对第 1 个参数赋值。

```
var,b = mapaccess2*(t, m, i)
v = *var
```

在运行时，会根据 key 值及 hash 种子计算 hash 值。

```
alg.hash(key, uintptr(h.hash0)).
```

bucketMask 函数计算出当前桶的个数-1。

```
m := bucketMask(h.B)
```

Go 语言采用了一种简单的方式 hash&m 计算出 key 应该位于哪一个桶中。获取桶的位置后，tophash(hash)计算出 hash 的前 8 位。接着此 hash 挨个与存储在桶中的 tophash 进行对比。如果有 hash 值相同，则会找到此 hash 值对应的 key 值并判断是否相同。如果 key 值也相同，则说明查找到了结果，返回 value。

```
func mapaccess1(t *maptype, h *hmap, key unsafe.Pointer) unsafe.Pointer {
    alg := t.key.alg
    hash := alg.hash(key, uintptr(h.hash0))
    m := bucketMask(h.B)
    b := (*bmap)(add(h.buckets, (hash&m)*uintptr(t.bucketsize)))
    top := tophash(hash)
bucketloop:
    for ; b != nil; b = b.overflow(t) {
        for i := uintptr(0); i < bucketCnt; i++ {
            if b.tophash[i] != top {
                if b.tophash[i] == emptyRest {
                    break bucketloop
                }
                continue
            }
            k := add(unsafe.Pointer(b), dataOffset+i*uintptr(t.keysize))
            if t.indirectkey() {
                k = *((*unsafe.Pointer)(k))
            }
            if alg.equal(key, k) {
                e := add(unsafe.Pointer(b),
```

```
dataOffset+bucketCnt*uintptr(t.keysize)+i*uintptr(t.elemsize))
                if t.indirectelem() {
                    e = *((*unsafe.Pointer)(e))
                }
                return e
            }
        }
    }
    return unsafe.Pointer(&zeroVal[0])
}
```

函数 mapaccess2 的逻辑是类似的，只是其会返回第 2 个参数，表明 value 值是否存在于桶中，如果第 2 个参数返回 true，则代表 value 值存在于 map 中。

```
func mapaccess2(t *maptype, h *hmap, key unsafe.Pointer) (unsafe.Pointer, bool)
{
            ...
            if alg.equal(key, k) {
                e := add(unsafe.Pointer(b),
dataOffset+bucketCnt*uintptr(t.keysize)+i*uintptr(t.elemsize))
                if t.indirectelem() {
                    e = *((*unsafe.Pointer)(e))
                }
                return e, true
            }
            return unsafe.Pointer(&zeroVal[0]),false
```

8.5.4　map 赋值操作原理

和 map 访问的情况类似，赋值操作最终会调用运行时 mapassignXXX 函数。执行赋值操作时，map 必须已经进行了初始化，否则在运行时会报错为 assignment to entry in nil map。同时要注意，由于 map 不支持并发的读写操作，所以每个 map 都有一个 flags 标志位，如果正在执行写入操作，则当前 map 的 hashWriting 标志位会被设置为 1，因此在访问时通过检测 hashWriting 即可知道是否有其他协程在访问此 map，如果是，则报错为 concurrent map writes。

和访问操作一样，赋值操作时会先计算 key 的 hash 值，标记当前 map 是写入状态。

```
alg := t.key.alg
hash := alg.hash(key, uintptr(h.hash0))
h.flags ^= hashWriting
```

如果当前没有桶，则会创建一个新桶，接着找到当前 key 对应的桶。

```
if h.buckets == nil {
    h.buckets = newobject(t.bucket) // newarray(t.bucket, 1)
}
bucket := hash & bucketMask(h.B)
```

如果发现当前的 map 正在重建，则会优先完成重建过程，重建的细节将在后面介绍。

```
 if h.growing() {
        growWork(t, h, bucket)
    }
```

最后会计算 tophash，开始寻找桶中是否有对应的 hash 值，如果找到了，则判断 key 是否相同，如果相同，则会找到对应的 value 的位置在后面进行赋值。

```
for i := uintptr(0); i < bucketCnt; i++ {
            ...
            k := add(unsafe.Pointer(b), dataOffset+i*uintptr(t.keysize))
            if t.indirectkey() {
                k = *((*unsafe.Pointer)(k))
            }
            if !alg.equal(key, k) {
                continue
            }
            if t.needkeyupdate() {
                typedmemmove(t.key, k, key)
            }
            elem = add(unsafe.Pointer(b),
dataOffset+bucketCnt*uintptr(t.keysize)+i*uintptr(t.elemsize))
            goto done
        }
        ovf := b.overflow(t)
        if ovf == nil {
            break
        }
        b = ovf
    }
```

要注意的是，如果没找到 tophash，那么赋值操作还会去溢出桶里寻找是否有指定的 hash。如果溢出桶里不存在，则会向第一个空元素中插入数据 inserti，insertk 会记录此空元素的位置。

```
if isEmpty(b.tophash[i]) && inserti == nil {
    inserti = &b.tophash[i]
    insertk = add(unsafe.Pointer(b), dataOffset+i*uintptr(t.keysize))
    elem = add(unsafe.Pointer(b),
```

```
dataOffset+bucketCnt*uintptr(t.keysize)+i*uintptr(t.elemsize))
}
```

在赋值之前，还要判断 map 是否需要重建。

```
if !h.growing() && (overLoadFactor(h.count+1, h.B) ||
tooManyOverflowBuckets(h.noverflow, h.B)) {
        hashGrow(t, h)
        goto again
    }
```

如果没有问题，就会执行最后的操作，将新的 key 与 value 存入数组。这里需要注意，如果桶中已经没有了空元素，那么需要申请一个新的桶。

```
if inserti == nil {
        // all current buckets are full, allocate a new one.
        newb := h.newoverflow(t, b)
        inserti = &newb.tophash[0]
        insertk = add(unsafe.Pointer(newb), dataOffset)
        elem = add(insertk, bucketCnt*uintptr(t.keysize))
    }
```

新桶一开始来自 map 中 extra 字段初始化时存储的多余溢出桶，只有这些多余的溢出桶都用完才会申请新的内存，如图 8-6 所示，溢出桶可以以链表的形式进行延展。溢出桶并不会无限扩展，因为这会带来效率的下降以及可能的内存泄漏，在下一节中将会看到溢出桶数量过多时的 map 重建过程。

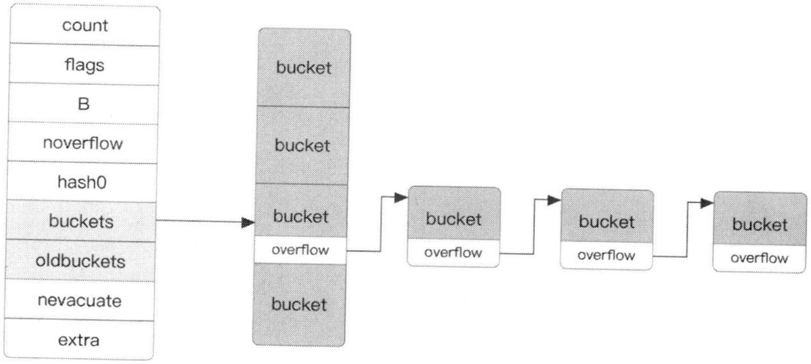

图 8-6　map 溢出桶延展

8.5.5 map 重建原理

当发生以下两种情况之一时，map 会进行重建：

◎ map 超过了负载因子大小（6.5）。

◎ 溢出桶的数量过多。

```
bigger := uint8(1)
if !overLoadFactor(h.count+1, h.B) {
    bigger = 0
    h.flags |= sameSizeGrow
}
```

重建时需要调用 hashGrow 函数，如果负载因子超载，则会进行双倍重建。当溢出桶的数量过多时，会进行等量重建。新桶会存储到 buckets 字段，旧桶会存储到 oldbuckets 字段。map 中 extra 字段的溢出桶也进行同样的转移。

```
if h.extra != nil && h.extra.overflow != nil {
    h.extra.oldoverflow = h.extra.overflow
    h.extra.overflow = nil
}
```

要注意的是，这里并没有实际执行将旧桶中的数据转移到新桶的过程。数据转移遵循写时复制（copy on write）的规则，只有在真正赋值时，才会选择是否需要进行数据转移，其核心逻辑位于 growWork 和 evacuate 函数中。

```
bucket := hash & bucketMask(h.B)
if h.growing() {
    growWork(t, h, bucket)
}
```

在进行写时复制时，并不是所有的数据都一次性转移，而是只转移当前需要的旧桶中的数据。bucket := hash & bucketMask(h.B)得到了当前新桶所在的位置，而要转移的旧桶位于 bucket&h.oldbucketmask()中。xy [2]evacDst 用于存储数据要转移到的新桶的位置。

在双倍重建中，两个新桶的距离值总是与旧桶的数量值相等。例如，在图 8-7 中，旧桶的数量为 2，则转移到新桶的距离也为 2。

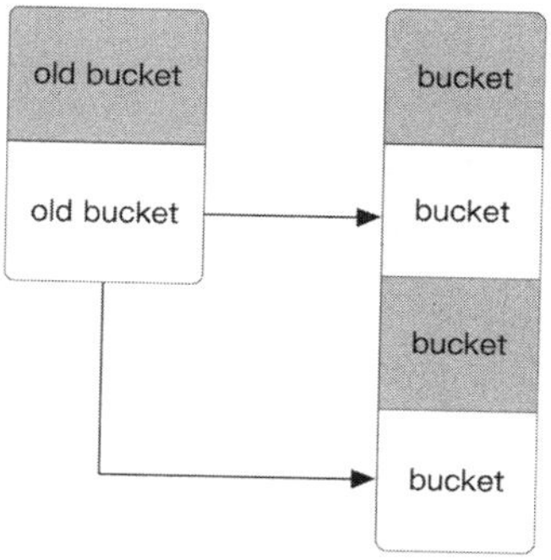

图 8-7　map 双倍重建

图 8-8 所示为等量重建，进行简单的直接转移即可。

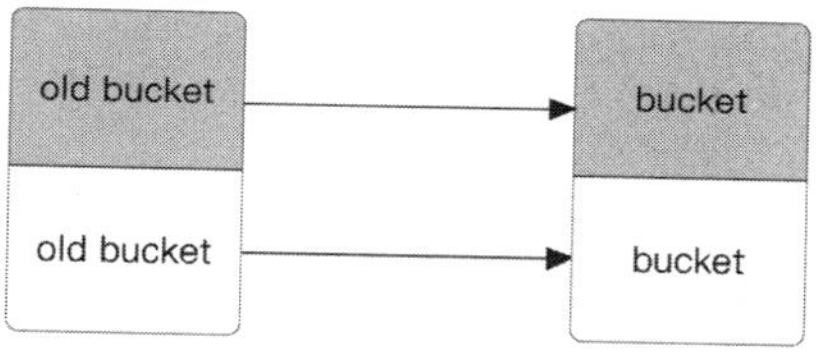

图 8-8　map 等量重建

在 map 双倍重建时，我们还需要解决旧桶中的数据要转移到某一个新桶中的问题。其中有一个非常重要的原则：如果数据的 hash & bucketMask 小于或等于旧桶的大小，则此数据必须转移到和旧桶位置完全对应的新桶中去，理由是当前 key 所在新桶的序号与旧桶是完全相同的。

8.5.6　map 删除原理

map 删除（delete）的原理之前简单介绍过，其核心代码位于 runtime.mapdelete 函数中，删除操作同样需要根据 key 计算出 hash 的前 8 位和指定的桶，同样会一直寻找是否有相同的 key，如果找不到，则会一直查找当前桶的溢出桶，直到到达溢出桶链表末尾。如果查找到了指定的 key，则会清空该数据，将 hash 位设置为 emptyOne。如果发现后面没有元素，则会将 hash 位设置为 emptyRest，并循环向上检查前一个元素是否为空，代码如下。

```
for {
    b.tophash[i] = emptyRest
    if i == 0 {
        if b == bOrig {
            break // beginning of initial bucket, we're done.
```

```
        }
        // Find previous bucket, continue at its last entry.
        c := b
        for b = bOrig; b.overflow(t) != c; b = b.overflow(t) {
        }
        i = bucketCnt - 1
    } else {
        i--
    }
    if b.tophash[i] != emptyOne {
        break
    }
}
```

8.6 总结

哈希表凭借其查找时的高性能在程序设计中使用频率非常高，本章介绍了哈希表的原理以及解决哈希冲突的方法。Go 语言为了解决哈希冲突使用了优化后的拉链法。

Go 语言哈希表增、删、查、改的基本方法简单，但是有许多特性，例如，只有可比较的类型才能作为 map 中的 key。哈希表禁止并发读写，这样设计的原因是保证大部分程序的效率而牺牲小部分程序的安全。

本章最后深入源码介绍了 map 编译和运行时的具体细节。map 有多种初始化的方法，如果指定了 map 的长度 N，则在初始化时会生成桶，桶的数量为 $\log_2 N$。如果 map 的长度大于 24，则会在初始化时生成溢出桶。溢出桶的大小为 $2^{(b-4)}$，其中，b 为桶的大小。在涉及访问、赋值、删除操作时，会首先计算出数据的 hash 值，然后进行简单的&运算计算出数据存储在桶中的位置，接着将 hash 值的前 8 位与存储在桶中的 hash 和 key 进行比较，最后完成赋值与访问操作。如果数据放不下了，则会申请放置到溢出桶中。如果 map 超过了负载因子大小，则会进行双倍重建，如果溢出桶太大，则会进行等量重建。数据的转移采取了写时复制的规则，即在用到时才会将旧桶的数据打散放入新桶。

可以看出，map 是简单高效的 KV 存储利器。从理论上来说，我们总是可以根据数据的特点设计出更好的哈希函数及映射机制。哈希表的重建过程提示我们，可以在初始化时评估并指定放入 map 的数据大小，从而减少重建的性能消耗。哈希表在实践中极少成为性能的瓶颈，但是开发者在实践中容易写出 map 并发读写冲突的程序，需要进行合理的程序设计和必要的 race 检查。

第 9 章
函数与栈

函数是程序中为了执行特定任务而存在的一系列执行代码。函数接受输入并返回输出，执行程序的过程可以看作一系列函数的调用过程。Go 语言中最重要的函数为 main 函数，其是程序执行用户代码的入口，在每个程序中都需要存在。

9.1 函数基本使用方式

使用函数具有减少冗余、隐藏信息、提高代码清晰度等优点。在 Go 语言中，函数是一等公民（first-class），这意味着可以将它看作变量，并且它可以作为参数传递、返回及赋值。

```
//函数作为返回值
func makeGreeter() func() string{
    return func() string {
        return "hello jonson"
    }
}
//函数作为参数
func visit(numbers []int,callback func(int)){
    for _,n :=range numbers{
        callback(n)
    }
}
```

Go 语言中的函数还具有多返回值的特点，多返回值最常用于返回 error 错误信息，从而被调用者捕获。一种常见的处理方式如下所示，main 函数调用了除法函数 dlv 并在返回时判断函数调用是否出错。

```
func dlv(a int,b int) (int,error){
    if b == 0 {
```

```
        return 0,errors.New("b<0")
    }
    return a/b, nil
}
func main(){
    if _,err:= dlv(4,2); err!=nil{
        fmt.Println("err:",err)
    }
}
```

9.2 函数闭包与陷阱

Go 语言同样支持匿名函数和闭包。闭包（Closure）是在函数作为一类公民的编程语言中实现词法绑定的一种技术，闭包包含了函数的入口地址和其关联的环境。闭包和普通函数最大的区别在于，闭包函数中可以引用闭包外的变量。下面是通过闭包设计的一个 http 中间件，通过闭包可以轻易地在原有函数的基础上包裹中间功能，而不破坏原有函数。

```
func main() {
  http.HandleFunc("/hello", timed(hello))
  http.ListenAndServe(":3000", nil)
}
func timed(f func(http.ResponseWriter, *http.Request))
func(http.ResponseWriter, *http.Request) {
  return func(w http.ResponseWriter, r *http.Request) {
    start := time.Now()
    f(w, r)
    end := time.Now()
    fmt.Println("The request took", end.Sub(start))
  }
}
```

当闭包与 range 同时使用时，可能出现下例中的错误，这也是 Go 语言中一类非常经典的错误，被收录在了 Go 语言“共同的错误”[2]中，最终协程会打印出 values 切片的最后一个值。因为当前 val 值引用的是同一个地址的数据，所以在 range 循环的过程中，会不断在 val 地址中更新数据。而在闭包中，由于引用了外部变量 val，所以在访问时会获取 val 地址中的值，可能会获取最后放入其中的值，而不是遍历所有值，从而导致严重的错误。

```
for _, val := range values {
  go func() {
    fmt.Println(val)
```

```
  }()
}
```

修复该问题的办法是通过函数传递参数，从而避免闭包引用导致的陷阱。

```
for _, val := range values {
  go func(val string) {
    fmt.Println(val)
  }(val)
}
```

这种错误可以通过 trace 工具来规避，详见第 17 章。

9.3 函数栈

栈在不同的场景具有不同的含义，有时候指一种先入后出的数据结构，有时候指操作系统组织内存的形式。在大多数现代计算机系统中，每个线程都有一个被称为栈的内存区域，其遵循一种后进先出（LIFO，Last In First Out）的形式，增长方向为从高地址到低地址。

当函数执行时，函数的参数、返回地址、局部变量会被压入栈中，当函数退出时，这些数据会被回收。当函数还没有退出就调用另一个函数时，形成了一条函数调用链。

例如，函数 A 调用了函数 B，被调函数 B 至少需要存储调用方函数 A 提供的返回地址的位置，以便在函数 B 执行完毕后，能够立即返回函数 A 之前的位置继续执行。

每个函数在执行过程中都使用一块栈内存来保存返回地址、局部变量、函数参数等，我们将这一块区域称为函数的栈帧（stack frame）。

当发生函数调用时，因为调用函数没有执行完毕，其栈内存中保存的数据还有用，所以被调用函数不能覆盖调用函数的栈帧，只能把被调用函数的栈帧压栈，等被调用函数执行完毕后再让栈帧出栈。这样，栈的大小就会随着函数调用层级的增加而扩大，随函数的返回而缩小，也就是说，函数的调用层级越深，消耗的栈空间越大。

因为数据是以后进先出的方式添加和删除的，所以基于堆栈的内存分配非常简单，并且通常比基于堆的动态内存分配快得多。另外，当函数退出时，堆栈上的内存会自动高效地回收，这是垃圾回收最初的形式。维护和管理函数的栈帧非常重要，对于高级编程语言来说，栈帧通常是隐藏的。例如，Go 语言借助编译器，在开发中不用关心局部变量在栈中的布局与释放。

许多计算机指令集在硬件级别提供了用于管理栈的特殊指令，例如，80x86 指令集提供的

SP 用于管理栈，以 A 函数调用 B 函数为例，普遍的函数栈结构如图 9-1 所示。

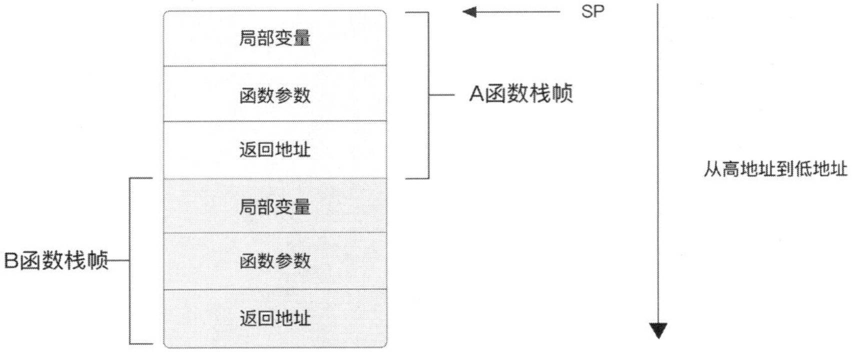

图 9-1　普遍的函数调用栈结构

9.4 Go 语言栈帧结构

Go 语言的函数调用栈结构和 C 语言有些类似，但又有不同之处。接下来，笔者将以一个最简单的程序为例进行讲解，方便读者了解 Go 语言中的函数调用栈结构。

```
package main
func mul(a int,b int) int{
   return a*b
}
func main(){
   mul(3,4)
}
```

由于高级语言为开发者隐藏了函数调用的细节，所以分析栈结构需要用一些特殊的手段，可以通过调试器或者打印汇编代码的方式进行分析。上例中的程序虽然简单，但通过编译器优化后，会识别出并不需要调用该函数，导致查看汇编代码时不能得到想要的结果。因此在调试时需要禁止编译器的优化及函数内联。

```
go tool compile -S -N -l  stack.go
```

省略掉一些对分析无用的汇编代码后如下所示。

```
"".main STEXT size=68 args=0x0 locals=0x20
      0x0000 00000 (stack.go:8)      TEXT    "".main(SB), ABIInternal, $32-0
      0x000f 00015 (stack.go:8)      SUBQ    $32, SP
      0x0013 00019 (stack.go:8)      MOVQ    BP, 24(SP)
```

```
0x0018 00024 (stack.go:8)     LEAQ    24(SP), BP
0x001d 00029 (stack.go:9)     MOVQ    $3, (SP)
0x0025 00037 (stack.go:9)     MOVQ    $4, 8(SP)
0x002e 00046 (stack.go:9)     CALL    "".mul(SB)
0x0033 00051 (stack.go:10)    MOVQ    24(SP), BP
0x0038 00056 (stack.go:10)    ADDQ    $32, SP
0x003c 00060 (stack.go:10)    RET
```

第 2 行代码中声明的$32-0 与函数的栈帧有关，其中，$32 代表当前栈帧会被分配的字节数，后面的 0 代表函数参数与返回值的字节数。由于 main 函数中没有参数也没有返回值，因此为 0。第 3 行代码 SUBQ $32,SP 将当前的 SP 寄存器减去 32 字节，这意味着当前的函数栈增加了 32 字节，图 9-2 描述了该例中 main 函数的栈帧结构。

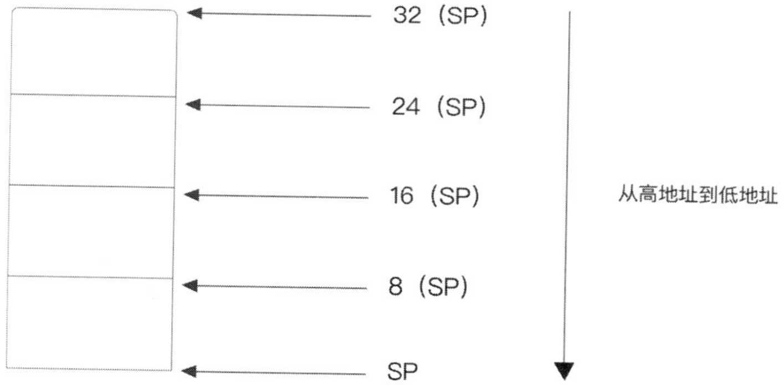

图 9-2　main 函数的栈帧结构

第 4 行的 MOVQ BP, 24(SP) 用于将当前 BP 寄存器的值存储到栈帧的顶部。并在第 5 行通过 LEAQ 24(SP),将当前 BP 寄存器的值指向栈基地址。第 6 行和第 7 行将需要调用的函数 mul 的参数存储到栈顶。

调用 mul 函数前，BP 寄存器与函数参数的位置如图 9-3 所示，从图中可以看出，函数调用时参数的压栈操作是从右到左进行的。mul(3,4)中的第 2 个参数 4 首先压栈，随后第 1 个参数 3 压栈。

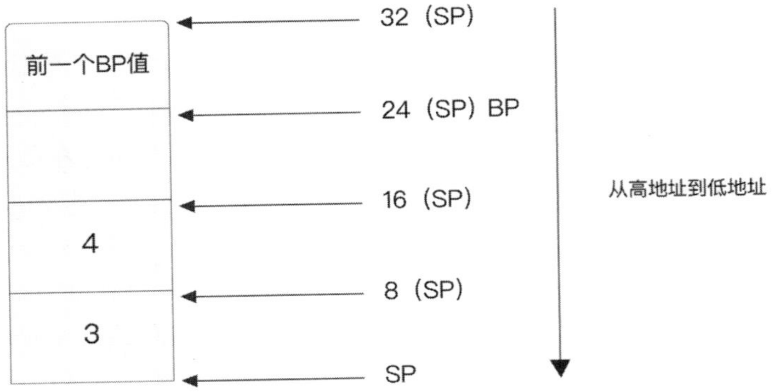

图 9-3　调用 mul 函数前 BP 寄存器与函数参数的位置

9.5 Go 语言函数调用链结构与特性

当 main 函数调用 mul 函数时，进入一个新的栈帧，mul 函数的汇编代码如下。

```
0x0000 00000 (stack.go:3)    TEXT   "".mul(SB), NOSPLIT|ABIInternal, $0-24
0x0000 00000 (stack.go:3)    MOVQ   $0, "".~r2+24(SP)
0x0009 00009 (stack.go:4)    MOVQ   "".b+16(SP), AX
0x000e 00014 (stack.go:4)    MOVQ   "".a+8(SP), CX
0x0013 00019 (stack.go:4)    IMULQ  AX, CX
0x0017 00023 (stack.go:4)    MOVQ   CX, "".~r2+24(SP)
0x001c 00028 (stack.go:4)    RET
```

第 1 行汇编代码中的$0-24 表明当前函数栈帧中不会被分配任何字节，但是参数和返回值的大小为 24 字节，这 24 字节存储在调用者 main 函数的栈帧中。

在上一小节的汇编代码中，CALL　"".mul(SB) 用于执行对于 mul 函数的调用，该指令有一个隐含的操作是将 SP 寄存器减 8，并存储其返回地址。该指令是 mul 函数返回后 main 函数执行的下一条指令。当 mul 函数返回时，会执行 RET 指令。该指令暗含着获取存储在栈帧顶部的返回地址，并跳转到该处执行的操作。所以在如图 9-4 所示 mul 函数还未返回时的栈帧结构中，a、b 两个参数分别对应 8(SP)、16(SP)所在的位置，并且最后将返回值存储在 24(SP)处。

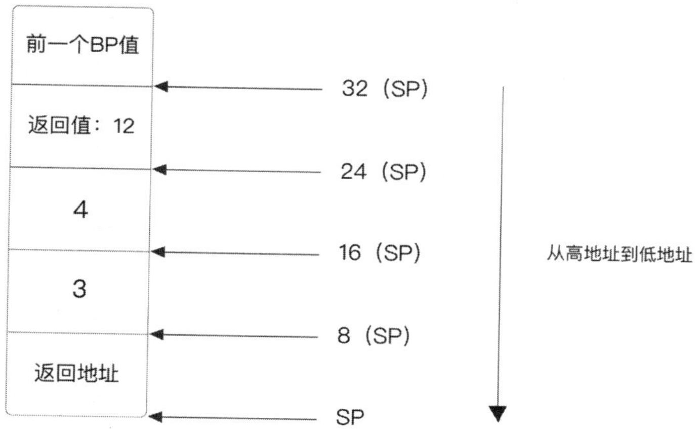

图 9-4　调用 mul 函数还未返回时的栈帧结构

当 mul 函数返回时，MOVQ 24(SP), BP 指令会还原 main 函数的调用者的 BP 地址，并且 ADDQ $32, SP 将为 SP 寄存器加上 32 字节，意味着收缩栈。最后 RET 指令会跳转到调用者函数处继续执行。当然，由于是 main 函数，所以执行程序退出操作。

Go 语言函数的参数和返回值存储在栈中，然而许多主流的编程语言会将参数和返回值存储在寄存器中。存储在栈中的好处在于所有平台都可以使用相同的约定，从而容易开发出可移植、跨平台的代码，同时这种方式简化了协程、延迟调用和反射调用的实现。寄存器的值不能跨函数调用、存活，这简化了垃圾回收期间的栈扫描和对栈扩容的处理。

将参数和返回值存储在栈中的约定存在一些性能问题。尽管现代高性能 CPU 在很大程度上优化了栈访问，但是访问寄存器中的数据仍比访问栈中的数据快 40%。此外，这种调用约定引起了额外的内存通信，降低了效率。Go 语言目前正在为 amd64 平台开发基于寄存器的函数调用[1]。

9.6　堆栈信息

程序时常会出现致命的错误，例如并发读写哈希表。当 Go 程序 panic 时，会输出一系列堆栈信息，这是调试 Go 语言的一种基本方法。了解程序异常输出的堆栈信息，有助于快速了解并定位问题。本节将介绍通过栈追踪进行调试的方法，要模拟程序异常中断，可以使用内置的 panic 函数。下例通过简单的函数调用过程为 main 函数调用了 trace 函数。

```
func trace(arr []int,a int,b int) int{
    panic("test trace")
    return 0
}

func main(){
    arr := []int{1,2,3}
    trace(arr,5,6)
}
```

运行该程序时，会输出如下堆栈信息。注意，此时使用了-gcflags="-l"禁止函数的内联优化，否则内联函数中不会打印函数的参数，在运行时会输出当前协程所在的堆栈。

```
» go run  -gcflags="-l" stack_trace.go
panic: test trace
goroutine 1 [running]:
main.trace(0xc000046760, 0x3, 0x3, 0x5, 0x6, 0x0)
        bookcode/function/stack_trace.go:4 +0x39
main.main()
        bookcode/function/stack_trace.go:10 +0x7b
```

其中，输出的第 1 行 panic: test trace 会给出程序终止运行的原因。goroutine 1 [running] 代表当前协程的 ID 及状态，触发堆栈信息的协程将会放在最上方。接下来是当前协程函数调用链的具体信息。main.trace 为当前协程正在运行的函数，函数后面可以看到传递的具体参数。trace 函数看起来有 3 个参数，但是由于切片在运行时的结构如下，所以在函数传递的过程中其实完成了一次该结构的复制。第 1 个参数 0xc000046760 代表切片的地址，第 2 个参数 0x3 代表切片的长度为 3，第 3 个参数 0x3 代表切片的容量为 3，接下来是参数 a、b 及函数的返回值。

```
type SliceHeader struct {
    Data uintptr
    Len  int
    Cap  int
}
```

接下来的一行 stack_trace.go:4 +0x39 代表当前函数所在的文件位置及行号。其中，+0x39 代表当前函数中下一个要执行的指令的位置，其是距离当前函数起始位置的偏移量。例如，使用 go tool objdump 命令反汇编出当前执行文件，可以看出当前函数的起始位置 0x1056f20+0x39 为 NOPL 指令，对应了当前 panic 函数的下一条指令。

```
go tool objdump -S -s "main.trace" ./stack_trace
TEXT main.trace(SB) bookcode/function/stack_trace.go
```

```
func trace(arr []int,a int,b int) int{
  0x1056f20          65488b0c2530000000     MOVQ GS:0x30, CX
  0x1056f29          483b6110               CMPQ 0x10(CX), SP
  0x1056f2d          762b                   JBE 0x1056f5a
  0x1056f2f          4883ec18               SUBQ $0x18, SP
  0x1056f33          48896c2410             MOVQ BP, 0x10(SP)
  0x1056f38          488d6c2410             LEAQ 0x10(SP), BP
      panic("test trace")
  0x1056f3d          488d057c910000         LEAQ type.*+37056(SB), AX
  0x1056f44          48890424               MOVQ AX, 0(SP)
  0x1056f48          488d05e1cb0200         LEAQ
runtime.checkASM.args_stackmap+16(SB), AX
  0x1056f4f          4889442408             MOVQ AX, 0x8(SP)
  0x1056f54          e86716fdff             CALL runtime.gopanic(SB)
  0x1056f59          90                     NOPL
```

在堆栈信息中，还会依次列出调用 trace 函数的函数调用链。例如，trace 函数的调用者为 main 函数，同样会打印出 main 函数调用 trace 函数的文件所在的位置和行号。+0x7b 也是 main 函数的 PC 偏移量，对应着 trace 函数返回后，main 函数将执行的下一条指令。

可以看出，堆栈信息是一种非常有用的排查问题的方法，同时，可以通过函数参数信息得知函数调用时传递的参数，帮助读者学习 Go 语言内部类型的结构，以及值传递和指针传递的区别。值得一提的是，Go 语言可以通过配置 GOTRACEBACK 环境变量[3]在程序异常终止时生成 core dump 文件，生成的文件可以由 dlv 或者 gdb 等高级的调试工具进行分析调试，读者可以查阅相关的资料。

9.7　栈扩容与栈转移原理

Go 语言在线程的基础上实现了用户态更加轻量级的协程，线程的栈大小一般是在创建时指定的，为了避免出现栈溢出（stack overflow）的错误，默认的栈大小会相对较大（例如 2MB）。而在 Go 语言中，每个协程都有一个栈，并且在 Go 1.4 之后，每个栈的大小在初始化的时候都是 2KB。程序中经常有成千上万的协程存在，可以预料到，Go 语言中的栈是可以扩容的。Go 语言中最大的协程栈在 64 位操作系统中为 1GB，在 32 位系统中为 250MB。在 Go 语言中，栈的大小不用开发者手动调整，都是在运行时实现的。栈的管理有两个重要的问题：触发扩容的时机及栈调整的方式。

在函数序言阶段判断是否需要对栈进行扩容，由编译器自动插入判断指令，如果满足适当的条件则对栈进行扩容。以之前的介绍为例，在打印汇编函数时，我们省略了对栈检查的代码，其与栈相关的指令如下。

```
"".main STEXT size=185 args=0x0 locals=0x70
      0x0000 00000 (stack_trace.go:8) TEXT   "".main(SB), ABIInternal, $112-0
      0x0000 00000 (stack_trace.go:8) MOVQ    (TLS), CX
      0x0009 00009 (stack_trace.go:8) CMPQ    SP, 16(CX)
      0x000d 00013 (stack_trace.go:8) JLS     175
            0x00af 00175 (stack_trace.go:8) CALL
runtime.morestack_noctxt(SB)
      0x00b4 00180 (stack_trace.go:8) JMP     0
```

执行 main 函数的开始阶段，MOVQ (TLS), CX 首先从线程局部存储中获取代表当前协程的结构体。

```
type g struct {
   stack       stack
   stackguard0  uintptr
   stackguard1  uintptr
   ......
}
type stack struct {
   lo  uintptr    //8 bytes
   hi  uintptr    //8 bytes
}
```

可以看到结构体 g 的第 1 个成员 stack 占 16 字节（lo 和 hi 各占 8 字节），所以结构体 g 变量的起始位置偏移 16 就对应到 stackguard0 字段。main 函数的第 2 条指令 CMPQ SP, 16(CX)会比较栈顶寄存器 rsp 的值是否比 stackguard0 的值小，如果 rsp 的值更小，则说明当前 g 的栈要用完了，有溢出风险，需要调用 morestack_noctxt 函数来扩栈。

stackguard0 会在初始化时将 stack.lo + _StackGuard, _StackGuard 设置为 896 字节，stack.lo 为当前栈的栈顶。如果出现图 9-5 中栈寄存器 SP 小于 stackguard0 的情况，则表明当前栈空间不够，stackguard0 除了用于栈的扩容，还用于协程抢占，在第 15 章会详细介绍。

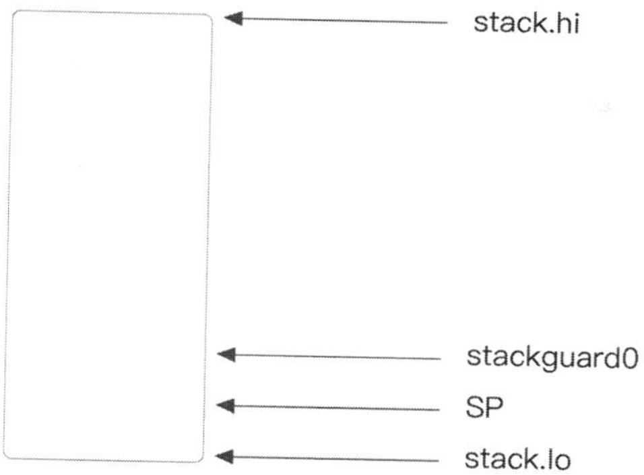

图 9-5　栈寄存器 SP 小于 stackguard0

可以看到，在函数序言阶段如果判断出需要扩容，则会跳转调用运行时 morestack_noctxt 函数，函数调用链为 morestack_noctxt()->morestack()->newstack()，核心代码位于 newstack 函数中。Newstack 函数不仅会处理扩容，还会处理协程的抢占。本节只关注协程的扩容过程。

```
func newstack() {
    oldsize := gp.stack.hi - gp.stack.lo
    // 两倍于原来的大小
    newsize := oldsize * 2
    // 需要的栈太大，直接溢出
    if newsize > maxstacksize {
        throw("stack overflow")
    }
    // The goroutine must be executing in order to call newstack,
    // so it must be Grunning (or Gscanrunning).
    // goroutine 必须是正在执行过程中才会调用 newstack
    // 所以这个状态一定是 Grunning 或 Gscanrunning
    casgstatus(gp, _Grunning, _Gcopystack)
    // gp 处于 Gcopystack 状态，当我们对栈进行复制时并发 GC 不会扫描此栈
    // 栈的复制
    copystack(gp, newsize)
    casgstatus(gp, _Gcopystack, _Grunning)
    // 继续执行
    gogo(&gp.sched)
}
```

如上所示，newstack 函数首先通过栈底地址与栈顶地址相减计算旧栈的大小，并计算新栈的大小。新栈为旧栈的两倍大小。在 64 位操作系统中，如果栈大小超过了 1GB 则直接报错为 stack overflow。

栈扩容的重要一步是将旧栈的内容转移到新栈中。栈扩容首先将协程的状态设置为_Gcopystack，以便在垃圾回收状态下不会扫描该协程栈带来错误。栈复制并不像直接复制内存那样简单，如果栈中包含了引用栈中其他地址的指针，那么该指针需要对应到新栈中的地址，copystack 函数会分配一个新栈的内存。为了应对频繁的栈调整，对获取栈的内存进行了许多优化，特别是对小栈。在 Linux 操作系统下，会对 2KB/4KB/8KB/16KB 的小栈进行专门的优化，即在全局及每个逻辑处理器（P）中预先分配这些小栈的缓存池，从而避免频繁地申请堆内存。

栈的全局与本地缓存池结构如图 9-6 所示，每个逻辑处理器中的缓存池都来自全局缓存池（stackpool）。mcache 有时可能不存在（例如在调整 P 的大小后），这时需要直接从全局缓存池获取栈缓存。逻辑处理器及 mcache 的详细内容，参见第 14 章对于协程的描述以及第 18 章对于内存分配的描述。对于大栈，其大小不确定，虽然也有一个全局的缓存池，但不会预先放入多个栈，当栈被销毁时，如果被销毁的栈为大栈则放入全局缓存池中。当全局缓存池中找不到对应大小的栈时，会从堆区分配。

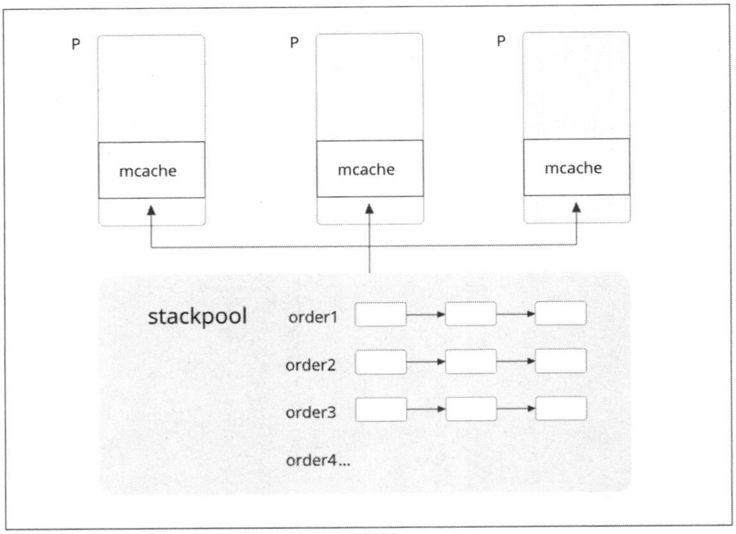

图 9-6　栈的全局与本地缓存池结构

在分配到新栈后，如果有指针指向旧栈，那么需要将其调整到新栈中。在调整时有一个额外的步骤是调整 sudog，由于通道在阻塞的情况下存储的元素可能指向了栈上的指针，因此需要调整。接着需要将旧栈的大小复制到新栈中，这涉及借助 memmove 函数进行内存复制。

内存复制完成后，需要调整当前栈的 SP 寄存器和新的 stackguard0，并记录新的栈顶与栈底。扩容最关键的一步是在新栈中调整指针。因为新栈中的指针可能指向旧栈，旧栈一旦释放就会出现严重的问题。图 9-7 描述了栈扩容的过程，copystack 函数会遍历新栈上所有的栈帧信息，并遍历其中所有可能有指针的位置。一旦发现指针指向旧栈，就会调整当前的指针使其指向新栈。

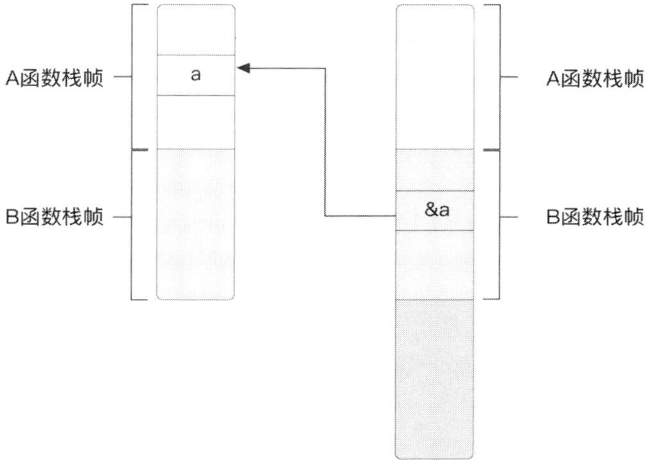

图 9-7　栈扩容的过程

栈的转移如图 9-8 所示，调整后，栈指针将指向新栈中的地址。

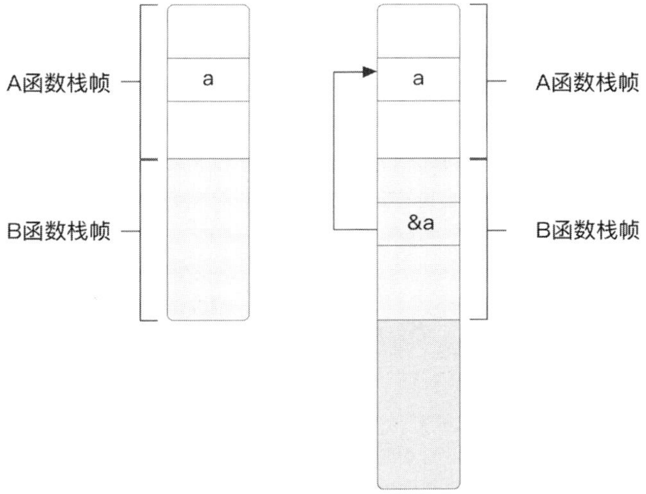

图 9-8　栈的转移

9.8 栈调试

9.6 节提到了使用 panic 来获取栈的信息，其实还有多种方式可用于调试栈。一种特别的方式是在源码级别进行调试，Go 语言在源码级别提供了栈相关的多种级别的调试、用户调试栈的扩容及栈的分配等。但是这些静态常量并没有暴露给用户，如果要使用这些变量，则需要直接修改 Go 的源码并重新进行编译。

```
const (
    stackDebug       = 0
    stackFromSystem  = 0
    stackFaultOnFree = 0
    stackPoisonCopy  = 0
    stackNoCache     = 0
)
```

下面将 stackDebug 设置为 1，调试如下程序。

```
func main() {
    println(`main start`)
    a()
}
func a() {
    println(`func a`)
    var y [100]int
    _ = y
}
```

其输出如下所示，可以看出，在调用函数 a 时发生了栈的扩容，栈顶地址从 0xc000046000 转移到了 0xc000094000，扩容后的大小变为了 4096 字节，旧栈的 2048 字节被回收。stackcacherefill 表明在分配新栈空间时是从预先分配好的缓存中获取的。

```
main start
stackalloc 4096
stackcacherefill order=1
copystack gp=0xc000000180 [0xc000046000 0xc000046358 0xc000046800] ->
[0xc000094000 0xc000094b58 0xc000095000]/4096
stackfree 0xc000046000 2048
stack grow done
func a
```

上面两种方式在实际中使用得都很少，其实 Go 语言标准库中也提供了调试栈追踪的方法，如下所示，使用了 runtime/debug.PrintStack 方法，用于打印当前时刻的堆栈信息。

```
package main
import "runtime/debug"

func main(){
    a(99)
}

func a(num int){
    debug.PrintStack()
}
```

上面代码输出如下，在调试时，一定要注意取消编译器的优化并避免函数内联，否则不会得到预期的结果。可以看出，输出信息中最开始打印出了 debug.Stack 函数，因为这是触发栈追踪的函数。接着打印出了函数 a 及 main 函数的信息，这和堆栈信息中输出的信息是一致的。

```
» go run  -gcflags="-N -l" debug_print.go
jackson@jacksondeMacBook-Pro
stackinit: 896
goroutine 1 [running]:
runtime/debug.Stack(0xc000072f48, 0x103aad7, 0x110bee0)
        /Users/jackson/go/go1.14.7/src/runtime/debug/stack.go:24 +0x9d
runtime/debug.PrintStack()
        /Users/jackson/go/go1.14.7/src/runtime/debug/stack.go:16 +0x22
main.a(0x63)
        /Users/jackson/career/golang-book/bookcode/function/debug_print.go:10
+0x20
main.main()
        /Users/jackson/career/golang-book/bookcode/function/debug_print.go:6
+0x2a
```

获取某一时刻的堆栈信息，还可以使用标准库 pprof。pprof 是特征分析（profiling）的强大工具，如下代码所示，pprof.Lookup("goroutine") 获取当前时刻协程的栈信息。其展现形式与之前的堆栈信息略有不同。

```
func main(){
    a(99)
}

func a(num int){
    pprof.Lookup("goroutine").WriteTo(os.Stdout, 1)
}
» go run  -gcflags="-N -l" pprof_print_stack.go
goroutine profile: total 1
```

```
#       0x10b8284       runtime/pprof.writeRuntimeProfile+0x94
/Users/jackson/go/go1.14.7/src/runtime/pprof/pprof.go:694
#       0x10b809f       runtime/pprof.writeGoroutine+0x9f
/Users/jackson/go/go1.14.7/src/runtime/pprof/pprof.go:656
#       0x10b4e39       runtime/pprof.(*Profile).WriteTo+0x3d9
/Users/jackson/go/go1.14.7/src/runtime/pprof/pprof.go:329
#       0x10bf929       main.a+0x69
/Users/jackson/career/golang-book/bookcode/function/pprof_print_stack.go:13
#       0x10bf8a9       main.main+0x29
/Users/jackson/career/golang-book/bookcode/function/pprof_print_stack.go:9
#       0x1032b89       runtime.main+0x1f9
/Users/jackson/go/go1.14.7/src/runtime/proc.go:203
```

利用 pprof 的协程栈调试，可以非常方便地分析是否发生协程泄漏、当前程序使用最多的函数是什么，并分析 CPU 的瓶颈、可视化等特性。关于 pprof 的详细使用方法和原理请参考第 21 章。

9.9 总结

函数是程序开发中的重要组成部分，合理地使用函数可以减少重复代码、减少冗余、隐藏信息、提高代码清晰度。在 Go 语言中，函数是一等公民，这意味着可以将它看作变量，并且它可以作为参数传递、返回及赋值。Go 语言同样支持匿名函数及闭包，但是要注意闭包使用的常见陷阱。

Go 语言在线程的基础上实现了用户态更加轻量级的协程，每个协程都有一个栈，并且在 Go 1.4 之后每个栈的大小在初始化时都为 2KB。Go 语言中的栈是可以扩容与伸缩的。Go 语言中最大的协程栈在 64 位操作系统中为 1GB，在 32 位系统中为 250MB。协程栈扩容的时机是函数调用的序言阶段。如果即将发生栈溢出，则会开辟一个 2 倍于旧栈的新栈，并将旧栈中的数据转移到新栈中。在转移的过程中，如果有指向旧栈的指针，那么还涉及指针的调整。

可以将程序看作一系列函数调用的过程。程序涉及多个函数之间的相互调用，理解函数底层协程栈、栈帧、函数调用方式等原理有助于理解程序的运行机制。对协程堆栈信息的打印是非常重要的调试手段和观察程序运行的方式。

第 10 章

defer延迟调用

defer 是 Go 语言中的关键字，也是 Go 语言的重要特性之一。defer 的语法形式为 defer Expression，其后必须紧跟一个函数调用或者方法调用，不能用括号括起来[1]。在很多时候，defer 后的函数以匿名函数或闭包的形式呈现，例如：

```
defer func(...){
 // 实际处理
}()
```

defer 将其后的函数推迟到了其所在函数返回之前执行。例如在运行如下代码后，将首先打印出下方的"normal func"，接着打印出"defer func"。

```
func main(){
    defer fmt.Println("defer func")
    fmt.Println("normal func")
}
```

不管 defer 函数后的执行路径如何，最终都将被执行。在 Go 语言中，defer 一般被用于资源的释放及异常 panic 的处理。

虽然很多语言都具有异常处理和最终处理的功能，例如 C++与 Java 中的 try...catch 语句、C 语言中的析构函数及 Java 中的 finally 块。但是，Go 语言中的 defer 有一些不同的特点及灵活性，包括程序中可以有多个 defer、defer 的调用可以存在于函数的任何位置等。defer 可能不会被执行，例如，如果判断条件不成立则放置在 if 语句中的 defer 可能不会被执行。defer 语句在使用时有许多陷阱，Go 语言中 defer 的实现方式也经历了多次演进。本章将深入介绍 defer 语句的特性及其背后的原理。

10.1 使用 defer 的优势

10.1.1 资源释放

defer 一般用于资源的释放和异常的捕获，作为 Go 语言的特性之一，defer 给 Go 代码的书写方式带来了很大的变化。下面的CopyFile 函数用于将文件 srcName 的内容复制到文件 dstName 中。

```
func CopyFile(dstName, srcName string) (written int64, err error) {
    src, err := os.Open(srcName)
    if err != nil {
        return
    }
    dst, err := os.Create(dstName)
    if err != nil {
        return
    }
    written, err = io.Copy(dst, src)
    dst.Close()
    src.Close()
    return
}
```

在程序最开始，os.Open 及 os.Create 打开了两个文件资源描述符，并在最后通过 file.Close 方法得到释放，在正常情况下，该程序能正常运行，一旦在 dstName 文件创建过程中出现错误，程序就直接返回，src 资源将得不到释放。因此需要在所有错误退出时释放资源，即修改为如下代码才能保证其在异常情况下的正确性。

```
    dst, err := os.Create(dstName)
    if err != nil {
            src.Close()
        return
    }
        ...
```

同样的问题也存在于锁的释放中，一旦在加锁后发生了错误，就需要在每个错误的地方都加锁，否则会出现严重的死锁问题，这也是开发者在 C/C++中常犯的错误，特别是在函数中有更多的退出路径以及更多需要释放的资源时。

```
l.lock()
```

```
if err != nil{
    l.unlock()
    return
}
if err != nil{
    l.unlock()
    return
}
...
```

Go 语言中的 defer 特性能够很好地解决这一类资源释放问题，不管 defer 后面的执行路径如何，defer 中的语句都将执行。如上的例子可以被修改如下，在每个资源后都立即加入 defer file.Close 函数，保证函数在任意路径执行结束后都能够关闭资源。defer 是一种优雅的关闭资源的方式，能减少大量冗余的代码并避免由于忘记释放资源而产生的错误。

```
func CopyFile(dstName, srcName string) (written int64, err error) {
    src, err := os.Open(srcName)
    if err != nil {
        return
    }
    defer src.Close()
    dst, err := os.Create(dstName)
    if err != nil {
        return
    }
    defer dst.Close()
    return io.Copy(dst, src)
}
```

10.1.2 异常捕获

程序在运行时可能在任意的地方发生 panic 异常，例如算术除 0 错误、内存无效访问、数组越界等，这些错误会导致程序异常退出。在很多时候，我们希望能够捕获这样的错误，同时希望程序能够继续正常执行。一些语言采用 try..catch 语法，当 try 块中发生异常时，可以通过 catch 块捕获。

```
try{
 //
}catch{
// 异常捕获
}
```

Go 语言使用了特别的方式处理这一问题。defer 的特性是无论后续函数的执行路径如何以及是否发生了 panic，在函数结束后一定会得到执行，这为异常捕获提供了很好的时机。异常捕获通常结合 recover 函数一起使用。

```
func executePanic() {
    defer fmt.Println("defer func")
    panic("This is Panic Situation")
    fmt.Println("The function executes Completely")
}
func main() {
    executePanic()
    fmt.Println("Main block is executed completely...")
}
```

如上所示，在 executePanic 函数中，手动执行 panic 函数触发了异常。当异常触发后，函数仍然会调用 defer 中的函数，然后异常退出。输出如下，表明调用了 defer 中的函数，并且 main 函数将不能正常运行，程序异常退出打印出栈追踪信息。

```
defer func
panic: This is Panic Situation
goroutine 1 [running]:
main.executePanic()
        /Users/jackson/career/debug-go/tess.go:90 +0x95
main.main()
        /Users/jackson/career/debug-go/tess.go:95 +0x22
```

如下所示，当在 defer 函数中使用 recover 进行异常捕获后，程序将不会异常退出，并且能够执行正常的函数流程。

```
func executePanic() {
    defer func(){
        if errMsg := recover(); errMsg != nil {
            fmt.Println(errMsg)
        }
        fmt.Println("This is recovery function...")
    }()
    panic("This is Panic Situation")
    fmt.Println("The function executes Completely")
}
func main() {
    executePanic()
```

```
    fmt.Println("Main block is executed completely...")
}
```

如下输出表明，尽管有 panic，main 函数仍然在正常执行后退出。

```
This is Panic Situation
This is recovery function...
Main block is executed completely...
```

10.2 defer 特性

10.2.1 延迟执行

正如在之前提到的，defer 后的函数并不会立即执行，而是推迟到了函数结束后执行。这一特性一般用于资源的释放，例如在加锁之后立即延迟调用 l.unlock 方法，在函数退出时即完成解锁。

```
l.lock()
defer l.unlock()
```

延迟执行的特性除了可以用于前面提到的资源释放和异常捕获，有时也用于函数的中间件。例如，对 http 服务器进行简单的中间件封装。该中间件的目的是捕获所有的 http 操作执行异常，并向客户端返回 500 异常。

```
func recoverHandler(next http.Handler) http.Handler {
    fn := func(w http.ResponseWriter, r *http.Request) {
        defer func() {
            if err := recover(); err != nil {
                log.Printf("panic: %+v", err)
                http.Error(w, http.StatusText(500), 500)
            }
        }()

        next.ServeHTTP(w, r)
    }
    return http.HandlerFunc(fn)
}
```

如下所示的 http 服务器，可以轻松地加入 recoverHandler 中间件而不破坏代码原本的结构，这在第三方框架中使用广泛。

```
func (m MyHandler) ServeHTTP( w http.ResponseWriter,  r *http.Request) {
    fmt.Fprintf(w,"hello world")
}
func main(){
   handler :=MyHandler{}
   server:= http.Server{
       Addr:"127.0.0.1:8080",
       Handler:recoverHandler(handler),
   }
   server.ListenAndServe()
}
```

还可以设计一种类似计算函数执行时间的日志，同样依靠 defer 函数实现。

```
   before:= time.Now()
   defer func(){
           after := time.Now()
           fmt.Println(after.After(before))
   }()
```

10.2.2 参数预计算

defer 的另一个特性是参数的预计算，这一特性时常导致开发者在使用 defer 时犯错。因为在大部分时候，我们记住的都是其延迟执行的特性。参数的预计算指当函数到达 defer 语句时，延迟调用的参数将立即求值，传递到 defer 函数中的参数将预先被固定，而不会等到函数执行完成后再传递参数到 defer 中。

如下例所示，defer 后的函数需要传递 int 参数，首先将 a 赋值为 1，接着 defer 函数的参数传递为 a+1，最后，在函数返回前 a 被赋值为 99。那么最后 defer 函数打印出的 b 值是多少呢？答案是 2。原因是传递到 defer 的参数是预执行的，因此在执行到 defer 语句时，执行了 a+1 并将其保留了起来，直到函数执行完成后才执行 defer 函数体内的语句。

```
func main(){
   a := 1
   defer func(b int) {
      fmt.Println("defer b",b)
   }(a+1)
   a = 99
}
```

10.2.3 defer 多次执行与 LIFO 执行顺序

在函数体内部，可能出现多个 defer 函数。这些 defer 函数将按照后入先出（last-in first-out，LIFO）的顺序执行，这与栈的执行顺序是相同的。

```
func main(){
    for i:=1;i<5;i++{
        defer fmt.Println("start ",i)
    }
}
```

上例是一种复杂的场景，在循环中调用了 defer 函数。其最终的打印顺序将与正常函数的执行顺序相反，打印为

```
start  4
start  3
start  2
start  1
```

这也意味着后申请的资源将会先得到释放，如下，加锁的顺序为 m→n，释放锁的顺序为 n→m。这与习惯中资源释放的方式是相同的。

```
    m.Lock()
    defer m.Lock()
    n.Lock()
    defer n.Lock()
```

10.3 defer 返回值陷阱

除了前面提到的参数预计算，defer 还有一种非常容易犯错的场景，涉及与返回值参数结合。如下所示，函数 f 中有返回值 r，return g 之后在 defer 函数中将 g 赋值为 200。

```
var g = 100
func f() (r int) {
    defer func() {
        g = 200
    }()
    fmt.Printf("f: g = %d\n", g)
    return g
}
func main() {
    i := f()
```

```
    fmt.Printf("main: i = %d, g = %d\n", i, g)
}
```

最后程序的输出结果如下，函数执行，返回值 i 的值为 100，g 的值为 200，从输出结果可以推测出，在 return 之后，执行了 defer 函数。

```
f: g = 100
main: i = 100, g = 200
```

对上例中的代码稍做修改，如下所示，程序的输出结果为:main: i = 200, g = 100 。从这个结果中，我们又可以推测出 defer 执行完成后，执行了 return 语句。因为其返回值 i 是在 defer 函数中赋值的。

```
var g = 100
func f() (r int) {
    r = g
    defer func() {
        r = 200
    }()
    r = 0
    return r
}
func main() {
    i := f()
    fmt.Printf("main: i = %d, g = %d\n", i, g)
}
```

但是，上面两种代码的输出结果推测出的结论是截然相反的，第 1 个例子推测出在 return 执行后，执行了 defer 函数，而第 2 个例子推测出在 return 执行前，执行了 defer 函数。那么到底是怎么回事呢？原因在于 return 其实并不是一个原子操作，其包含了下面几步：

将返回值保存在栈上→执行 defer 函数→函数返回。

所以第 1 个例子中的函数 f 可以翻译为如下伪代码，最终返回值 r 为 100。

```
g = 100
r = g
g = 200
return
```

第 2 个例子中的函数 f 可以翻译为如下伪代码，最终返回值 r 为 200。

```
g = 100
r = g
```

```
r = 0
r = 200
return
```

10.4 defer 底层原理

10.4.1 defer 演进

Go 语言中 defer 的实现经历了复杂的演进过程，Go 1.13、Go 1.14 都经历了比较大的更新。在 Go 1.13 之前，defer 是被分配在堆区的，尽管有全局的缓存池分配，仍然有比较大的性能问题，原因在于使用 defer 不仅涉及堆内存的分配，在一开始还需要存储 defer 函数中的参数，最后还需要将堆区数据转移到栈中执行，涉及内存的复制。因此，defer 比普通函数的直接调用要慢很多。

为了将调用 defer 函数的成本降到与调用普通函数相同。Go 1.13 在大部分情况下将 defer 语句放置在了栈中，避免在堆区分配、复制对象。但是其仍然和 Go 1.12 一样，需要将整个 defer 语句放置到一条链表中，从而能够在函数退出时，以 LIFO 的顺序执行。

将 defer 添加到链表中被认为是必不可少的，原因在于 defer 的数量可能是无限的，也可能是动态调用的，例如通过 for 或者 if 块包裹的 defer 语句，只有在运行时才能决定执行的个数。在 Go 1.13 中包括两种策略，对于最多调用一个（at most once）语义的 defer 语句使用了栈分配的策略，而对于其他的方式，例如 for 循环体内部的 defer 语句，仍然采用了之前的堆分配策略。在大部分情况下，程序中的 defer 涉及的都是比较简单的场景，这一改变也大幅度提高了 defer 的效率。defer 的操作时间从 Go 1.12 时的 50ns 降到 Go 1.13 时 35ns（直接调用大约花费 6ns）[2]。Go 1.13 虽然进行了一定程度的优化，但仍然比直接调用慢了 5、6 倍左右。 Go 1.14 进一步对最多调用一次的 defer 语义进行了优化，通过编译时实现内联优化[2]。因此，在 Go 1.14 之后，根据不同的场景，实际存在了 3 种实现 defer 的方式。

```
// cmd/compile/internal/gc/ssa.go
case ODEFER:
        if Debug_defer > 0 {
            var defertype string
            if s.hasOpenDefers {
                defertype = "open-coded"
            } else if n.Esc == EscNever {
                defertype = "stack-allocated"
```

```
        } else {
            defertype = "heap-allocated"
        }
    }
```

10.4.2 堆分配

在 Go 1.13 前，defer 全部使用在堆区分配的内存存储，由于本书基于 Go 1.14 进行讲解，因此本节主要关注 Go 1.14 后出现堆分配的情况。目前在大部分情况下，堆分配只会在循环结构中出现，例如在 for 循环结构中。

```
func main(){
    for i:=0;i<3;i++{
        defer fmt.Println("defer func",i)
    }
}
```

在上面的循环 defer 中，当执行汇编代码时，会发现每一条 defer 语句都调用了运行时的 runtime.deferproc 函数。在函数退出前，调用了运行时 runtime.deferreturn 函数，其抽象代码如下所示：

```
for i:=0;i<3;i++{
        CALL    runtime.deferproc(SB)
}
CALL    runtime.deferreturn(SB)
RET
```

deferproc 函数的流程比较简单，主要分为 3 个步骤，如下所示：

◎ 计算 deferproc 调用者的 SP、PC 寄存器值及参数存放在栈中的位置。

◎ 在堆内存中分配新的_defer 结构体，并将其插入当前协程记录_defer 的链表头部。

◎ 将 SP、PC 寄存器值记录到新的 defer 结构体中，并将栈上的参数复制到堆区。

```
func deferproc(siz int32, fn *funcval) {
    // 计算调用者 SP、PC、参数位置
    sp := getcallersp()
    argp := uintptr(unsafe.Pointer(&fn)) + unsafe.Sizeof(fn)
    callerpc := getcallerpc()
    // 在堆内存中分配新的 defer 结构体
    d := newdefer(siz)
    // 插入当前协程记录 defer 的链表头部
    d.link = gp._defer
```

```
    gp._defer = d
    d.fn = fn
    d.pc = callerpc
    d.sp = sp
    switch siz {
    case 0:
    case sys.PtrSize:
        // 如果defered函数的参数大小和指针一样，则直接通过赋值来复制参数
        *(*uintptr)(deferArgs(d)) = *(*uintptr)(unsafe.Pointer(argp))
    default:
        // 通过memmove复制defered函数的参数
        memmove(deferArgs(d), unsafe.Pointer(argp), uintptr(siz))
    }
    // 通过汇编指令设置rax = 0
    return0()
}
```

以下面的代码为例，defer add 需要传递两个参数。

```
func add(a, b int) {
    fmt.Println("add:" , a + b)
}
func f() {
    for i:=0;i<2;i++{
        defer add(3, 4)
    }
}
func main() {
    f()
}
```

当执行到 defer 语句时，调用运行时 deferproc 函数，其在栈中的结构如图 10-1 所示。

每个协程都对应着一个结构体 g，deferproc 函数新建的_defer 结构最终会被放置到当前协程存储_defer 结构的链表中。

```
type g struct {
    ...
    _defer      *_defer
}
```

新加入的_defer 结构会被放置到当前链表的头部，从而保证在后续执行 defer 函数时能以先入后出的顺序执行，如图 10-2 所示。

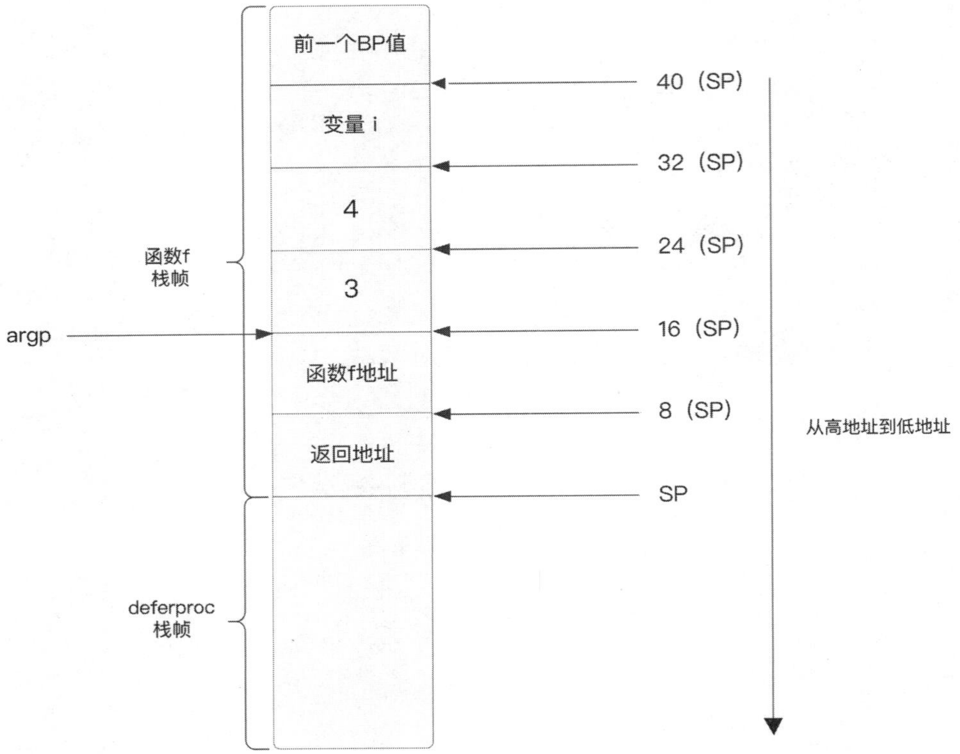

图 10-1　deferproc 函数在栈中的结构

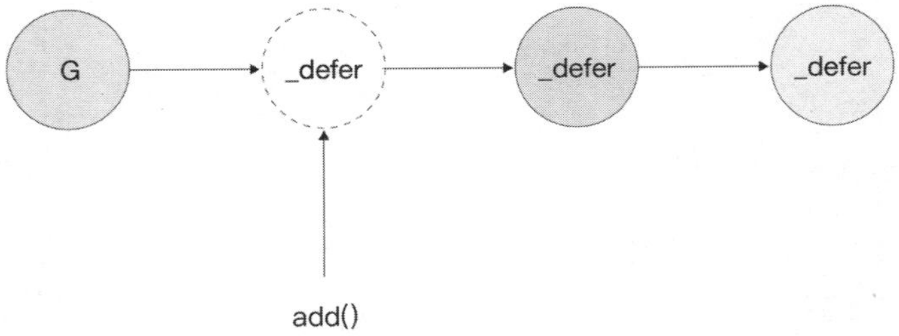

图 10-2　defer 链先入后出的添加顺序

runtime.newdefer 在堆中申请具体的_defer 结构体，每个逻辑处理器 P 中都有局部缓存（deferpool），在全局中也有一个缓存池（schedt.deferpool），图 10-3 显示了 defer 全局与局部缓存池的交互。defer 根据结构的大小分为 5 个等级，以方便快速地找到最适合当前分配的_defer 结构体。这种分级策略在 Go 语言内存管理中的使用非常普遍，具体可以参考第 18 章。

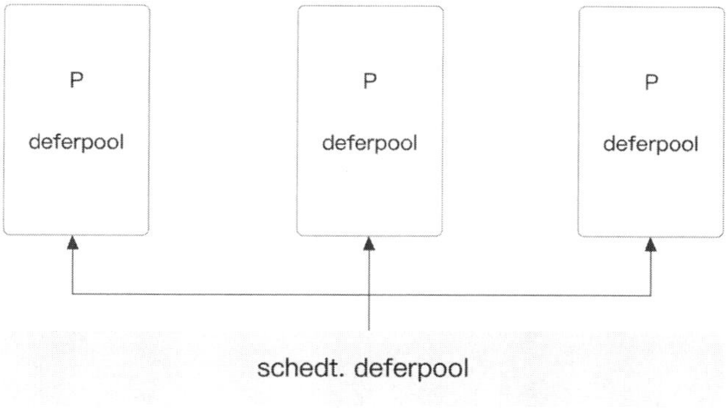

图 10-3　defer 全局与局部缓存池交互

当在全局和局部缓存池中都搜索不到对象时，需要在堆区分配指定大小的 defer。

```
func newdefer(siz int32) *_defer {
    var d *_defer
  // defer 等级
    sc := deferclass(uintptr(siz))
  // 等级在范围内
    if sc < uintptr(len(p{}.deferpool)) {
        if len(pp.deferpool[sc]) == 0 && sched.deferpool[sc] != nil {
            systemstack(func() {
                lock(&sched.deferlock)
                // 从全局_defer 缓存池拿一些 defer 结构体到局部_defer 缓存池
                for len(pp.deferpool[sc]) < cap(pp.deferpool[sc])/2 &&
sched.deferpool[sc] != nil {
                    ...
                }
                unlock(&sched.deferlock)
            })
        }
    // 从局部缓存池分配
        if n := len(pp.deferpool[sc]); n > 0 {
            d = pp.deferpool[sc][n-1]
            pp.deferpool[sc][n-1] = nil
            pp.deferpool[sc] = pp.deferpool[sc][:n-1]
        }
    }
    // 如果 P 的缓存中没有可用的_defer 结构体则从堆上分配
    if d == nil {
        systemstack(func() {
            total := roundupsize(totaldefersize(uintptr(siz)))
```

```
            d = (*_defer)(mallocgc(total, deferType, true))
        })
    }
    d.siz = siz
}
```

当 defer 执行完毕被销毁后，会重新回到局部缓存池中，当局部缓存池容纳了足够的对象时，会将_defer 结构体放入全局缓存池。存储在全局和局部缓存池中的对象如果没有被使用，则最终在垃圾回收阶段被销毁。关于垃圾回收的详细知识，参见第 19 章。

10.4.3 defer 遍历调用

正如之前在汇编代码中看到的，当函数正常结束时，其递归调用了 runtime.deferreturn 函数遍历 defer 链，并调用存储在 defer 中的函数。

```
func deferreturn(arg0 uintptr) {
    gp := getg()
    //当前协程 defer 函数链表
    d := gp._defer
    if d == nil {
        return
    }
    // 获取调用 deferreturn 函数时的栈顶位置
    sp := getcallersp()
    if d.sp != sp {
        return
    }
    // 内联 defer 调用规则
    if d.openDefer {
        done := runOpenDeferFrame(gp, d)
        gp._defer = d.link
        freedefer(d)
        return
    }
    //把保存在_defer 对象中的 fn 函数需要用到的参数复制到栈上，准备调用 fn
    switch d.siz {
    case 0:
        // Do nothing.
    case sys.PtrSize:
        *(*uintptr)(unsafe.Pointer(&arg0)) = *(*uintptr)(deferArgs(d))
    default:
        memmove(unsafe.Pointer(&arg0), deferArgs(d), uintptr(d.siz))
```

```
    }
    fn := d.fn
    d.fn = nil
    //使 gp._defer 指向下一个_defer 结构体
    gp._defer = d.link
    //释放_defer 结构体
    freedefer(d)
    // 调用 fn 函数
    jmpdefer(fn, uintptr(unsafe.Pointer(&arg0)))
}
```

在遍历 defer 链表的过程中，有两个重要的终止条件。一个是当遍历到链表的末尾时，最终链表指针变为 nil，这时需要终止链表。除此之外，当 defer 结构中存储的 SP 地址与当前 deferreturn 的调用者 SP 地址不同时，仍然需要终止执行。原因是协程的链表中放入了当前函数调用链所有函数的 defer 结构，但是在执行时只能执行当前函数的 defer 结构。例如，当前函数的执行链为 a()→b()→c()，在执行函数 c 正常返回后，当前三个函数的 defer 结构都存储在链表中，但是当前只能够执行函数 c 中的 fc 函数。如果发现 defer 结构是其他函数的内容，则立即返回。

```
func a(){
    defer fa()
    b()
}
func b(){
    defer fb()
    c()
}
func c(){
    defer fc()
  ...
}
```

deferreturn 获取需要执行的 defer 函数后，需要将当前 defer 函数的参数重新转移到栈中，调用 freedefer 销毁当前的结构体，并将链表指向下一个_defer 结构体。现在有了函数指针，也有了参数，可以调用 jmpdefer 完成函数的调用。jmpdefer 在 amd64 下的汇编代码如下所示。

```
TEXT runtime·jmpdefer(SB), NOSPLIT, $0-16
  // jmpdefer 函数的第一个参数 fn 的地址放入 DX 寄存器
    MOVQ    fv+0(FP), DX
    // jmpdefer 函数的第二个参数放入 BX 寄存器
    MOVQ    argp+8(FP), BX
    // 调整 SP、BP 位置
    LEAQ    -8(BX), SP
```

```
  MOVQ    -8(SP), BP
  // 调整返回地址
  SUBQ    $5, (SP)
// 继续执行 deferreturn
  MOVQ    0(DX), BX
  JMP BX
```

jmpdefer 函数使用了比较巧妙的方式实现了对 deferreturn 函数的反复调用。其核心思想是调整了 deferreturn 函数的 SP、BP 地址，使 deferreturn 函数退出之后再次调用 deferreturn 函数，从而实现循环调用。

上例执行 SUBQ $5, (SP) 语句后，对应的栈帧结构如图 10-4 所示。从图中可以看出，jmpdefer 函数通过调整 SP、BP 寄存器值，已经抛弃了 deferreturn 的栈帧供后续使用。并且，由于调整了返回地址，jmpdefer 函数在执行完毕返回时可以递归调用 deferreturn 函数，复用了栈空间，不会因为大量调用导致栈溢出。这种策略在协程调用循环中也会使用，具体参考第 15 章。

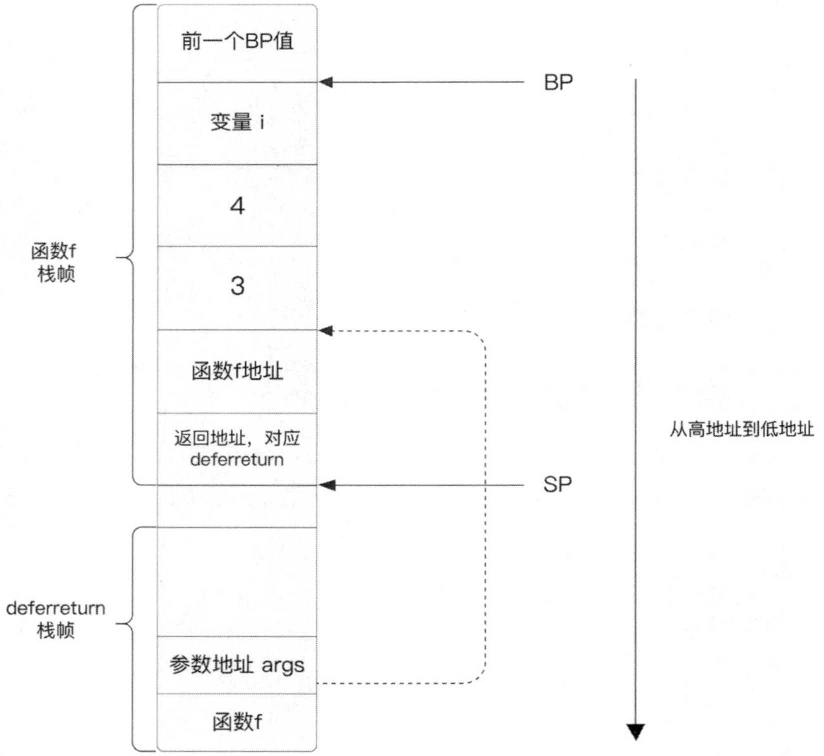

图 10-4　递归 defer 调用的栈帧结构

10.4.4　Go 1.13 栈分配优化

从 defer 堆分配的过程可以看出，即便有全局和局部缓存池策略，由于涉及堆与栈参数的复制等操作，堆分配仍然比直接调用效率低下。Go 1.13 为了解决堆分配的效率问题，对于最多调用一次的 defer 语义采用了在栈中分配的策略。在 Go 1.14 中，对于非 for 循环的结构，有两种方式可以调试 defer 的栈分配。一种方式是禁止编译器优化（go tool compile -S -N -l stack.go），另一种方式是增加 defer 的数量到 8 个以上，无论采用哪种方式，当执行到 defer 语句时，调用都会变为执行运行时的 runtime.deferprocStack 函数。在函数的最后，和堆分配一样，仍然插入了 runtime.deferreturn 函数用于遍历调用链。

```
CALL    runtime.deferprocStack(SB)
...
CALL    runtime.deferreturn(SB)
```

deferprocStack 函数如下，其传递的参数为一个_defer 指针，该_defer 其实已经放置在了栈中。并在执行前将 defer 的大小、参数、函数指针放置在了栈中，在 deferprocStack 中只需要获取必要的调用者 SP、PC 指针并将 defer 压入链表的头部。

```
func deferprocStack(d *_defer) {
    d.sp = getcallersp()
    d.pc = getcallerpc()
    *(*uintptr)(unsafe.Pointer(&d.link)) = uintptr(unsafe.Pointer(gp._defer))
    *(*uintptr)(unsafe.Pointer(&gp._defer)) = uintptr(unsafe.Pointer(d))
    ...
    return0()
}
```

函数 f 的汇编代码如下，在调用 deferprocStack 前就已经把 defer 的大小、函数指针、参数都放置到了栈上对应的位置。

```
    0x002f 00047 (stack.go:10)  MOVL    $16, ""..autotmp_0+104(SP)
    0x0037 00055 (stack.go:10)  LEAQ    "".add·f(SB), AX
    0x003e 00062 (stack.go:10)  MOVQ    AX, ""..autotmp_0+128(SP)
    0x0046 00070 (stack.go:10)  MOVQ    $3, ""..autotmp_0+176(SP)
    0x0052 00082 (stack.go:10)  MOVQ    $4, ""..autotmp_0+184(SP)
    0x005e 00094 (stack.go:10)  LEAQ    ""..autotmp_0+104(SP), AX
    0x0063 00099 (stack.go:10)  MOVQ    AX, (SP)
    0x0067 00103 (stack.go:10)  CALL    runtime.deferprocStack(SB)
```

当函数执行完毕后，defer 函数和堆分配策略一样，需要遍历协程中的_defer 链表，并递归调用 deferreturn 函数直到 defer 函数全部执行结束。从中可以看出，栈分配策略相较于之前的堆分配确实更高效。借助编译时的栈组织，不再需要在运行时将_defer 结构体分配到堆中，既减少了分配内存的时间，也减少了在执行 defer 函数时将堆中参数复制到栈上的时间。

10.4.5 Go 1.14 内联优化

虽然 Go 1.13 中 defer 的栈策略已经有了比较大的优化，但是与直接的函数调用还是有很大差别。一种容易想到的优化策略是在编译时函数结束时直接调用 defer 函数，如图 10-5 所示。这样就可以省去放置到_defer 链表和遍历_defer 链表的时间。

图 10-5 defer 内联优化

采用这种方式最大的困难在于，defer 并不一定能够执行。例如，在 if 块中的 defer 语句，必须在运行时才能判断其是否成立。

```
if time.Now() > X{
        defer a()
    }
```

为了解决这样的问题，Go 语言编辑器采取了一种巧妙的方式。通过在栈中初始化 1 字节的临时变量，以位图的形式来判断函数是否需要执行。

```
defer f1(a)
if cond {
 defer f2(b)
}
body...
```

如上代码将会被编译为如下所示的伪代码形式。

```
//位图
deferBits |= 1<<0
tmpF1 = f1
tmpA = a
if cond {
 deferBits |= 1<<1
 tmpF2 = f2
```

```
 tmpB = b
}
body...
exit:
if deferBits & 1<<1 != 0 {
 deferBits &^= 1<<1
 tmpF2(tmpB)
}
if deferBits & 1<<0 != 0 {
 deferBits &^= 1<<0
 tmpF1(tmpA)
}
```

图 10-6 为标记是否需要调用的 deferBits 位图。上例中，由于 defer 函数 f1 一定会执行，因此把 deferBits 的最后 1 位设置为 1。而函数 f2 是否执行需要根据 cond 是否成立判断。如果成立，则需要将 deferBits 的倒数第 2 位设置为 1。

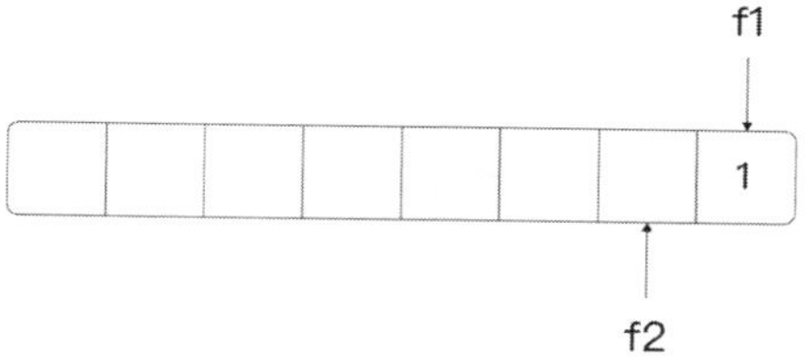

图 10-6 标记是否需要调用的 deferBits 位图

在函数退出（exit）时，从后向前遍历 deferBits，如果当前位为 1，则需要执行对应的函数，如果当前位为 0，则不需要执行任何操作。另外，1 字节的 deferBits 位图以最小的代价满足了大部分情况下的需求。可以通过如下方式对加锁与解锁场景的直接调用与 defer 调用进行性能测试。

```
func f1(){
   var m sync.Mutex
   m.Lock()
   m.Unlock()
}
func f2(){
   var m sync.Mutex
   defer m.Unlock()
   m.Lock()
}
func BenchmarkDirect(b *testing.B) {
```

```
    for i := 0; i < b.N; i++ {
        f1()
    }
}
func BenchmarkDefer(b *testing.B) {
    for i := 0; i < b.N; i++ {
        f2()
    }
}
```

执行结果如下，从结果中可以看出，直接调用与 defer 调用的时间非常已经非常接近，二者被分配的内存大小也是相同的。

```
» go test stack_test.go  -bench=. -benchmem
jackson@jacksondeMacBook-Pro
goos: darwin
goarch: amd64
BenchmarkDirect-12      48683083             21.4 ns/op              8 B/op
1 allocs/op
BenchmarkDefer-12       52512694             23.0 ns/op              8 B/op
1 allocs/op
```

在实践中，如果使用了 Go 1.14 以上版本，则可以认为 defer 与直接调用的效率相当，不用为了考虑高性能而纠结是否使用 defer。

10.5 总结

defer 是 Go 语言重要的特性之一，虽然很多语言都具有异常处理和最终处理的功能，但是 Go 语言中的 defer 具有一些不同的特点及灵活性，包括程序中可以有多个 defer，并且可以在函数的任何位置调用 defer。defer 一般用于资源释放、异常捕获、中间件等场景。当有多个 defer 函数时，按照 LIFO 的顺序执行。另外，特别要注意与返回值结合时的陷阱，这是由于 return x 并不是一条原子操作。

defer 的设计经历了复杂的演进过程。从最初在堆区分配 defer 内存并放入协程的链表中，到 Go 1.13 中的栈分配将 defer 放置到栈内存中并放入协程链表中，再到 Go 1.14 后的内联 defer，使得 defer 的性能已经与函数的直接调用相似。因此，在实践中，不需要考虑 defer 函数带来的性能损耗。

第 11 章
异常与异常捕获

上一章介绍了 defer 正常执行的流程，但是程序可能异常退出。异常退出可能是由于用户代码中错误的状态引起的；或者是运行时数组越界、哈希表读写冲突等引起的；也可能是访问无效内存引起的。有时候，我们不希望程序异常退出，而是希望捕获异常并让函数正常执行，这涉及 defer、recover 的结合使用。本章将介绍程序触发异常的 panic 及异常恢复中 defer 与 recover 结合使用时程序的执行流程。

11.1 panic 函数使用方法

在 Go 语言中，有以下两个内置函数可以处理程序的异常情况：

```
func panic(interface{})
func recover() interface{}
```

panic 函数传递的参数为空接口 interface{}，其可以存储任何形式的错误信息并进行传递。在异常退出时会打印出来。

```
panic(42)
panic("unreachable")
panic(Error("cannot parse"))
```

Go 程序在 panic 时并不会像大多数人想象的一样导致程序异常退出，而是会终止当前函数的正常执行，执行 defer 函数并逐级返回。例如，对于函数调用链 a()→b()→c()，当函数 c 发生 panic 后，会返回函数 b。此时，函数 b 也像发生了 panic 一样，返回函数 a。在函数 c、b、a 中的 defer 函数都将正常执行。

```
func a(){
   defer fmt.Println("defer a")
```

```
    b()
    fmt.Println("after a")
}
func b(){
    defer fmt.Println("defer b")
    c()
    fmt.Println("after b")
}
func c(){
    defer fmt.Println("defer c")
    panic("this is panic")
    fmt.Println("after c")
}
func main(){
    a()
}
```

如下所示，当函数 c 触发了 panic 后，所有函数中的 defer 语句都将被正常调用，并且在 panic 时打印出堆栈信息（栈信息详见第 9 章）。

```
defer c
defer b
defer a
panic: this is panic
goroutine 1 [running]:
main.c()
        bookcode/panic/panic_chain.go:19 +0x95
main.b()
        bookcode/panic/panic_chain.go:13 +0x96
main.a()
        bookcode/panic/panic_chain.go:7 +0x96
main.main()
        bookcode/panic/panic_chain.go:24 +0x20
```

除了手动触发 panic，在 Go 语言运行时的一些阶段也会检查并触发 panic，例如数组越界（runtime error: index out of range）及 map 并发冲突（fatal error: concurrent map read and map write）。

11.2 异常捕获与 recover

有时候我们并不希望程序异常退出，虽然实际项目中都有让程序崩溃之后重新启动的机制

（例如 K8s pod 重启），但这仍然需要时间，在这期间可能丢失重要的数据和用户体验。为了让程序在 panic 时仍然能够执行后续的流程，Go 语言提供了内置的 recover 函数用于异常恢复。recover 函数一般与 defer 函数结合使用才有意义，其返回值是 panic 中传递的参数。由于 panic 会调用 defer 函数，因此，在 defer 函数中可以加入 recover 起到让函数恢复正常执行的作用。对上面的例子进行改进后的 recover 版本如下。

```
func a(){
    defer fmt.Println("defer a")
    b()
    fmt.Println("after a")
}
func b(){
    defer func() {
        fmt.Println("after b")
        if x := recover(); x != nil {
            fmt.Printf("run time panic: %v\n", x)
        }
    }()
    c()
    fmt.Println("after b")
}
func c(){
    defer fmt.Println("defer c")
    panic("this is panic")
    fmt.Println("after c")
}
```

recover 版本与之前唯一的不同是在函数 b 中加入了 defer 与 recover 的组合。该程序执行结果如下：

```
defer c
after b
run time panic: this is panic
after a
defer a
```

函数 c 在触发了 panic 之后，会调用 defer 函数，接着返回函数 b，执行函数 b 中的 defer 函数。由于 defer 函数中加入了 recover 函数进行异常捕获，因此，当函数 b 结束返回函数 a 后，函数 b 就像是正常退出一样，函数 a 继续正常执行其后的流程。

如下的 protect 函数是一个中间件，在不破坏函数 g 的情况下可以避免函数异常退出。

```
func protect(g func()) {
    defer func() {
        log.Println("done")
        if x := recover(); x != nil {
            log.Printf("run time panic: %v", x)
        }
    }()
    log.Println("start")
    g()
}
```

11.3 panic 与 recover 嵌套

panic 会遍历 defer 链并调用，那么如果在 defer 函数中发生了 panic 会怎么样呢？如下所示，函数 a 触发了 panic 后调用 defer 函数 b，而函数 b 触发了 panic 调用 defer 函数 fb，函数 fb 同样触发了 panic。

```
func main(){
    a()
}
func a() {
    defer b()
    panic("a panic")
}
func b() {
    defer fb()
    panic("b panic")
}
func fb() {
    panic("fb panic")
}
```

最终程序输出如下，先打印最早出现的 panic，再打印其他的 panic。后面会看到，每一次 panic 调用都新建了一个_panic 结构体，并用一个链表进行了存储。

```
panic: a panic
panic: b panic
panic: fb panic
```

嵌套 panic 不会陷入死循环，每个 defer 函数都只会被调用一次。当嵌套的 panic 遇到了 recover 时，情况变得更加复杂。将上面的程序稍微改进一下，让 main 函数捕获嵌套的 panic。

```
func main(){
    defer catch("main")
    a()
}
func a() {
    defer b()
    panic("a panic")
}
func b() {
    defer fb()
    panic("b panic")
}
func fb() {
    panic("fb panic")
}
func catch(funcname string) {
    if r := recover(); r != nil {
        fmt.Println(funcname, "recover:", r)
    }
}
```

最终程序的输出结果为 main recover: fb panic，这意味着 recover 函数最终捕获的是最近发生的 panic，即便有多个 panic 函数，在最上层的函数也只需要一个 recover 函数就能让函数按照正常的流程执行。如果 panic 发生在函数 b 或函数 fb 中，则情况会有所不同。例如，将函数 fb 改写如下，内部的 recover 只能捕获由当前函数或其子函数触发的 panic，而不能触发上层的 panic。

```
func fb() {
    defer catch("fb")
    panic("fb panic")
}
```

程序最终输出为

```
fb recover: fb panic
main recover: b panic
```

11.4　panic 函数底层原理

panic 函数在编译时会被解析为调用运行时 runtime.gopanic 函数，如下所示。每调用一次 panic 都会创建一个_panic 结构体。和上一章_defer 结构体一样，_panic 也会被放置到当前协程的链表中，原因是 panic 可能发生嵌套，例如 panic→defer→panic，因此可能同时存在多个_panic 结构体。

```
func gopanic(e interface{}) {
    // 创建_panic 结构体
    var p _panic
    // panic 的参数
    p.arg = e
    p.link = gp._panic
    gp._panic = (*_panic)(noescape(unsafe.Pointer(&p)))
}
```

首先查看在正常情况下 panic 的执行流程，其简单遍历协程中的 defer 链表，对于通过堆分配或者栈分配实现的 defer 语句，通过反射的方式调用 defer 中的函数。panic 通过 reflectcall 调用 defered 函数而不是直接调用的原因在于，直接调用 defered 函数需要在当前栈帧中为它准备参数，而不同 defered 函数的参数大小可能有很大差异，然而 gopanic 函数的栈帧大小固定而且很小，所以可能没有足够的空间来存放 defered 函数的参数。

在正常情况下，当 defer 链表遍历完毕后，panic 会退出。但是这里有一个例外，Go 1.14 之后的版本通过内联汇编实现的 defer 并不会被放置到链表中存储，而是被放置到了栈上，那么如何保证 defer 在 panic 时内联 defer 函数还能正常执行呢？

```
  // Go 1.14 内联代码
  addOneOpenDeferFrame(gp, getcallerpc(), unsafe.Pointer(getcallersp()))
for {
        // 取出_defer 链表头的 defered 函数
        d := gp._defer
        // 没有 defer 函数将会跳出循环，然后打印栈信息结束程序
        if d == nil {
            break
        }
        // 把 panic 和 defer 函数关联起来
        d._panic = (*_panic)(noescape(unsafe.Pointer(&p)))

        done := true
        // Go 1.14 内联代码
        if d.openDefer {
            done = runOpenDeferFrame(gp, d)
            if done && !d._panic.recovered {
                addOneOpenDeferFrame(gp, 0, nil)
            }
```

```
        } else {
            // 堆分配或者栈分配
            // 在panic中记录当前panic的栈顶位置，用于recover判断
            p.argp = unsafe.Pointer(getargp(0))
            //通过reflectcall函数调用defered函数
            reflectcall(nil, unsafe.Pointer(d.fn), deferArgs(d), uint32(d.siz),
uint32(d.siz))
        }
        //call deferproc的下一条指令的地址，下一条指令为test rax, rax
        pc := d.pc
        //call deferproc指令执行前的栈顶指针
        sp := unsafe.Pointer(d.sp)
        if done {
            d.fn = nil
            gp._defer = d.link
            freedefer(d)
        }
}
```

这需要借助编译时与运行时的共同努力。注意上方的addOneOpenDeferFrame函数，该函数将调用gentraceback函数进行栈扫描，从调用panic的当前函数栈帧开始扫描，直到找到第一个包含内联defer的函数帧，并构建一个新的_defer结构体存储到协程的_defer链表中。例如对于如下构造的代码：函数a中的函数fa 与函数c中的函数fc都将被放入协程的_defer链表，但是函数b中的defer由于内联优化并不会被放入链表。

```
func a(){
    for i:=0;i<1;i++{
        defer fa()
    }
    b()
}
func b(){
    defer fb1()
    if cond{
        defer fb2()
    }
    c()
}
func c(){
    for i:=0;i<1;i++{
        defer fc()
    }
```

```
    panic("this is panic")
}
```

当函数 c 发生 panic 后，runtime.addOneOpenDeferFrame 函数会尝试遍历函数帧，当其遍历到 b 函数的函数栈帧时，发现了内联函数，将创建一个新的_defer 结构体并加入协程_defer 链表 defer a 函数与 defer c 函数中间，这种顺序保证了之后的 defer 能够按照先入后出的顺序排列，如图 11-1 所示。

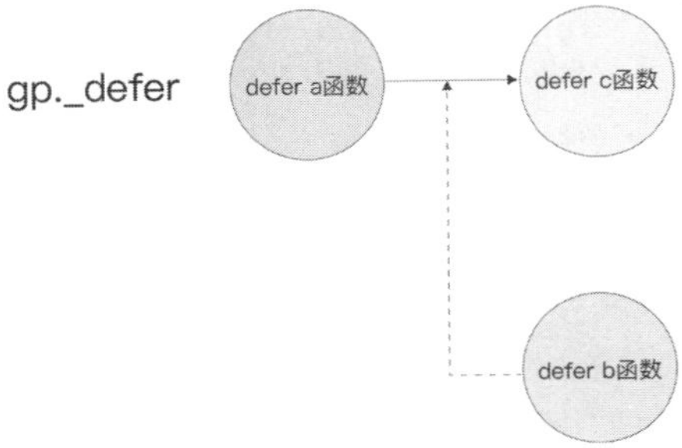

图 11-1　panic 保证 defer 先入后出的机制

addOneOpenDeferFrame 函数每次只会将扫描到的一个栈帧加入 defer 链表，_defer 结构体中专门有一个字段 fd 存储了栈帧的元数据，用于在运行时查找对应的内联 defer 的一系列函数指针、参数及 defer 位图。当遍历_defer 链表的过程中发现 d.openDeferw 为 true 时，会调用 runtime.runOpenDeferFrame 方法执行某一个函数中所有需要被执行的 defer 函数，除非在这期间发生了 recovered。

```
func runOpenDeferFrame(gp *g, d *_defer) bool {
    // defer 数量
    nDefers, fd := readvarintUnsafe(fd)
    // 位图
    deferBits := *(*uint8)(unsafe.Pointer(d.varp - uintptr(deferBitsOffset)))
    for i := int(nDefers) - 1; i >= 0; i-- {
        argWidth, fd = readvarintUnsafe(fd)
        closureOffset, fd = readvarintUnsafe(fd)
        nArgs, fd = readvarintUnsafe(fd)
        // 函数
        closure := *(**funcval)(unsafe.Pointer(d.varp - uintptr(closureOffset)))
        d.fn = closure
        //函数参数
        deferArgs := deferArgs(d)
        // 反射调用
```

```
        reflectcallSave(p, unsafe.Pointer(closure), deferArgs, argWidth)
        // 如果发生了 recovered 则直接退出
        if d._panic != nil && d._panic.recovered {
                done = deferBits == 0
                break
            }
    }
    return done
}
```

11.5 recover 底层原理

不管 defer 采用了哪一种策略，可以看到，在正常情况下，panic 都会遍历 defer 链并退出。当在 defer 中使用了 recover 异常捕获之后，情况又变得复杂许多。本节将具体解释其原理。

内置的 recover 函数在运行时将被转换为调用 runtime.gorecover 函数。

```
CALL    runtime.gorecover(SB)
```

gorecover 函数相对简单，在正常情况下将当前对应的_panic 结构体的 recovered 字段设置为 true 并返回。

```
func gorecover(argp uintptr) interface{} {
    gp := getg()
    p := gp._panic
    if p != nil && !p.goexit && !p.recovered && argp == uintptr(p.argp) {
        //告诉 gopanic 函数 panic 已经被 recover 了
        p.recovered = true
        return p.arg
    }
    return nil
}
```

gorecover 函数的参数 argp 为其调用者函数的参数地址，而 p.argp 为发生 panic 时 defer 函数的参数地址。语句 argp == uintptr(p.argp)可用于判断 panic 和 recover 是否匹配，这是因为内层 recover 不能捕获外层的 panic。

如下例中，在函数 b 中触发了 panic，defer fb 并没有直接调用 recover，而是在函数 fb 中又嵌套了一个 defer catch。由于内层函数 fb 中的 recover 函数禁止捕获外层函数 b 的 panic 异常，程序最终输出为 a recover: b panic。

```
func a() {
   defer catch("a")
   b()
}
func b() {
   defer fb()
   panic("b panic")
}
func fb() {
   defer catch("fb")
}
func catch(funcname string) {
   if r := recover(); r != nil {
       fmt.Println(funcname, "recover:", r)
   }
}
```

gorecover并没有进行任何异常处理，真正的处理发生在runtime.gopanic函数中，在遍历defer链表执行的过程中，一旦发现 p.recovered 为 true，就代表当前 defer 中调用了 recover 函数，会删除当前链表中为内联 defer 的_defer 结构。原因是之后程序将恢复正常的流程，内联 defer 直接通过内联的方式执行。

```
func gopanic(e interface{}) {
        for {
            //defer 的下一条指令的地址，下一条指令为 test rax, rax
            pc := d.pc
            sp := unsafe.Pointer(d.sp)
            // 遍历 defer 并执行
            // reflectcall(...)
            if p.recovered {
                //defered 函数调用 recover 函数成功捕获了 panic，会设置 p.recovered =
                  true
                atomic.Xadd(&runningPanicDefers, -1)
                // 删除链表中的内联 defer
                if done {
                    ...
                }
                gp._panic = p.link
                for gp._panic != nil && gp._panic.aborted {
                    gp._panic = gp._panic.link
                }
                if gp._panic == nil {
                    gp.sig = 0
```

```
            }
            gp.sigcode0 = uintptr(sp)
            gp.sigcode1 = pc
            // mcall 函数永远不会返回，调用 recovery 函数跳转到 PC 位置继续执行
            mcall(recovery)
        }
    }
}
```

gopanic 函数最后会调用 mcall(recovery)，mcall 将切换到 g0 栈执行 recovery 函数。recovery 函数接受从 defer 中传递进来的 SP、PC 寄存器并借助 gogo 函数切换到当前协程继续执行。gogo 函数是与操作系统有关的函数，用于完成栈的切换及 CPU 寄存器的恢复。只不过当前协程的 SP、PC 寄存器已经被修改为了从 defer 中传递进来的 SP、PC 寄存器，从而改变了函数的执行路径，关于 g0 栈与 gogo 函数详见第 15 章。

```
func recovery(gp *g) {
    sp := gp.sigcode0
    pc := gp.sigcode1
    gp.sched.sp = sp
    gp.sched.pc = pc
    gp.sched.lr = 0
    // 该值（1）会被 gogo 函数放入 rax 寄存器
    gp.sched.ret = 1
    // 跳转到 PC 寄存器所指的指令处继续执行
    gogo(&gp.sched)
}
```

对于 defer 栈分配与堆分配，PC 地址其实对应的是指令 TESTL AX, AX。如下例汇编代码所示，CALL runtime.deferprocStack 的下一条指令为 TESTL AX, AX。在正常情况下，AX 寄存器为 0，因此不会跳转，而是执行正常的流程。在 panic + recover 异常捕获后，AX 寄存器置为 1，因此程序将发生跳转，直接调用 runtime.deferreturn 函数。

```
0x004c 00076 (stack.go:10)     CALL    runtime.deferprocStack(SB)
0x0051 00081 (stack.go:10)     TESTL   AX, AX
0x0053 00083 (stack.go:10)     JNE     125
0x0055 00085 (stack.go:10)     JMP     87
0x0057 00087 (stack.go:11)     MOVQ    $3, (SP)
0x005f 00095 (stack.go:11)     MOVQ    $4, 8(SP)
0x0068 00104 (stack.go:11)     CALL    "".add(SB)
0x006d 00109 (stack.go:12)     XCHGL   AX, AX
0x006e 00110 (stack.go:12)     CALL    runtime.deferreturn(SB)
```

```
0x0073 00115 (stack.go:12)     MOVQ    104(SP), BP
0x0078 00120 (stack.go:12)     ADDQ    $112, SP
0x007c 00124 (stack.go:12)     RET
0x007d 00125 (stack.go:10)     XCHGL   AX, AX
0x007e 00126 (stack.go:10)     CALL    runtime.deferreturn(SB)
0x0083 00131 (stack.go:10)     MOVQ    104(SP), BP
0x0088 00136 (stack.go:10)     ADDQ    $112, SP
0x008c 00140 (stack.go:10)     RET
```

对于内联 defer，addOneOpenDeferFrame 函数会直接将 PC 的地址设置为 deferreturn 函数的地址。

```
func addOneOpenDeferFrame(gp *g, pc uintptr, sp unsafe.Pointer) {
    systemstack(func() {
        gentraceback(pc, uintptr(sp), 0, gp, 0, nil, 0x7fffffff,
            func(frame *stkframe, unused unsafe.Pointer) bool {
                ...
                d1.pc = frame.fn.entry + uintptr(frame.fn.deferreturn)
                d1.sp = frame.sp
                d1.link = d
                // 插入_defer 到链表中
                if prev == nil {
                    gp._defer = d1
                } else {
                    prev.link = d1
                }
                // Stop stack scanning after adding one open defer record
                return false
            },
            nil, 0)
    })
}
```

总之，recover 通过修改协程 SP、PC 寄存器值使函数重新执行 deferreturn 函数。deferreturn 函数的作用是继续执行剩余的 defer 函数（因为有一部分 defer 函数可能已经在 gopanic 函数中得到了执行），并返回到调用者函数，就像程序并没有 panic 一样。

11.6 总结

Go 语言中内置了 panic 与 recover 函数，用于异常的触发与捕获。panic 不会导致程序直接退出，而是执行函数调用链上所有的 defer 语句。如果在 defer 语句中发现有 recover 异常捕获，那么 recover 会返回当前 panic 传递的异常信息，并使程序正常执行。涉及 panic 与 recover 的嵌套时，recover 只能捕获当前函数和当前函数调用的函数，不能捕获上层函数，所以需要在代码中合适的位置放置 recover。

在正常情况下，panic 的底层会遍历执行整个_defer 链表并返回。对于 Go 1.14 之后的内联 defer，需要遍历函数的栈帧并将_defer 结构体加入链表中。如果在遍历执行_defer 调用链时有 recover，则最终通过修改协程 SP、BP 寄存器的方式修改协程的执行路径，执行 deferreturn 函数，遍历完剩余的 defer 函数并正常返回。

第 12 章
接口与程序设计模式

成熟的软件工程师可以提前预料到系统的行为，他们知道如何设计程序，即使出现意想不到的问题也不会导致灾难性的后果。当出现问题时，他们可以轻松地调试程序。良好的计算系统，例如汽车或核反应堆，是以模块化的方式进行设计的，因此可以独立地开发、更换和调试部件。

——《计算机程序的结构和解释》

Master software engineers have the ability to organize programs so that they can be reasonably sure that the resulting processes will perform the tasks intended. They can visualize the behavior of their systems in advance. They know how to structure programs so that unanticipated problems do not lead to catastrophic consequences, and when problems do arise, they can debug their programs. Well-designed computational systems, like well-designed automobiles or nuclear reactors, are designed in a modular manner, so that the parts can be constructed, replaced, and debugged separately.

——《 Structure and Interpretation of Computer Programs》[1]

12.1 接口的用途

在计算机科学中，接口是一个共享边界，计算机系统的独立组件之间可以在该共享边界上交换信息。信息交换可以在软件、硬件、外围设备、人员之间进行[2]。那么为什么需要接口呢？

◎ 隐藏细节

接口可以对对象进行必要的抽象，外接设备只要满足相应标准（例如 USB 协议），就可与主设备对接，应用程序只要满足操作系统规定的系统调用方式，就可以使用操作系统提供的强大功能，而不必关注对方具体的实现细节。

◎　控制系统复杂性

通过接口，我们能够以模块化的方式构建起复杂、庞大的系统。通过将复杂的功能拆分成彼此独立的模块，不仅有助于更好地并行开发系统、加速系统开发效率，也能在设计系统时以全局的视野看待整个系统。另外，模块拆分有助于快速排查、定位和解决问题。

◎　权限控制

接口是系统与外界交流的唯一途径，例如 Go 语言对于垃圾回收暴露出的 GOGC 参数及 Runtime.GC 方法。USB 接口有标准的接口协议，如果外界不满足这种协议，就无法与指定的系统进行交流。因此系统可以通过接口控制接入方式和接入方行为，降低安全风险。

12.2　Go 语言中的接口

编程语言中的接口具有不同的表现形式，类似一种用于沟通的“共享边界”。

在面向对象的编程语言中，接口指相互独立的两个对象之间的交流方式[3]。例如，在 Java 接口中，Comparable 接口指定实现类必须实现 compareTo 方法。排序方法可以对实现 Comparable 接口的任何对象进行排序，而不必了解对象内部的任何细节。

Go 语言采用一种不寻常的方法进行面向对象编程，在 Go 语言中可以为任何自定义的类型添加方法，而不仅仅是类（例如 Java、C++中的 class）。没有任何形式的基于类型的继承，取而代之的是使用接口来实现扁平化、面向组合的设计模式。

在 Go 语言中，接口是一种特殊的类型，是其他类型可以实现的方法签名的集合。方法签名只包含方法名、输入参数和返回值，下列为 ReadCloser 接口。

```
type ReadCloser interface {
   Read(p []byte) (n int, err error)
   Close() error
}
```

在开发过程中，通常使用只有一个方法的接口来定义琐碎的行为，这些行为充当组件之间清晰、可理解的边界。

因此，Go 语言中的接口具有特殊的含义，它不仅是 Go 语言中隐藏细节的“共享边界”，也决定了 Go 语言面向组合的程序设计模式，更是 Go 语言与其他语言的主要区别[4]。

12.3 Go 接口实践

上一节已经介绍了接口在 Go 语言中的特殊性和重要地位，但是还停留在太过于抽象的描述。本节将用一个例子说明接口在实际中具有的巨大用途和最佳实践。

例如，我们经常会使用一些在 Github 上开源的数据库来完成开发工作。同一个功能的第三方包可能有多个。比如 MongoDB 数据库存在官方维护的版本（mongodb/mongo-go-driver）和多个社区版本；又如通过 orm 方式操作 MySQL 数据库的 xorm 及 gorm。

出于多种原因，比如使用的第三方包已经不再维护或者功能设计上有缺陷，开发者时常会进行第三方包和版本的切换，甚至从一个数据库包（例如 MySQL）切换到另一个数据库包（例如 clickHouse，MongoDB）。在替换时如果程序设计有缺陷，就会出现很多问题。

例如，在 xorm 中插入一行的语法是 Insert。

```
user := User{Name: "jonson", Age: 18, Birthday: time.Now()}
db.Insert(&User)
```

而在 gorm 中，添加一行的语法是 Create。

```
user := User{Name: "jonson", Age: 18, Birthday: time.Now()}
db.Create(&User)
```

很容易理解，不同的第三方包可能有不同的 API，不同的功能和特性。如果不使用接口，那么一般做法是创建一个操作数据库的实例 XormDB，并将其注入实际业务的结构体。

```
type XormDB struct{

    db *xorm.Session
    ...
}
type Trade struct {
    *XormDB
    ...
}
func (t*Trade) InsertTrade(){
   t.db.Insert(t)
   ...
}
```

假设现在需要将 xorm 更换到 gorm，就需要首先重新创建一个操作数据库的实例 GormDB。然后将项目中所有使用了 XormDB 的结构体替换为 GormDB，最后对于项目中 db 的操作进行检查，将不兼容的 API 进行替换，或者使用一些新的特性。

```
type GormDB struct{
    db *Gorm.Session
    ...
}
type Trade struct {
    *GormDB
    ...
}
func (t*Trade) InsertTrade(){
   t.db.Create(t)
   ...
}
```

上面的替换流程在大型项目中不仅改动非常大，耗时耗力。更重要的是，我们很难对模块进行真正的拆分。对数据库的修改，可能破坏或修改项目中一些核心流程的代码（例如插入订单、修改金额），难以保证结果的正确性。我们不希望随意操作数据库 DB 对象（例如，暴露删除表的操作），而只希望暴露有限的方法。

这些问题通过接口的抽象能够很好地解决。现在看一下上面的例子改造成接口的样子。

```
type DBCommon interface{
   Insert(ctx context.Context,instance interface{})
   ...
}
type XormDB struct{
    db *xorm.Session
}
func (xorm *XormDB) Insert(ctx context.Context,instance ...interface{}){
    xorm.db.Context(ctx).Insert(instance)
}
```

先创建一个接口实例，该接口包含一个自定义的插入方法，再创建一个数据库实例，此时在实际业务的结构体中，包含的不是数据库实例，而是数据库接口。在程序初始化期间通过 AddDB 方法将数据库实例注入接口，同时在所有业务操作数据库时，都通过接口调用的方式对数据库进行操作，InsertTrade 方法如下所示。

```
type Trade struct {
    db DBCommon
}
func (t*Trade) AddDB(){
   t.db = new(XormDB)
}
func (t*Trade) InsertTrade(){
   t.db.Create(t)
   ...
}
type GormDB struct{
    db *xorm.Session
}
func (gorm *GormDB) Insert(ctx context.Context,instance ...interface{}){
    gorm.db.Context(ctx).Create(instance)
}
func (t*Trade) AddDB(){
   t.db = new(GormDB)
}
```

通过上面的例子可以看到，接口不仅让代码变得更具通用性和可扩展性，而且，不用修改 InsertTrade 等核心业务方法，减少了出错的可能性，更容易保证正确性。更重要的是，我们构建起了一种模块分隔的设计，DB 模块的修改不会影响其他模块的设计。每个模块都可以独立地开发、更换和调试。在接下来的几节中，笔者将详细介绍 Go 接口的使用方式。在这之后，我们还将看到接口的最佳实践和接口为开发设计带来的其他好处。

12.4 Go 接口的使用方法

12.4.1 Go 接口的声明与定义

接口是 Go 语言中的特殊类型，其包含两种形式：一种是带方法签名的接口，一种是空接口。带方法签名的接口内部包含其他类型可以实现的方法签名的集合。如下所示，InterfaceName 代表了方法的名字。

```
type InterfaceName interface {
    funcNameA()
    funcNameB(a int,b string) error
    ...
}
```

方法签名包含方法名、输入参数和返回值，和一般函数的声明类似，但是它不包含函数前的“func”标识名。空接口是不带方法签名的接口，其定义的形式如下。

```
type InterfaceName interface {
}
```

interface 是 Go 语言中的关键字，意味着 interface 不能作为变量的标识符。因此，下面的写法是错误的。

```
var interface int
```

空接口的使用方式和实现原理有很大不同。因此在后面的章节中，我们将分别介绍带方法签名的接口和空接口。当我们提到接口时，一般指代带方法签名的接口，而空接口专门指代不带方法签名的接口。本文遵循这种命名规定。

接口的声明方式和其他类型变量的声明方式一样，例如对于 Shape 接口，可以声明为：

```
var s Shape
type Shape interface {
   perimeter() float64
   area() float64
}

var s Shape
```

如果只是对接口进行声明，则当前接口变量为 nil，可以通过打印验证结果。

```
var s Shape
fmt.Println("Shape interface: ",s)  // Shape interface: <nil>
```

12.4.2　接口实现

和其他需要显式声明接口实现类的语言不同，在 Go 语言中，接口的实现是隐式的。即我们不用明确地指出某一个类型实现了某一个接口，只要在某一类型的方法中实现了接口中的全部方法签名，就意味着此类型实现了这一接口。

例如，定义一个图形接口 Shape，该接口包含求周长的 perimeter 方法及求面积的 area 方法：

```
type Shape interface {
   perimeter() float64
   area() float64
}
```

任何自定义的类型要实现 Shape 接口都很简单，只需要实现 Shape 内部所有的方法签名即可。

假设现在创建一个自定义类型 Rectangle 来标识一个矩形，a、b 分别代表长和宽。

```
type Rectangle struct {
  a, b float64
}
```

接着实现 perimeter 及 area 方法。

```
func (r Rectangle) perimeter() float64 {
  return (r.a + r.b) * 2
}

func (r Rectangle) area() float64 {
    return r.a * r.b
}
```

只要 Rectangle 实现了 Shape 接口中所有的方法签名，我们就说 Rectangle 实现了 Shape 接口。即使 Rectangle 还拥有其他方法，即使没有任何显式的声明，也不受影响。

另外，可以有多个类型实现同一个接口。例如现在增加了一个三角形类型 Triangle，仍然让其实现 Shape 接口。

```
type Triangle struct {
  a, b, c float64
}
func (t Triangle) perimeter() float64 {
   return t.a + t.b + t.c
}
func (t Triangle) area() float64 {
   //海伦公式
   p := t.perimeter() / 2
   return math.Sqrt(p * (p - t.a) * (p - t.b) * (p - t.c))
}
```

12.4.3 接口动态类型

一个接口类型的变量能够接收任何实现了此接口的用户自定义类型。例如接口变量 s 可以接收 Rectangle，也可以接收 Triangle。笔者将在后面的分析中详细介绍这种方式实现的原理。

为了叙述的需要，本书将存储在接口中的类型（例如 Rectangle、Triangle）称为接口的动态类型，而将接口本身的类型称为接口的静态类型（例如 Shape）。

```
var s Shape
s = Rectangle{3, 4}
s = Triangle{3, 4, 5}
```

12.4.4 接口的动态调用

当接口变量中存储了具体的动态类型时，可以调用接口中所有的方法。

```
var s Shape
s = Rectangle{3, 4}
s.perimeter()
s.area()
```

接口动态调用的过程实质上是调用当前接口动态类型中具体方法的过程。在下例中，由于接口变量存储了不同的动态类型，接口动态调用表现出不同动态类型的行为。

```
var s Shape
s = Rectangle{3, 4}
fmt.Printf("长角形周长:%v, 面积:%v \n",s.perimeter(),s.area())
s = Triangle{3, 4, 5}
fmt.Printf("三角形周长:%v, 面积:%v",s.perimeter(),s.area())
```

输出为：

```
长方形周长:14, 面积:12
三角形周长:12, 面积:6
```

在对接口变量进行动态调用时，调用的方法只能是接口中具有的方法。假设 Rectangle 类型拥有另外的方法 getHeight，则接口变量无法调用除接口方法外的其他方法。下面的调用在编译时会报错。

```
func (r Rectangle) getHeight() float64 {
        return r.a
}
var s Shape
s = Rectangle{3, 4}
```

报错为：

```
s.getHeight undefined (type Shape has no field or method getHeight)
```

12.4.5 多接口

一个类型可以同时实现多个接口，让我们来看看 Go 语言源码中的例子。在 Go 语言中，我们经常会借助 os.Open 方法打开一个文件，返回 os.File 作为操作系统的一个文件描述符。

```
type File struct {
    *file
}
```

os.File 实现了一系列方法。其中包括读操作 read 及写操作 write。

```
func (f *File) read(b []byte) (n int, err error) {
    n, e := fixCount(syscall.Read(f.fd, b))
    ...
    return n, e
}
func (f *File) write(b []byte) (n int, err error) {
     ...
   return fixCount(syscall.Write(f.fd, b))
}
```

在 io/io.go 文件中，包含了 Reader 与 Writer 接口，而 os.File 既实现了 Reader 接口，又实现了 Writer 接口。

```
//
type Reader interface {
   Read(p []byte) (n int, err error)
}
type Writer interface {
   Write(p []byte) (n int, err error)
}
```

12.4.6 接口的组合

定义的接口可以是其他接口的组合。例如在 Go 语言 io 库中的 ReadWriter 接口，组合了 Reader 接口与 Writer 接口。当类型实现了 ReadWriter 时，意味着此类型既可读又可写。可以想到，如果一个类型实现了 ReadWriter 接口，那么其一定实现了 Reader 接口及 Writer 接口。ReadWriter 在 Go 源码中使用非常广泛，它可以代表文件、网络、buffer、序列化解析器等，因为这些模块都具有读写功能。

一个接口包含越多的方法，其抽象性就越低，表达的行为就越具体。

```
type ReadWriter interface {
    Reader
    Writer
}
type Reader interface {
   Read(p []byte) (n int, err error)
}
type Writer interface {
   Write(p []byte) (n int, err error)
}
```

编程语言塑造了我们的思维习惯[5]。Go 语言的设计者认为[6]，对于传统拥有类型继承的面向对象语言，必须尽早设计其层次结构，一旦开始编写程序，早期决策就很难改变。这种方式导致了早期的过度设计，因为开发者试图预测程序所有可能的行为，增加了不必要的类型和抽象层。

Go 语言在设计之初，就鼓励开发者使用组合而不是继承的方式来编写程序。通常使用一种方法的接口来定义琐碎的行为，这些行为充当组件之间清晰、可理解的边界。Go 语言中的接口可以使程序自然、优雅、安全地增长，接口的更改仅影响实现接口的直接类型。

12.4.7　接口类型断言

可以使用语法 i.(Type)在运行时获取存储在接口中的类型。其中 i 代表接口，Type 代表实现此接口的动态类型。下例通过 s.(Rectangle) 获取存储在接口中的动态类型结构体。

```
func main(){
   var s Shape
   s = Rectangle{3, 4}
   rect := s.(Rectangle)
   fmt.Printf("长方形周长:%v, 面积:%v \n",rect.perimeter(),rect.area())
}
```

在编译时会保证类型 Type 一定是实现了接口 i 的类型，否则编译不会通过。下例试图通过 s.(tmp) 将接口转换为 tmp 类型。

```
var s Shape
s = Rectangle{3, 4}
type tmp struct{}
rect := s.(tmp)
```

报错为

```
impossible type assertion:
   tmp does not implement Shape (missing area method)
```

虽然 Go 语言在编译时已经防止了此类错误，但是仍然需要在运行时判断一次，这是由于在类型断言方法 m = i.(Type)中，当 Type 实现了接口 i，而接口内部没有任何动态类型（此时为 nil）时，在运行时会直接 panic，因为 nil 无法调用任何方法。下例中的接口变量 s 没有被赋值，此时接口内部没有任何动态类型。

```
var s Shape
rect := s.(Rectangle)
```

报错为

```
panic: interface conversion: main.Shape is nil, not main.Rectangle
```

为了避免运行时报错的尴尬局面，类型转换还有第二种接口类型断言语法。

```
value, ok := i.(Type)
```

上面的语法可以通过返回的 ok 变量判断接口变量 i 当前是否存储了实现 Type 的动态类型。

```
rect,ok := s.(Rectangle)
if !ok{
  fmt.Println("s.(Rectangle) is not ok")
}
```

在上面的例子中，由于 s 接口变量并未存储任何值，因此 ok 变量值为 false。

12.4.8 空接口

可能有读者会想，如果接口中没有任何方法签名，那么会发生什么呢？这是 Go 语言中一类特殊的接口，叫作空接口。其定义非常简单：

```
type Empty interface{}
```

其中，Empty 可以是任意接口的名字。正如 Rob Pike 所说，空接口什么信息也没提供（interface{} says nothing）。空接口可以存储结构体、字符串、整数等任何类型。

```
var a1 Empty = Cat{"Mimi"}
var a3 Empty = "Learn golang with me!"
var a4 Empty = 100
var a5 Empty = 3.14
```

空接口具有强大的抽象能力，应用非常广泛。我们平时经常使用的输入输出函数 fmt.Println

的参数就是一个空接口。

```
func Println(a ...interface{}) (n int, err error)
```

想象一下，如果没有空接口的抽象，那么是不是必须为每个具体的类型都提供一个 Println 方法呢？例如：

```
func PrintInt(a ...int64) (n int, err error)
func PrintInt(a ...int32) (n int, err error)
func PrintInt(a ...string) (n int, err error)
...
```

显然，空接口增强了代码的扩展性与通用性。

既然 Println 可以根据空接口中实际传入类型的不同（例如字符串、bool、切片）进行不同的输出，那么 Go 语言中必然提供了一种获取空接口中动态类型的方法。其语法是：

```
i.(type)
```

其中，i 代表接口变量，type 是固定的关键字，不可与带方法接口的断言混淆。同时，此语法仅在 switch 语句中有效。例如在 Println 源码中，使用 switch 语句嵌套这一语法可以获取空接口中的动态类型，并根据动态类型的不同进行不同的格式化输出。

```
switch f := arg.(type) {
    case bool:
        p.fmtBool(f, verb)
    case float32:
        p.fmtFloat(float64(f), 32, verb)
    case float64:
        p.fmtFloat(f, 64, verb)
    ...
```

我们可以根据上面的语法封装实现一个自己的 Println 函数。下例中传递的参数是字符串，将字符串转换为大写并输出。

```
func MyPrintln(arg interface{}){
    switch arg.(type) {
    case string:
        fmt.Println("string:",strings.ToUpper(arg.(string)))
    case bool:
        fmt.Println("this is bool")
    case float32,float64:
        fmt.Println("this is float")
```

```
        ...
    }
}
```

12.4.9 接口的比较性

两个接口之间可以通过==或!=进行比较，例如：

```
var a, b interface{}
fmt.Println( a == b )
```

接口的比较规则如下：

- ◎ 动态值为 nil 的接口变量总是相等的。
- ◎ 如果只有 1 个接口为 nil，那么比较结果总是 false。
- ◎ 如果两个接口不为 nil 且接口变量具有相同的动态类型和动态类型值，那么两个接口是相同的。关于类型的可比较性，参见第 8 章。
- ◎ 如果接口存储的动态类型值是不可比较的，那么在运行时会报错。

12.5 接口底层原理

12.5.1 接口实现算法

之前介绍过，当把具体的类型赋值给接口时，如果此类型并未实现接口中的所有方法，则会报错。

这是因为 Go 语言是静态语言，因此可以在编译时检查出很多错误。本节将探究 Go 语言编译时判断接口是否会实现所使用的办法。

通常来说，如果类型的方法与接口的方法是完全无序的状态，并且类型有 m 个方法，接口声明了 n 个方法，那么总的时间复杂度的最坏情况应该为 $o(m \times n)$，即我们需要分别遍历类型与接口中的方法。Go 语言在编译时对此做出的优化是先将类型与接口中的方法进行相同规则的排序，再将对应的方法进行比较。

经过排序后，接口与类型的方法数量相同，一一对应，如图 12-1 所示。

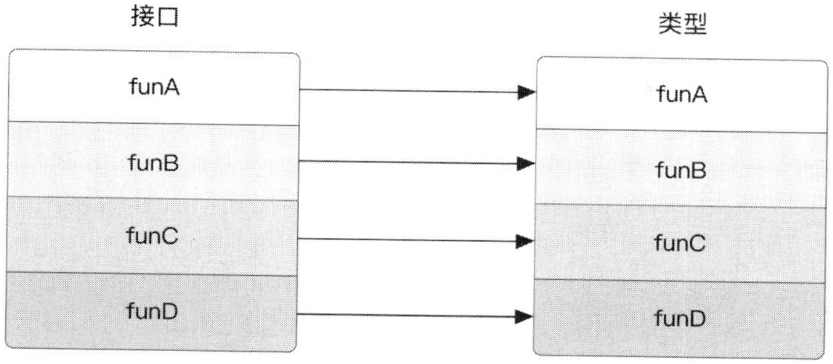

图 12-1　接口与类型的方法数量相同，一一对应

有时候类型的方法可能少于或多于接口的方法，如图 12-2 所示。虽然方法可能不会在相应的位置，但是有序规则保证了当 funB 在接口方法列表中的序号为 i 时，其在类型的方法列表中的序号大于或等于 i。

根据接口的有序规则，遍历接口方法列表，并在类型对应方法列表的序号 i 后查找是否存在相同的方法。如果查找不到，则说明类型对应的方法列表中并无此方法，因此在编译时会报错。由于同一个类型或接口的排序在整个编译时只会进行一次，因此排序的消耗可以忽略不计。排序后最坏的时间复杂度仅为 o(m+n)。

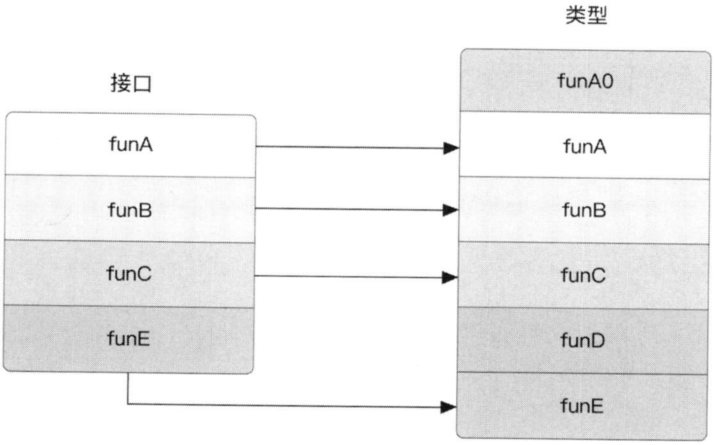

图 12-2　接口与类型的方法数量不同时的对应关系

在编译时，查找类型是否实现了接口的逻辑位于 implements，如下为裁剪后包含了核心逻辑的函数。通过遍历接口列表，并与类型方法列表中对应的位置进行比较，判断类型是否实现

了接口。

```
func implements(t, iface *types.Type, m, samename **types.Field, ptr *int) bool
{
    i := 0
    for _, im := range iface.Fields().Slice() {
        for i < len(tms) && tms[i].Sym != im.Sym {
            i++
        }
        if i == len(tms) {
            return false
        }
        tm := tms[i]
        if tm.Nointerface() || !types.Identical(tm.Type, im.Type) {
            return false
        }
    }
```

在比较之前，会分别对接口与类型的方法进行排序，排序使用了 Sort 函数，其会根据元素数量选择不同的排序方法。排序的规则相对简单——根据包含了函数名和包名的 Sym 类型进行排序。因为 Go 语言根据函数名和包名可以唯一确定命名空间中的函数，所以排序后的结果是唯一的。

```
sort.Sort(methcmp(ms))
// methcmp sorts methods by symbol.
type methcmp []*types.Field
func (x methcmp) Len() int           { return len(x) }
func (x methcmp) Swap(i, j int)      { x[i], x[j] = x[j], x[i] }
func (x methcmp) Less(i, j int) bool { return x[i].Sym.Less(x[j].Sym) }
```

12.5.2 接口组成

之前介绍过接口的基本使用方式，本节将具体讲述接口的实现原理。接口也是 Go 语言中的一种类型，带方法签名的接口在运行时的具体结构由 iface 构成，空接口的实现方式有所不同，将在后面详细介绍。

```
type iface struct {
    tab  *itab
    data unsafe.Pointer
}
```

data 字段存储了接口中动态类型的数据指针。tab 字段存储了接口的类型、接口中的动态数据类型、动态数据类型的函数指针等。组成接口的 itab 类型如下，itab 是接口的核心，发音为 i-table，源自 C 语言中组成接口的 Itab[7]。

```
type itab struct {
   inter *interfacetype
   _type *_type
   hash  uint32
   _     [4]byte
   fun   [1]uintptr
}
```

其中_type 字段代表接口存储的动态类型。Go 语言的各种数据类型都是在 _type 字段的基础上通过增加额外字段来管理的，如下面的切片与结构体。

```
type slicetype struct {
   typ  _type
   elem *_type
}

type structtype struct {
   typ     _type
   pkgPath name
   fields  []structfield
}
```

_type 包含了类型的大小、哈希、标志、偏移量等元数据。

```
type _type struct {
   size       uintptr
   ptrdata    uintptr
   hash       uint32
   tflag      tflag
   align      uint8
   fieldAlign uint8
   kind       uint8
   equal func(unsafe.Pointer, unsafe.Pointer) bool
   gcdata    *byte
   str       nameOff
   ptrToThis typeOff
}
```

inter 字段代表接口本身的类型，类型 interfacetype 是对_type 的简单包装。

```
type interfacetype struct {
    typ     _type
    pkgpath name
    mhdr    []imethod
}
```

除了类型标识_type，还包含了一些接口的元数据。pkgpath 代表接口所在的包名，mhdr []imethod 表示接口中暴露的方法在最终可执行文件中的名字和类型的偏移量。通过此偏移量在运行时能通过 resolveNameOff 和 resolveTypeOff 函数快速找到方法的名字和类型。

```
func resolveNameOff(ptrInModule unsafe.Pointer, off int32) unsafe.Pointer
func resolveTypeOff(rtype unsafe.Pointer, off int32) unsafe.Pointer
```

接口底层结构的完整图像如图 12-3 所示，hash 是接口动态类型的唯一标识，它是_type 类型中 hash 的副本，后面会看到，在接口类型断言时，可以使用该字段快速判断接口动态类型与具体类型 _type 是否一致。一个空的_4 字节用于内存对齐，最后的 fun 字段代表接口动态类型中的函数指针列表，用于运行时接口调用动态函数。注意，这里虽然在运行时只定义了大小为 1 的数组[1]uintptr，但是其存储的是函数首地址的指针。当有多个函数时，其指针会依次在下方进行存储。在运行时，可以通过首地址+偏移找到任意的函数指针。

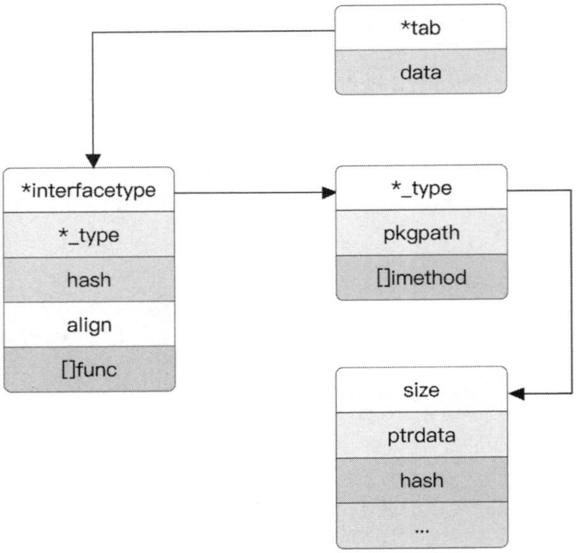

图 12-3　接口底层结构

上例中的接口 Shape 与 Rectangle 如下：

```
type Shape interface {
    perimeter() float64
    area() float64
}
type Rectangle struct {
    a, b float64
}
func (r Rectangle) perimeter() float64 {
    return (r.a + r.b) * 2
}
func (r Rectangle) area() float64 {
    return r.a * r.b
}
func main(){
    var s Shape
    s = Rectangle{3, 4}
}
```

接口变量 s 在内存中的示意图如图 12-4 所示。从图中可以看出，接口变量中存储了接口本身的类型元数据，动态数据类型的元数据、动态数据类型的值及实现了接口的函数指针。

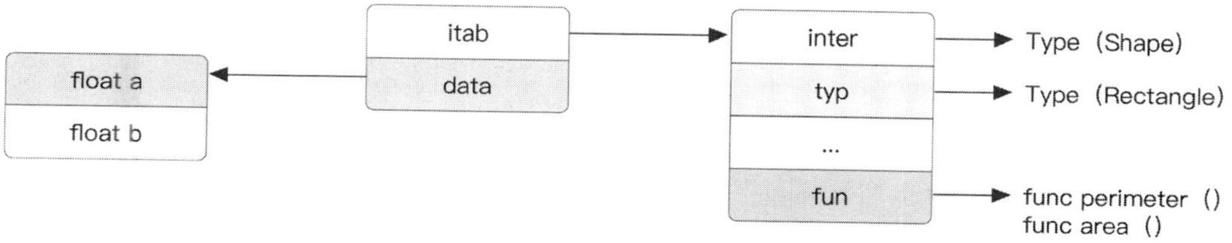

图 12-4　接口变量 s 在内存中的示意图

12.5.3　接口内存逃逸分析

很容易想到，data 字段存储了接口中具体值的指针，这是由于存储的数据可能很大也可能很小，难以预料。但这也表明，存储在接口中的值必须能够获取其地址，所以平时分配在栈中的值一旦赋值给接口后，会发生内存逃逸，在堆区为其开辟内存。我们可以以一段简单的程序 part3_escape.go 为例验证内存溢出问题。

```
package main
type Sumifier interface{ Add(a, b int32) int32 }
type Sumer struct{ id int32 }
func (math Sumer) Add(a, b int32) int32 { return a + b }
func main() {
```

```
    adder := Sumer{id: 6754}
    m := Sumifier(adder)
    m.Add(10,12)
}
```

在第 8 行通过 m.Add(10,12)执行了接口的调用，以避免编辑器优化后看不出指定内存逃逸的效果。当查看汇编指令后会看到第 11 行调用了运行时的 convT32 函数。

```
(part3_escape.go:11)        CALL    runtime.convT32(SB)
```

convT32 函数在堆区分配了内存，并将值存储其中，从而完成了内存逃逸的过程。

```
func convT32(val uint32) (x unsafe.Pointer) {
    if val == 0 {
        x = unsafe.Pointer(&zeroVal[0])
    } else {
        x = mallocgc(4, uint32Type, false)
        *(*uint32)(x) = val
    }
    return
}
```

如果我们查看一些比较老的文章，那么会发现调用的并不是 convT32 函数，这是因为在 2018 年，Go 语言对基本的类型（如 int32、int64、slice、string）在接口转换时进行了特殊的优化，减少了运行时的负担。笔者将在后面详细介绍。更进一步地，我们可以通过在编译时添加-m 标志，查看内存逃逸过程。

例如，输入

```
go tool compile  -m part3_escape.go
```

仍然可以查看到输出中的内存逃逸。

```
part3_escape.go:11:15: Sumifier(adder) escapes to heap
```

在这里介绍第三种方式，即通过 BenchMark 测试来可视化堆分配的情况。BenchmarkDirect 函数是直接分配调用的，而第二个函数 BenchmarkInterface 是通过接口调用的。

```
func BenchmarkDirect(b *testing.B) {
    adder := Sumer{id: 6754}
    for i := 0; i < b.N; i++ {
        adder.Add(10, 32)
    }
}
```

```
func BenchmarkInterface(b *testing.B) {
    adder := Sumer{id: 6754}
    for i := 0; i < b.N; i++ {
        Sumifier(adder).Add(10, 32)
    }
}
```

当执行 Benchmark 测试时，通过-benchmem 显示内存分配情况。

```
go test part3_escape.go part3_escape_test.go -bench=. -benchmem
```

输出结果如下：

```
BenchmarkDirect-12          1000000000          0.251 ns/op          0
B/op        0 allocs/op
BenchmarkInterface-12       86314932            12.6 ns/op           4
B/op        1 allocs/op
```

可以看到，由于逃逸，每个操作都会进行一次堆分配，大小为 4 字节。同时我们能够看到接口的动态调用，每个操作都花费了比直接调用更多的时间，这将在后面进行讨论。

12.5.4 接口动态调用过程

在了解了接口的组成后，我们接着来介绍接口的动态调用过程，从而理解接口的工作原理。这里仍然以之前的简单例子探究接口的动态调用过程。以 12.5.3 节的 part3_escape.go 程序为例：

```
package main
type Sumifier interface{ Add(a, b int32) int32 }
type Sumer struct{ id int32 }
func (math Sumer) Add(a, b int32) int32 { return a + b }
func main() {
    adder := Sumer{id: 6754}
    m := Sumifier(adder)
    m.Add(10,12)
}
```

输入 go tool compile -S part3_escape.go，查看到汇编代码如下：

```
0x001d 00029 (part3_escape.go:11)  MOVL   $6754, (SP)
0x0024 00036 (part3_escape.go:11)  CALL   runtime.convT32(SB)
0x0029 00041 (part3_escape.go:12)  LEAQ go.itab."".Sumer,"".Sumifier(SB), AX
0x0030 00048 (part3_escape.go:12)  TESTB  AL, (AX)
0x0032 00050 (part3_escape.go:11)  MOVQ   8(SP), AX
0x0037 00055 (part3_escape.go:12) MOVQ go.itab."".Sumer,"".Sumifier+24(SB), CX
```

```
0x003e 00062 (part3_escape.go:12)  MOVQ   AX, (SP)
0x0042 00066 (part3_escape.go:12)  MOVQ   $51539607562, AX
0x004c 00076 (part3_escape.go:12)  MOVQ   AX, 8(SP)
0x0051 00081 (part3_escape.go:12)  CALL   CX
0x0053 00083 (part3_escape.go:13)  MOVQ   24(SP), BP
0x0058 00088 (part3_escape.go:13)  ADDQ   $32, SP
```

此段汇编代码忽略了垃圾回收、栈初始化、栈扩容等代码，只关注最核心的细节。汇编代码的第 1 行先将参数 6754 放入栈顶，作为第 2 行中运行时 convT32 函数的参数。

之前简单介绍过，int32、int64、字符串、切片等类型会进行特殊的优化，从而加速内存分配过程。同时，这些函数只对值进行内存的逃逸并返回指针，而没有返回接口变量。这是为了进一步和空接口的转换统一，从而使用同一个函数[8]。在编译时，通过 convFuncName 函数检查要转换内容的大小及具体类型，从而选择运行时不同的函数。

```
func convFuncName(from, to *types.Type) (fnname string, needsaddr bool) {
    case 'I':
        if tkind == 'I' {
            return "convI2I", false
        }
    case 'T':
        switch {
        case from.Size() == 2 && from.Align == 2:
            return "convT16", false
        case from.Size() == 4 && from.Align == 4 && !types.Haspointers(from):
            return "convT32", false
        case from.Size() == 8 && from.Align == types.Types[TUINT64].Align
&& !types.Haspointers(from):
            return "convT64", false
        }
        if sc := from.SoleComponent(); sc != nil {
            switch {
            case sc.IsString():
                return "convTstring", false
            case sc.IsSlice():
                return "convTslice", false
            }
        }
```

汇编代码第 3 行 go.itab."".Sumer,"".Sumifier(SB)表明在全局变量区存储了接口 Sumifier，并且其动态类型位于 Sumer 区域，获取其位置指针并执行 TESTB 指令检查此接口的地址是否为空。汇编代码第 5 行 MOVQ 8(SP), AX 用于将 runtime.convT32 函数返回的地址存储到 AX 寄存器中。

汇编代码第 6 行 MOVQ go.itab."".Sumer,"".Sumifier+24(SB), CX 用于获取接口起始位置偏移 24 字节后的位置，通过接口第一个字段 itab 的结构即可看出，第 24 字节所在的位置恰好是函数指针所在的位置，从而获取需要的函数指针首地址。

```
type itab struct {
    inter *interfacetype // 8-byte
    _type *_type        //  16-byte
    hash  uint32        //  20-byte
    _     [4]byte       //  24-byte
    fun   [1]uintptr
}
```

汇编代码第 7 行 MOVQ AX, (SP) 将当前 Math 结构体的指针放入栈顶。因为这里是方法的调用，所以第 1 个参数即是方法的调用者。

汇编代码第 8 行 MOVQ $51539607562, AX 将参数 10 和 12 放入寄存器 RAX。如图 12-3 所示，由于参数是 int32，因此在 64 位机器上可以通过合并的方式将 10 和 12 同时放入。51539607562 代表 10 和 12 合并后的十进制值。

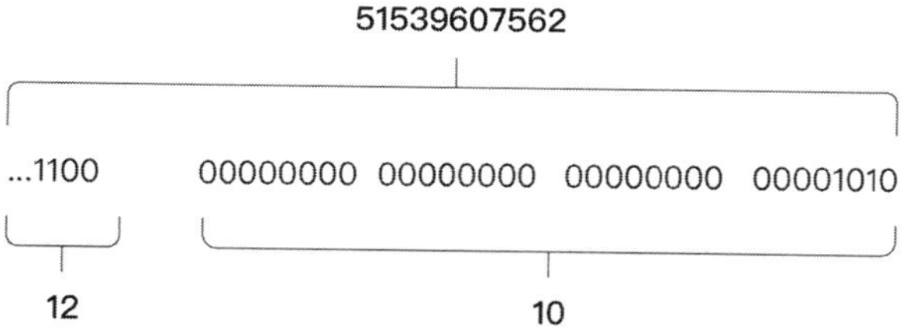

图 12-5　两个 int32 参数合并为 int64

汇编代码第 9 行 MOVQ AX, 8(SP)将寄存器的值放入栈中。

汇编代码第 10 行 CALL CX 动态调用函数。

通过这一个简单的案例，能看出接口动态调用的基本思路——先找到接口的位置，再通过偏移量找到要调用的函数指针。当然，正如之前介绍的，Go 语言对于特殊的类型进行了一定的优化。

对于一般的结构，例如 Sumer 结构，当其中存储了整数和字符串时，

```
type Sumifier interface{ Add(a, b int32) int32 }

type Sumer struct{
    id int32
    name string
}
func (math Sumer) Add(a, b int32) int32 { return a + b }
func main() {
    adder := Sumer{id: 6754,name:"jonson"}
    m := Sumifier(adder)
    m.Add(10,12)
}
```

其汇编代码会略有不同：

```
            0x001d 00029 (part4_compile.go:14)      MOVL    $6754,
""..autotmp_2+32(SP)
        0x0025 00037 (part4_compile.go:14)      LEAQ    go.string."jonson"(SB),
AX
            0x002c 00044 (part4_compile.go:14)      MOVQ    AX,
""..autotmp_2+40(SP)
        0x0031 00049 (part4_compile.go:14)     MOVQ    $6, ""..autotmp_2+48(SP)
// 字符串长度
        0x003a 00058 (part4_compile.go:14)      LEAQ
go.itab."".Sumer,"".Sumifier(SB), AX
        0x0041 00065 (part4_compile.go:14)      MOVQ    AX, (SP)
        0x0045 00069 (part4_compile.go:14)     LEAQ    ""..autotmp_2+32(SP), AX
        0x004a 00074 (part4_compile.go:14)      MOVQ    AX, 8(SP)
        0x004f 00079 (part4_compile.go:14)      CALL    runtime.convT2I(SB)
        0x0054 00084 (part4_compile.go:14)      MOVQ    24(SP), AX
        0x0059 00089 (part4_compile.go:14)      MOVQ    16(SP), CX
        0x005e 00094 (part4_compile.go:15)      MOVQ    24(CX), CX
        0x0062 00098 (part4_compile.go:15)      MOVQ    AX, (SP)
        0x0066 00102 (part4_compile.go:15)      MOVQ    $51539607562, AX
        0x0070 00112 (part4_compile.go:15)      MOVQ    AX, 8(SP)
        0x0075 00117 (part4_compile.go:15)      CALL    CX
```

在接口转换中，调用了 runtime.convT2I 函数，返回了接口变量 iface。

```
func convT2I(tab *itab, elem unsafe.Pointer) (i iface) {
    t := tab._type
    x := mallocgc(t.size, t, true)
    typedmemmove(t, x, elem)
    i.tab = tab
```

```
    i.data = x
    return
}
```

下面 3 行汇编代码会获取 runtime.convT2I 函数返回值 iface 中的数据：

```
        MOVQ    24(SP), AX
        MOVQ    16(SP), CX
        MOVQ    24(CX), CX
```

其中，MOVQ 24(SP), AX 代表将 iface.data 移动到 rax 寄存器。16(SP), CX 代表将 iface.tab 移动到 rcx 寄存器。最后一行的 MOVQ 24(CX), CX 代表将 itab 的函数指针（即距离 itab 首地址 24 字节偏移）移动到 rcx 寄存器，从而能够通过 CALL CX 进行函数的调用。

12.5.5 接口动态调用过程的效率评价

虽然接口带来了开发效率的提升，但是很显然，接口没有直接调用函数速度快。因此，本节将对接口动态调用过程的效率进行评估。

接口作为 Go 语言官方在语言设计时鼓励并推荐的习惯用法，在 Go 源代码中也经常看到它们的身影，这一事实已经足够让人相信接口动态调用的效率损失很小。实际上，在大部分情况下，接口的成本都可以忽略不计。从之前查看汇编代码的过程可以看出，与直接调用相比，接口动态调用过程的额外消耗可能是查找函数指针的位置带来的。但是，当我们深入探讨接口动态调用过程的效率时，远远没有这么简单，其不仅涉及编译器的优化，还涉及操作系统和硬件。比如当我们运行下面的 benchmark 案例，试图去量化接口的效率损失时，结果可能让人吃惊。

```
func BenchmarkDirect(b *testing.B) {
    adder := Sumer{id: 6754}
    b.ResetTimer()
    for i := 0; i < b.N; i++ {
        adder.Add(10, 32)
    }
}
func BenchmarkInterface(b *testing.B) {
    adder := Sumifier(Sumer{id: 6754})
    b.ResetTimer()
    for i := 0; i < b.N; i++ {
        adder.Add(10, 32)
    }
}
```

我们直接使用 benchmark 命令：

```
go test part3_escape.go  part3_efficiency_test.go  -bench=. -benchmem
```

输出为

```
BenchmarkDirect-12             1000000000              0.256 ns/op            0
B/op         0 allocs/op
BenchmarkInterface-12          577619383               2.06 ns/op             0
B/op         0 allocs/op
```

读者会惊讶地发现普通函数的效率居然是接口调用的 10 倍。到底发生了什么？如果这时简单地把上面的程序转换为汇编代码就会发现，由于经过了编译器的优化，加法操作已经不用在运行时执行，所以完全看不出里面的逻辑了。

因此，我们需要为 go tool compile 添加-N 标识以禁止编译器优化，这时生成的汇编代码直接使用了 ADDL 指令，而并没有进行真实的函数调用（即调用 CALL 指令）。这是由于编译器进行了函数内联，这也是编译器加速代码执行的方式之一。

```
    MOVL    $10, "".a+20(SP)
    MOVL    $12, "".b+16(SP)
    MOVL    "".a+20(SP), AX
    ADDL    "".b+16(SP), AX
```

在现实场景中，函数一般比较复杂，编译器会采取保守的策略，并不会执行函数内联。因此，如果我们使用上面的案例去说明接口动态调用与直接调用的效率显然是不准确的。

为了消除函数内联的影响，我们可以在函数的上方加上注释 go:noinline。

```
//go:noinline
func (math Math) Add(a, b int32) int32 { return a + b }
```

此标识会被编译器识别并采取禁止内联的策略。

当禁止内联后再次执行 benchmark 测试时，动态调用和直接调用花费的时间都相应提高了。

```
BenchmarkDirect-12             777633764               1.52 ns/op
BenchmarkInterface-12          359900191               3.30 ns/op
```

动态调用和直接调用的时间差距已经没有那么明显了，直接调用大约比接口动态调用快两倍。

但是，结果仍然不符合我们的预期，如果查找一下函数指针就需要花费两倍的时间，那么显然是不合理的。现在的问题又出在哪里呢？这涉及方法的接收者是值还是指针的问题。由于当前方法的接收者是值而不是指针，但是接口中存储的值是逃逸到堆区的指针，因此，这还涉及从堆区复制值到栈中的过程。

接口汇编代码中的 CALL CX`实际调用的是 CALL "".(*Sumer).Add。

```
    0x0042 00066 (part5_noline.go:13)     MOVQ    $51539607562, AX
    0x004c 00076 (part5_noline.go:13)     MOVQ    AX, 8(SP)
    0x0051 00081 (part5_noline.go:13)     CALL    CX
```

"".(*Sumer).Add 是编译器自动生成的包装函数，其会执行将堆中的内存分配到栈中的过程，并最终调用"".Sumer.Add(SB)函数。

```
"".(*Sumer).Add STEXT dupok size=120 args=0x18 locals=0x20
   ...
   0x0030 00048 (<autogenerated>:1)  MOVL    (AX), AX
   0x0032 00050 (<autogenerated>:1)  MOVL   AX, (SP)
   0x0035 00053 (<autogenerated>:1)  MOVL   "".a+48(SP), AX
   0x0039 00057 (<autogenerated>:1)  MOVL   AX, 4(SP)
   0x003d 00061 (<autogenerated>:1)  MOVL   "".b+52(SP), AX
   0x0041 00065 (<autogenerated>:1)  MOVL   AX, 8(SP)
   0x0045 00069 (<autogenerated>:1)  CALL   "".Sumer.Add(SB)
```
```

将之前的值接受者改为指针接受者：

```
//go:noinline
func (math *Sumer) Add(a, b int32) int32 { return a + b }
```

同时，修改测试的 benchmark 函数：

```
func BenchmarkDirect(b *testing.B) {
   adder := &Sumer{id: 6754}
   b.ResetTimer()
   for i := 0; i < b.N; i++ {
      adder.Add(10, 12)
   }
}
func BenchmarkInterface(b *testing.B) {
   adder := Sumifier(&Sumer{id: 6754})
   b.ResetTimer()
   for i := 0; i < b.N; i++ {
      adder.Add(10, 12)
```
```

```
    }
}
```

当执行新的 benchmark 时，会看到直接调用与接口的动态调用间的差距已经变得非常微小，特别是在考虑到 1ns=1/1000 ms 这一事实时。这启发了我们在编译器下执行接口的动态调用时，方法的接受者尽量使用指针。

```
go test part6_point.go  part6_point_test.go -bench=
BenchmarkDirect-12              772267374              1.52 ns/op
BenchmarkInterface-12           757962452              1.60 ns/op
```

对接口效率的另一个担忧涉及 CPU 分支预测。CPU 能预取、缓存指令和数据，甚至可以预先执行，将指令重新排序、并行化等。对于静态函数的调用，CPU 会预知程序中即将到来的分支，并相应地预取必要的指令，这加速了程序的执行过程。当使用动态调度时，CPU 无法预知程序的执行分支，为了解决此问题，CPU 应用了各种算法和启发式方法来猜测程序下一步将分支到何处（即分支预测），如果处理器猜对了，那么我们可以预期动态分支的效率几乎与静态分支一样，因为即将执行的指令已经被预取到了处理器的缓存中。

下面用两个经典的程序来说明分支预测问题。下面的两个程序有区别吗？从表面看，它们都执行了 10000×1000×100 次，但是它们实际运行的时间可能差距很大。

```
func fast(){
    for i:=0;i<100;i++{
        for j:=0;j<1000;j++{
            for k:=0;k<10000;k++{
            }
        }
    }
}
func slow(){
    for i:=0;i<10000;i++{
        for j:=0;j<1000;j++{
            for k:=0;k<100;k++{
            }
        }
    }
}
```

当对程序执行简单的性能测试 go test part7_cpu.go part7_cpu_test.go -bench=.时，

```
func BenchmarkCPUfast(b *testing.B) {
    b.ResetTimer()
```

```
    for i := 0; i < b.N; i++ {
        fast()
    }
}

func BenchmarkCPUslow(b *testing.B) {
    b.ResetTimer()
    for i := 0; i < b.N; i++ {
        slow()
    }
}
```

从输出的结果可以看出，在 10s 的时间内，fast 函数执行了 45 次，slow 函数只执行了 34 次，fast 函数比 slow 函数快了 39%。

```
BenchmarkCPUfast-12          45        280799322 ns/op
BenchmarkCPUslow-12          34        391551801 ns/op
```

为什么会出现这么大的差别呢？原因就在于 slow 函数具有更多的分支预测错误次数。

CPU 会根据 PC 寄存器里的地址，从内存里把需要执行的指令读取到指令寄存器中执行，然后根据指令长度自增，开始从内存中顺序读取下一条指令。而循环或者 if else 会根据判断条件产生两个分支，其中一个分支成立时对应着特殊的跳转指令，从而修改 PC 寄存器里面的地址，这样下一条要执行的指令就不是从内存里面顺序加载的。而另一个分支顺序读取内存中的指令。

分支预测策略最简单的一种方式是假定跳转不发生。如果假定 CPU 执行了这种策略，那么对应到上面的循环代码，就是循环始终会进行下去。因此在上面的 fast 函数中，内层 k 循环每隔 10000 次才会发生 1 次预测上的错误。而同样的错误，在外层 i、j 循环每次都会发生。j 循环发生 1000 次，最外层的 i 循环发生 100 次，所以一共会发生 100 × 1000 = 10 万次预测错误。而对于 slow 函数，内部 k 每循环 100 次，就会发生一次预测错误。而同样的错误，外层 i、j 每次循环都会发生。第二层 j 循环发生 1000 次，最外层 i 循环发生 10000 次，所以一共会发生 1000 ×10000 = 1000 万次预测错误。

从上面案例中可以看出，由于动态调用的难以预测性，对于分支预测的担忧不是没有道理的。但需要强调的是，这种在理论上存在的问题，在现实中极少成为问题。原因在于，正如循环和 if else 也可能导致分支预测错误一样，在现实中不会有如此密集分支预测错误导致性能下降的情况。另外一个事实是，现代 CPU 都有缓存，如果一个接口是经常使用的，那么其必然已经存在于 L1 缓存中，所以即便分支预测失败，我们仍然能够快速地获取接口的函数指针，而不必担心从主内存中获取数据额外花费的时间。

12.5.6 接口转换

一个接口可以在某些时候转换为另一个接口。例如，对于 Shape 与 Areaifer 接口，

```
type Shape interface {
  perimeter() float64
  area() float64
}
type Areaifer interface {
  area() float64
}
```

可以使用如下方式进行转换：

```
var shape Shape
var area Areaifer
area = shape
```

反过来却不行，

```
  shape = area
```

编译器报错为

```
cannot use area (type Areaifer) as type Shape in assignment:
      Areaifer does not implement Shape (missing perimeter method)
```

这说明接口转换的前提是被转换的接口能够包含转换接口中的方法，否则在编译时不通过。

在接口转换时，使用了运行时 runtime.convI2I 函数，如果两个接口不相同，那么显然 iface 中的 itab 结构也不相同。该函数的主要目的是重新构造接口的 iface 结构。

```
func convI2I(inter *interfacetype, i iface) (r iface) {
    tab := i.tab
    if tab == nil {
        return
    }
    if tab.inter == inter {
        r.tab = tab
        r.data = i.data
        return
```

```
    }
    r.tab = getitab(inter, tab._type, false)
    r.data = i.data
    return
}
```

itab 的构造比较麻烦，因此在 Go 语言中，相同的转换的 itab 会被存储到全局的 hash 表中。当全局的 hash 表中没有相同的 itab 时，会将此 itab 存储到全局的 hash 表中，第二次转换时可以直接到全局的 hash 表中查找此 itab，实现逻辑在 getitab 函数中。getitab 函数先在不加锁的情况下访问全局 hash 表，如果查找不到则会加锁访问，如果仍然查找不到就会在内存中申请并创建新的 itab 变量。新的 itab 变量通过 itabAdd 插入全局 hash 表中，并且永远不会被释放。

```
func getitab(inter *interfacetype, typ *_type, canfail bool) *itab {
    ...
    var m *itab
    t := (*itabTableType)(atomic.Loadp(unsafe.Pointer(&itabTable)))
    if m = t.find(inter, typ); m != nil {
        goto finish
    }
    // 加锁重试
    lock(&itabLock)
    if m = itabTable.find(inter, typ); m != nil {
        unlock(&itabLock)
        goto finish
    }
    // Entry doesn't exist yet. Make a new entry & add it.
    m =
(*itab)(persistentalloc(unsafe.Sizeof(itab{})+uintptr(len(inter.mhdr)-1)*sys
.PtrSize, 0, &memstats.other_sys))
    m.inter = inter
    m._type = typ
    m.hash = 0
    m.init()
    itabAdd(m)
    unlock(&itabLock)
    ...
}
```

这里的 hash 表为了解决冲突使用了开放式寻址（Open Addressing）中的二次方探测技术（Quadratic Probing）来解决哈希冲突的问题。二次方探测技术顾名思义是当 hash 出现冲突时，移动的总步长始终是移动次数的二次方。以图 12-6 的 hash 存储为例，当 hash 取模后为第 2 个位置时，先查找数组中的第 2 个位置是否为空。如果不为空，则以步长 1、2、3 进行查找，直到找到一个空位进行插入，在查找时也遵循相同的逻辑。由于 1+2+3...+n = n(n+1)/2，因此这种方式的总步长始终是移动次数的二次方。

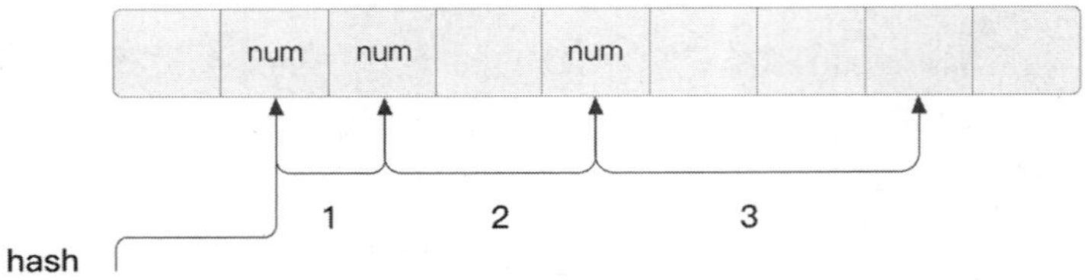

图 12-6 itab 哈希表二次方探测技术

如下为hash表中查找的find函数。itabHashFunc求出Hash值，itabHashFunc(inter, typ) & mask对数组的长度取余数，因此 h 的大小为 0 到 t.size - 1。通过比对 itab 的 inter 字段和_type 字段是否相同，最终确定是否找到了相同的 itab 值。

```
func (t *itabTableType) find(inter *interfacetype, typ *_type) *itab {
    mask := t.size - 1
    h := itabHashFunc(inter, typ) & mask
    for i := uintptr(1); ; i++ {
        p := (**itab)(add(unsafe.Pointer(&t.entries), h*sys.PtrSize))
        m := (*itab)(atomic.Loadp(unsafe.Pointer(p)))
        if m == nil {
            return nil
        }
        if m.inter == inter && m._type == typ {
            return m
        }
        h += i
        h &= mask
    }
}
```

12.5.7 空接口组成

之前提到 Go 语言中的一类特殊的接口——空接口，其没有任何方法签名，因此可以容纳任意的数据类型。和有方法的接口（iface）相比，空接口不需要 interfacetype 表示接口的内在类型，也不需要 fun 方法列表。对于空接口，Go 语言在运行时使用了特殊的 eface 类型，其在 64 位系统中占据 16 字节。

```
type eface struct {
   _type *_type
   data  unsafe.Pointer
}
```

当类型转换为 eface 时，空接口与一般接口的处理方法是相似的，同样面临内存逃逸、寻址等问题。在内存逃逸时，对于特殊类型，仍然有和一般接口类似的优化函数，这些函数与转换为 iface 时使用的函数是相同的。

```
func convT16(val uint16) (x unsafe.Pointer)
func convT32(val uint32) (x unsafe.Pointer)
func convT64(val uint64) (x unsafe.Pointer)
func convTstring(val string) (x unsafe.Pointer)
func convTslice(val []byte) (x unsafe.Pointer)
```

对于复杂类型，运行时会调用 convT2E 方法进行内存逃逸并生成 eface。

```
func convT2E(t *_type, elem unsafe.Pointer) (e eface) {
   x := mallocgc(t.size, t, true)
   typedmemmove(t, x, elem)
   e._type = t
   e.data = x
   return
}
```

由于空接口可以容纳任何特殊类型，在实际中经常被使用（例如格式化输出），因此需要考虑任何类型转换为空接口的性能。

下面的 benchmark 测试相对简单，对于 unit32，一个直接复制到 uint32 变量，另一个赋值给空接口。

```
var Uint uint32
   b.Run("uint32", func(b *testing.B) {
      for i := 0; i < b.N; i++ {
         Uint = uint32(i)
      }
   })
   var Eface interface{}
   b.Run("eface32", func(b *testing.B) {
      for i := 0; i < b.N; i++ {
         Eface = uint32(i)
      }
   })
```

benchmark 测试输出为 go test part8_eface_test.go -bench=. ，可以看出，使用空接口赋值的速度接近直接赋值的 1/50。

```
BenchmarkEfaceScalar/uint32-12         1000000000          0.253 ns/op
BenchmarkEfaceScalar/eface32-12        94756378           11.2 ns/op
```

不难想出，空接口的笨重主要由于其内存逃逸的消耗、创建 eface 的消耗，以及为堆区的内存设置垃圾回收相关的代码。因此，如果赋值的对象一开始就已经分配在了堆中，则不会有如此夸张的差别。

可以用一个特殊的案例来说明这一点，将上一个案例中的 unit32 转换为 uint8。

```
b.Run("uint32", func(b *testing.B) {
        for i := 0; i < b.N; i++ {
            Uint = uint32(i)
        }
    })
    var Eface interface{}
    b.Run("eface8", func(b *testing.B) {
        for i := 0; i < b.N; i++ {
            Eface = uint8(i)
        }
    })
```

再次 beckmark 测试 go test part8_eface_int8_test.go -bench=. ，会发现速度明显加快了很多。

```
BenchmarkEfaceScalar/uint32-12         1000000000          0.250 ns/op
0 B/op         0 allocs/op
BenchmarkEfaceScalar/eface8-12         1000000000          0.744 ns/op
0 B/op         0 allocs/op
```

为什么仅仅替换了数据类型差距就这么大呢？仔细查看 benchmark 测试的输出结果可以发现端倪——这次空接口并没有在堆区分配任何内存。实际上，Go 语言对单字节具有特别的优化，其已经在程序一开始全部存储在了内存中。因此在此例中，没有了内存分配的消耗，速度快了不少。

```
// staticbytes is used to avoid convT2E for byte-sized values.
var staticbytes = [...]byte{
    0x00, 0x01, 0x02, 0x03, 0x04, 0x05, 0x06, 0x07,
        0x08, 0x09, 0x0a, 0x0b, 0x0c, 0x0d, 0x0e, 0x0f,
    0x10, 0x11, 0x12, 0x13, 0x14, 0x15, 0x16, 0x17,
      0x18, 0x19, 0x1a, 0x1b, 0x1c, 0x1d, 0x1e, 0x1f,
    0x20, 0x21, 0x22, 0x23, 0x24, 0x25, 0x26, 0x27
```

```
    ...
}
```

即便如此，空接口造成的效率损失仍然是在某些场景中需要关注的问题。

12.5.8　空接口 switch

正如笔者之前提到的，和空接口配套的必然是判断空接口的实际类型，本节将尝试对其进行探讨。对于一个最简单的空接口 switch 语句，和 if else 语句在逻辑上其实并无差别。如下所示：

```
var j uint32
var Eface interface{}
func typeSwitch() {
    i := uint32(88)
    Eface = i
    switch Eface.(type) {
    case uint16:
        j = 99
    case uint32:
        j = 66
    }
}
```

上面的代码生成的汇编代码的核心部分如下。其中，CMPL DX, $-800397251 代表将空接口的 hash 值与 uint32 的 hash 值 800397251 比较。如果类型不相同，则 JNE 128 直接跳转结束 switch。如果类型相同，则继续比较 CMPQ CX, AX 类型的地址是否相同，这是为了防止前面的 hash 冲突而设计的。如果类型确实相同，那么执行 case 成立后的语句。

```
    0x0050 00080 (part9_eface_switch.go:9)  MOVQ    "".Eface(SB), AX
    0x0057 00087 (part9_eface_switch.go:9)  TESTQ   AX, AX
    0x005a 00090 (part9_eface_switch.go:9)  JEQ     118
    0x005c 00092 (part9_eface_switch.go:9)  MOVL    16(AX), DX
    0x005f 00095 (part9_eface_switch.go:9)  CMPL    DX, $-800397251
    0x0065 00101 (part9_eface_switch.go:9)  JNE     128
    0x0067 00103 (part9_eface_switch.go:9)  CMPQ    CX, AX
    0x006a 00106 (part9_eface_switch.go:9)  JNE     118
    0x006c 00108 (part9_eface_switch.go:13) MOVL    $66, "".j(SB)
    0x0076 00118 (part9_eface_switch.go:9)  MOVQ    16(SP), BP
    0x007b 00123 (part9_eface_switch.go:9)  ADDQ    $24, SP
    0x007f 00127 (part9_eface_switch.go:9)  RET
    0x0080 00128 (part9_eface_switch.go:9)  CMPL    DX, $-269349216
```

```
    0x0086 00134 (part9_eface_switch.go:9)  JNE     118
    0x0088 00136 (part9_eface_switch.go:9)  LEAQ    type.uint16(SB), CX
    0x008f 00143 (part9_eface_switch.go:9)  CMPQ    CX, AX
    0x0092 00146 (part9_eface_switch.go:9)  JNE     118
```

在这里，可能读者会有两个疑问。第一个是数字 800397251、269349216 是如何来的，第二个是为什么在代码中明明先判断 uint16 再判断 uint32，但是到了汇编代码中却变成了先判断 uint32 再判断 uint16，莫非 Go 语言对于其做了特殊的优化？

```
type eface struct {
    _type *_type
    data  unsafe.Pointer
}
type _type struct {
    size    uintptr
    ptrdata uintptr
    hash    uint32
    //...
}
var Eface interface{}
func main() {
    Eface = uint32(42)
    fmt.Printf("eface<uint32>._type.hash = %d\n",
        int32((*eface)(unsafe.Pointer(&Eface))._type.hash))
    Eface = uint16(42)
    fmt.Printf("eface<uint16>._type.hash = %d\n",
        int32((*eface)(unsafe.Pointer(&Eface))._type.hash))
}
```

输出后会发现它们的 hash 值和汇编代码中的值是完全相同的。该 hash 值通过编译时 typehash 函数得出，生成一串字符后使用了 MD5 函数生成哈希。由于这种 hash 计算方法没有随机性，因此相同的类型总是具有相同的 hash 值。

```
func typehash(t *types.Type) uint32 {
    p := t.LongString()
    // Using MD5 is overkill, but reduces accidental collisions.
    h := md5.Sum([]byte(p))
    return binary.LittleEndian.Uint32(h[:4])
}
```

这里会有疑问——莫非编译器做了特殊的优化？这也是另外一位 Go 语言 interface 文章作者的疑问[9]。确实，如果单纯查看汇编代码很难得到答案，当我们深入编译时会发现，这是因为在 switch 类型判断时，编译时根据类型的 hash 值进行了快速排序。

```
// compile/gc/swt.go
sort.Slice(cc, func(i, j int) bool { return cc[i].hash < cc[j].hash })
```

那为什么要进行排序呢？答案是排序后可以进行二分查找。编译时调用了 binarySearch 函数使得运行时能够进行二分查找，从而将复杂度从 o(n) 降低到 $o(\log_2 n)$。

```
// compile/gc/swt.go
func binarySearch(n int, out *Nodes, less func(i int) *Node, base func(i int, nif *Node))
```

12.5.9　接口的陷阱

接口有几类经典的错误。第一类是当接口中存储的是值，但是结构体是指针时，动态调用无法编译通过。

```
type Binary struct {
    uint64
}
type Stringer interface {
    String() string
}
func (i *Binary) String() string {
    return "hello world"
}
func main(){
    a:= Binary{54}
    b := Stringer(a)
    b.String()
}
```

执行 go build part11_point_error.go，报错为

```
./part11_point_error.go:17:15: cannot convert a (type Binary) to type Stringer:
      Binary does not implement Stringer (String method has pointer receiver)
```

Go 语言在编译时阻止了这样的写法，原因在于这种写法会让人产生困惑。如果接口中是值，那么其必定已经对原始值进行了复制，在堆区产生了副本。而如果允许这种写法，那么即使修改了接口中的值也不会修改原始值，非常容易产生误解。

第二类错误是将类型切片转换为接口切片，如下所示：

```
func foo() []interface{} {
    return []int{1,2,3}
}
```

这时仍然会在编译时产生错误：

```
cannot use []int literal (type []int) as type []interface {} in return argument
```

Go 语言禁止了这种写法，正如之前介绍的，批量转换为接口是效率非常低的操作。如下所示，每个元素都需要转换为接口，并且数据需要内存逃逸。

接口的第三类陷阱涉及接口与 nil 之间的关系。在下面的 foo 函数中，由于返回的 err 没有任何动态类型和动态值，因此 err == nil 为 true。

```
func foo() error {
   var err error // nil
   return err
}
    err := foo()
    if err == nil {} // true
```

把 foo 函数改进成如下形式，我们会发现 err == nil 为 false。原因在于，当接口为 nil 时，代表接口中的动态类型和动态类型值都为 nil。

```
func foo() error {
    var err *os.PathError // nil
    return err
}

err := foo()
if err == nil {} // false
```

图 12-7 显示了上例的内存结构，揭示了接口为 nil 与接口值为 nil 的区别。由于接口 error 具有动态类型*os.PathError，因此 err == nil 为 false。

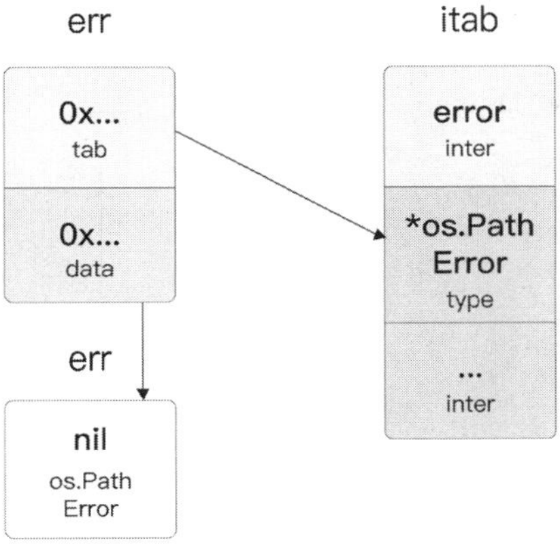

图 12-7　接口为 nil 与接口值为 nil 的区别

这个例子提醒我们，当要使用 nil 判断接口是否为空时，不要使用如下的中间层对接口进行包装[9]。

```
func do() *os.PathError {
  return nil
}
func wrapDo() error {
  return do()
}
wrapDo() == nil // false
```

12.6 总结

接口在 Go 语言程序中有着重要的地位，所有的大规模程序都需要设计接口。本章介绍了 Go 语言接口的使用方法、语法特性、底层原理并探讨了其执行效率。使用接口的形式调用函数相对于直接调用函数在效率上会有一定的损失，这种损失来自内存逃逸的分配消耗、创建接口对象的消耗以及伴随着内存而来的垃圾回收的相关操作。但是一般接口的赋值操作发生的次数很少，而本章也通过 bench 测试出动态调用与直接调用的性能相近，因此相对于接口带来的好处，其性能损失通常是微不足道的。如果确实遇到了相关问题，那么可以通过 bench 测试对相关代码进行验证排查。

接口不仅是 Go 语言中隐藏细节的共享边界，也决定了 Go 语言面向组合的程序设计模式，更是 Go 语言与其他语言的主要区别。在接口设计中，尽量以更少的方法签名来定义接口，并通过组合的方式构造更具体的结构，以使程序自然、优雅和安全地增长。

第 13 章
反射高级编程

清晰胜于聪明，但反射并不清晰。

——罗勃・派克

Clear is better than clever.Reflection is never clear.

——Rob Pike[1]

在计算机科学中，反射是程序在运行时检查、修改自身结构和行为的能力。最早的计算机以原始的汇编语言进行编程，汇编语言具有固有的反射性，因为它可以通过将指令定义为数据并修改这些指令数据对原始体系结构进行修改。但随后出现的高级语言（Algol、Pascal、C）导致反射的能力在很大程度上消失了。像 Go 语言这样在类型系统中内置反射的编程语言的出现，赋予了高级语言新的活力[2]。

反射为 Go 语言提供了复杂、意想不到的处理能力及灵活性。例如，根据前面介绍的知识，我们没有办法在运行时获取结构体变量内部的方法名及属性名。对于函数或方法，我们没有办法动态地检查参数的个数和返回值的个数，更不能在运行时通过函数名动态调用函数。但是这些都可以通过反射做到。

反射在 Go 程序中使用的不会特别多，一般会作为框架或是基础服务的一部分（例如使用 json 标准库序列化时就使用了反射）。对于初学者来讲，可能很难遇到需要使用反射的场景，也不太清楚其具体的应用场景。本章将介绍为什么需要反射、反射的使用方法、最佳实践以及反射的底层实现原理。

13.1　为什么需要反射

本节用一个例子来说明为什么需要反射。假如现在有一个 Student 结构体：

```
type Student struct {
    Age     int
    Name    string
}
```

如果希望写一个可以将该结构体转换为 sql 语句的函数，按照过去的实现方式，可以为此结构体添加一个如下的生成方法：

```
func (s*Student) CreateSQL() string{
    sql := fmt.Sprintf("insert into student values(%d, %s)", s.Age, s.Name)
    return sql
}
```

这样当调用 CreateSQL 方法时，可以生成一条 sql 语句。例如：

```
func main() {
   o := Student{
      Age:  20,
      Name: "jonson",
   }
   fmt.Println(o.CreateSQL())
}
```

结果打印为

```
insert into student values(20, jonson)
```

但是，假如我们有其他结构体也有相同的需求呢？很显然，按照之前学过的知识，可以为每个类型都添加一个 CreateSQL 方法，并生成一个接口：

```
type SQL  interface{
    func CreateSQL() string
}
```

这种方法在项目初期，以及结构体类型简单的时候是比较方便的。但是有时候项目中定义的类型会非常多，而且可能当前类型还没有被创建出来（需要运行时创建或者通过远程过程调用触发），这时我们会书写很多逻辑相同的重复代码。那么是否有一种更加简单通用的办法来解决这一类问题呢？如果有办法在运行时探测到结构体变量中的方法名就好了，这恰恰就是反射为我们提供的功能。

如下所示，可以将上面的场景改造成反射的形式。在 createQuery 函数中，我们可以传递任何的结构体类型，该函数会遍历结构体中所有的字段，并构造 query 字符串。

```
func createQuery(q interface{}) string{
    // 判断类型为结构体
    if reflect.ValueOf(q).Kind() == reflect.Struct {
        // 获取结构体名字
        t := reflect.TypeOf(q).Name()
        // 查询语句
        query := fmt.Sprintf("insert into %s values(", t)
        v := reflect.ValueOf(q)
        // 遍历结构体字段
        for i := 0; i < v.NumField(); i++ {
            // 判断结构体类型
            switch v.Field(i).Kind() {
            case reflect.Int:
                if i == 0 {
                    query = fmt.Sprintf("%s%d", query, v.Field(i).Int())
                } else {
                    query = fmt.Sprintf("%s, %d", query, v.Field(i).Int())
                }
            case reflect.String:
                if i == 0 {
                    query = fmt.Sprintf("%s\"%s\"", query, v.Field(i).String())
                } else {
                    query = fmt.Sprintf("%s, \"%s\"", query, v.Field(i).String())
                }
                ...
            }
        }
        query = fmt.Sprintf("%s)", query)
        fmt.Println(query)
        return query
    }
}
```

现在，假设新建了一个 Trade 结构体，任意结构体都可以通过 createQuery 方法完成构建过程。

```
type Trade struct {
    tradeId     int
    Price       int
}
```

```
createQuery(Student{Age:  20, Name: "jonson",})
createQuery(Trade{tradeId: 123, Price:  456,})
```

执行 go run part1_why.go，输出为

```
insert into Student values(20, "jonson")
insert into Trade values(123, 456)
```

可以看到，上面的案例通过反射大大简化了代码的编写。后面几节还将详细介绍反射的基本使用方法和最佳实践。

13.2 反射的基本使用方法

13.2.1 反射的两种基本类型

Go 语言中提供了两种基本方法可以让我们构建反射的两个基本类型，从而走进反射的大门。这两种方法分别是

```
func ValueOf(i interface{}) Value
```

以及

```
func TypeOf(i interface{}) Type
```

这两个函数的参数都是空接口 interface{}，内部存储了即将被反射的变量。因此，反射与接口之间存在很强的联系。可以说，不理解接口就无法深入理解反射。

可以将 reflect.Value 看作反射的值，reflect.Type 看作反射的实际类型。其中，reflect.Type 是一个接口，包含和类型有关的许多方法签名，例如 Align 方法、String 方法等。

```
type Type interface {
   Align() int
   FieldAlign() int
   Method(int) Method
   MethodByName(string) (Method, bool)
   String() string
   ...
}
```

reflect.Value 是一个结构体，其内部包含了很多方法。可以简单地用 fmt 打印 reflect.TypeOf 与 reflect.ValueOf 函数生成的结果。reflect.ValueOf 将打印出反射内部的值，reflect.TypeOf 会打印出反射的类型。

```
    var num float64 = 1.2345
    fmt.Println("type: ", reflect.TypeOf(num))          //type:  float64
    fmt.Println("value: ", reflect.ValueOf(num))        //value:  1.2345
```

reflect.Value 类型中的 Type 方法可以获取当前反射的类型。

```
func (v Value) Type() Type
```

因此，reflect.Value 可以转换为 reflect.Type。reflect.Value 与 reflect.Type 都具有 Kind 方法，可以获取标识类型的 Kind，其底层是 unit。Go 语言中的内置类型都可以用唯一的整数进行标识。

```
const (
  Invalid Kind = iota
  Bool
  Int
  Int8
  Int16
  Int32
  Int64
  Uint
  Uint8
  Uint16
   ...
)
```

如下所示，通过 Kind 类型可以方便地验证反射的类型是否相同。

```
num  := 123.45
equl := reflect.TypeOf(num).Kind() == reflect.Float64
fmt.Println("kind is float64: ", equl)  //kind is float64: trues
```

13.2.2 反射转换为接口

reflect.Value 中的 Interface 方法以空接口的形式返回 reflect.Value 中的值。如果要进一步获取空接口的真实值，可以通过接口的断言语法对接口进行转换。下例实现了从值到反射，再从反射到值的过程。

```
    var num float64 = 1.2345
    pointer := reflect.ValueOf(&num)
    value := reflect.ValueOf(num)
    convertPointer := pointer.Interface().(*float64)
    convertValue := value.Interface().(float64)
```

除了使用接口进行转换，reflect.Value 还提供了一些转换到具体类型的方法，这些特殊的方法可以加快转换的速度。另外，这些方法经过了特殊的处理，因此不管反射内部类型是 int8、int16，还是 int32，通过 Int 方法后都将转换为 int64。

```
func (v Value) String() string
func (v Value) Int() int64
(v Value) Float() float64
...
```

可以通过一个简单的案例演示这些特殊的函数：

```
func main() {
    a := 56
    x := reflect.ValueOf(a).Int()
    fmt.Printf("type:%T value:%v\n", x, x)
    b := "jonson"
    y := reflect.ValueOf(b).String()
    fmt.Printf("type:%T value:%v\n", y, y)
    c := 12.5
    z := reflect.ValueOf(c).Float()
    fmt.Printf("type:%T value:%v\n", z, z)
}
```

结果输出为

```
type:int64 value:56
type:string value:jonson
type:float64 value:12.5
```

但是，这些方法在使用时要注意，如果要转换的类型与实际类型不相符，则会在运行时报错。下例的反射中存储的实际是 int 指针，如果要转换为 int 类型，则会报错。

```
    a := 56
    x := reflect.ValueOf(&a).Int()
```

报错为

```
panic: reflect: call of reflect.Value.Int on ptr Value
```

13.2.3 Elem()间接访问

如果反射中存储的是指针或接口，那么如何访问指针指向的数据呢？reflect.Value 提供了 Elem 方法返回指针或接口指向的数据。

```
func (v Value) Elem() Value
```

将 13.2.2 节出错的例子修改为如下形式，即可正常运行。

```
    aa := 56
    xx := reflect.ValueOf(&aa).Elem().Int()
    fmt.Printf("type:%T value:%v\\n", xx, xx)//type:int64 value:56
```

如果 Value 存储的不是指针或接口，则使用 Elem 方法时会出错，因此在使用时要非常小心。例如：

```
    a := 56
    x := reflect.ValueOf(a).Elem().Int()
```

报错为

```
panic: reflect: call of reflect.Value.Elem on int Value
```

当涉及修改反射的值时，Elem 方法是非常必要的。我们已经知道，接口中存储的是指针，那么我们要修改的究竟是指针本身还是指针指向的数据呢？这个时候 Elem 方法就起到了关键作用。为了更好地理解 Elem 方法的功能，下面举一个特殊的例子——反射类型是一个空接口，而空接口中包含了 int 类型的指针。

```
    var z = 123
    var y = &z
    var x interface{} = y
    v := reflect.ValueOf(&x)
    vx := v.Elem()
    fmt.Println(vx.Kind()) //interface
    vy := vx.Elem()
    fmt.Println(vy.Kind()) // ptr  | interface 中的值
    vz := vy.Elem()
    fmt.Println(vz.Kind()) // int  |  指针的基本类型
```

通过三次的 Elem 方法，打印出的返回值类型分别为

```
Interface
ptr
int
```

后面还会看到，在修改反射值时也需要使用到 Elem 方法。

reflect.Type 类型仍然有 Elem 方法，但是该方法只用于获取类型。该方法不仅仅可以返回指针和接口指向的类型，还可以返回数组、通道、切片、指针、哈希表存储的类型。下面用一

个复杂的例子来说明该方法的功能，如果反射的类型在这些类型之外，那么仍然会报错。

```
type A = [16]int16
var c <-chan map[A][]byte
tc := reflect.TypeOf(c)
fmt.Println(tc.Kind())    // chan
fmt.Println(tc.ChanDir()) // <-chan
tm := tc.Elem()
ta, tb := tm.Key(), tm.Elem()
fmt.Println(tm.Kind(), ta.Kind(), tb.Kind()) // map array slice
tx, ty := ta.Elem(), tb.Elem()
// byte is an alias of uint8
fmt.Println(tx.Kind(), ty.Kind()) // int16 uint8
```

13.2.4 修改反射的值

有多种方式可以修改反射中存储的值，例如 reflect.Value 的 Set 方法：

```
func (v Value) Set(x Value)
```

该方法的参数仍然是 reflect.Value，但是要求反射中的类型必须是指针。例如，下例中反射的类型为 float64：

```
var num float64 = 1.2345
pointe := reflect.ValueOf(num)
pointe.Set(reflect.ValueOf(789))
```

报错为

```
panic: reflect: reflect.flag.mustBeAssignable using unaddressable value
```

只有当反射中存储的实际值是指针时才能赋值，否则是没有意义的，因为在反射之前，实际值被转换为了空接口，如果空接口中存储的值是一个副本，那么修改它会引起混淆，因此 Go 语言禁止这样做。这和第 12 章提到的禁止用值类型去调用指针接收者的方法的原理是一样的。为了避免这种错误，reflect.value 提供了 CanSet 方法用于获取当前的反射值是否可以赋值。

可以将上面的错误例子改写如下：

```
var num float64 = 1.2345
pointer := reflect.ValueOf(&num)
newValue := pointer.Elem()
fmt.Println("settability of pointer:", newValue.CanSet())
// 重新赋值
```

```
    newValue.SetFloat(77)
    fmt.Println("new value of pointer:", num)
```

结果输出为

```
settability of pointer: true
new value of pointer: 77
```

可以在代码 part4_elem.go 文件中查看本节的完整案例。需要注意的是，在当前简单的例子中，必须使用 Elem 方法才能够让值可以被赋值。为什么呢？我们在后面介绍结构体时还会看到，可以通过 Elem 方法区分要修改的是指针还是指针指向的数据。在实际中，Elem 方法的使用比较让人困惑，需要读者结合下一节仔细体会。

13.2.5 结构体与反射

应用反射的大部分情况都涉及结构体。因此，本节将重点介绍结构体在反射中的应用。假设现在有 User 结构体及 ReflectCallFunc 方法：

```
type User struct {
    Id   int
    Name string
    Age  int
}
func (u User) ReflectCallFunc() {
    fmt.Println("jonson ReflectCallFunc")
}
```

下例通过反射的两种基本方法将结构体转换为反射类型，用 fmt 简单打印出类型与值：

```
    user := User{1, "jonson", 25}
    getType := reflect.TypeOf(user)
    fmt.Println("get Type is :", getType.Name())
    getValue := reflect.ValueOf(user)
    fmt.Println("get all Fields is:", getValue)
```

输出为

```
get Type is : User
get all Fields is: {1 jonson 25}
```

13.2.6 遍历结构体字段

如果希望遍历获取结构体中字段的名字及方法，那么可以采取下例所示的方法。

```
    user := User{1, "jonson", 25}
    getType := reflect.TypeOf(input)
    getValue := reflect.ValueOf(input)
    for i := 0; i < getType.NumField(); i++ {
        field := getType.Field(i)
        value := getValue.Field(i).Interface()
        fmt.Printf("%s: %v = %v\\n", field.Name, field.Type, value)
    }
```

通过 reflect.Type 类型的 NumField 函数获取结构体中字段的个数。relect.Type 与 reflect.Value 都有 Field 方法，relect.Type 的 Field 方法主要用于获取结构体的元信息，其返回 StructField 结构，该结构包含字段名、所在包名、Tag 名等基础信息。

```
type StructField struct {
    Name string
    PkgPath string
    Type      Type
    Tag       StructTag
    Offset    uintptr
    Index     []int
    Anonymous bool
}
```

reflect.Value 的 Field 方法主要返回结构体字段的值类型，后续可以使用它修改结构体字段的值。

13.2.7 修改结构体字段

以下例中最简单的结构体 s 为例，X 为大写，表示可以导出的字段，而 y 为小写，表示未导出的字段。

```
    var s struct {
        X int
        y float64
    }
```

要修改结构体字段，可以使用 reflect.Value 提供的 Set 方法。初学者可能选择使用如下方式进行赋值操作，但这种方式是错误的。

```
    vs := reflect.ValueOf(s)
    vx:= vs.Field(0)
```

```
  vb := reflect.ValueOf(123)
  vx.Set(vb)
```

报错为

```
panic: reflect: reflect.flag.mustBeAssignable using unaddressable value
```

错误的原因正如我们在介绍 Elem 方法时提到的，由于 reflect.ValueOf 函数的参数是空接口，如果我们将值类型复制到空接口会产生一次复制，那么值就不是原来的值了，因此 Go 语言禁止了这种容易带来混淆的写法。要想修改原始值，需要在构造反射时传递结构体指针。

```
vs := reflect.ValueOf(&s)
```

但是只修改为指针还不够，因为在 Field 方法中调用的方法必须为结构体。

```
if v.kind() != Struct {
   panic(&ValueError{"reflect.Value.Field", v.kind()})
}
```

因此，需要先通过 Elem 方法获取指针指向的结构体值类型，才能调用 field 方法。正确的使用方式如下所示。同时要注意，未导出的字段 y 是不能被赋值的。

```
 vs := reflect.ValueOf(&s).Elem()
  vx:= vs.Field(0)
  vb := reflect.ValueOf(123)
  vx.Set(vb)
```

13.2.8 嵌套结构体的赋值

下例中，Nested 结构体中包含了 Child 字段，Child 也是一个结构体，那么 Child 字段的值能被修改吗？能够被修改的前提是 Child 字段对应的 children 结构体的所有字段都是可导出的。

```
type  children struct {
  Age int
}

type Nested struct {
  X int
  Child children
}
```

通过下面的方式可以修改嵌套结构体中的字段。

```
vs := reflect.ValueOf(&Nested{}).Elem()
vz := vs.Field(1)
vz.Set(reflect.ValueOf(children{ Age:19 }))
```

13.2.9 结构体方法与动态调用

要获取任意类型对应的方法，可以使用 reflect.Type 提供的 Method 方法，Method 方法需要传递方法的 index 序号。

```
Method(int) Method
```

如果 index 序号超出了范围，则会在运行时报错。该方法在大部分时候如下例所示，用于遍历反射结构体的方法。

```
for i := 0; i < getType.NumMethod(); i++ {
       m := getType.Method(i)
       fmt.Printf("%s: %v\n", m.Name, m.Type)
   }
```

在实践中，更多时候我们使用 reflect.Value 的 MethodByName 方法，参数为方法名并返回代表该方法的 reflect.Value 对象。如果该方法不存在，则会返回空。

如下所示，通过 Type 方法将 reflect.Value 转换为 reflect.Type，reflect.Type 接口中有一系列方法可以获取函数的参数个数、返回值个数、方法个数等属性。

```
func (u User) RefCallAgrs( age int, name string) error {
   return nil
}
func main(){
   user := User{1, "jonson", 25}
   ref := reflect.ValueOf(user)
   tf:= ref.MethodByName("RefCallAgrs").Type()
   fmt.Printf("numIn:%d,numOut:%d,numMethod:%d\n",tf.NumIn(),
tf.NumOut(),ref.NumMethod())
}
```

输出为

```
numIn:2,numOut:1,numMethod:1
```

获取代表方法的 reflectv.Value 对象后，可以通过 call 方法在运行时调用方法。

```
func (v Value) Call(in []Value) []Value
```

Call 方法的参数为实际方法中传入参数的 reflect.Value 切片。因此，对于无参数的调用，参数需要构造一个长度为 0 的切片，如下所示。

```
methodValue = getValue.MethodByName("ReflectCallFuncNoArgs")
   args = make([]reflect.Value, 0)
   methodValue.Call(args)
```

对于有参数的调用，需要先构造出 reflect.Value 类型的参数切片，如下所示。

```
 m = ref.MethodByName("RefCallArgs")
   args  = []reflect.Value{reflect.ValueOf(18),reflect.ValueOf("json")}
   m.Call(args)
```

如果参数是一个指针类型，那么只需要构造指针类型的 reflect.Value 即可，如下所示。

```
func (u User) RefCallPoint(name string, age *int) {
    fmt.Println(" name: ", name, ", age:", *age)
}
    m = ref.MethodByName("RefCallPoint")
    age := 19
    args = []reflect.Value{reflect.ValueOf("jonson"), reflect.ValueOf(&age)}
    m.Call(args)
```

和接口一样，如果方法是指针接收者，那么反射动态调用者的类型也必须是指针。

```
func (u *User) RefPointMethod() {
  fmt.Println("hello world")
}
user := User{1, "jonson", 25}
ref := reflect.ValueOf(user)
m = ref.MethodByName("RefPointMethod")
args  = make([]reflect.Value, 0)
m.Call(args)
```

否则如上例所示，运行时会报错为

```
panic: reflect: call of reflect.Value.Call on zero Value
```

这时，应该将 ref := reflect.ValueOf(user) 修改为 ref := reflect.ValueOf(&user)的指针形式。

对于方法有返回值的情况，call 方法会返回 reflect.Value 切片。获取返回值的反射类型后，通过将返回值转换为空接口即可进行下一步操作，如下所示。

```
 func (u *User) PointMethodReturn(name string, age int)(string, int) {
      return name,age
```

```
    }
    refnew := reflect.ValueOf(&user)
    m  = refnew.MethodByName("PointMethodReturn")
    args = []reflect.Value{reflect.ValueOf("jonson"), reflect.ValueOf(30)}
    res:= m.Call(args)
    fmt.Println("return name:",res[0].Interface())
    fmt.Println("return age:",res[1].Interface())
```

13.2.10 反射在运行时创建结构体

除了使用 reflect.TypeOf 函数生成已知类型的反射类型，还可以使用 reflect 标准库中的 ArrayOf、SliceOf 等函数生成一些在编译时完全不存在的类型或对象。对于结构体，需要使用 reflect.StructOf 函数在运行时生成特定的结构体对象。

```
func StructOf(fields []StructField) Type
```

reflect.StructOf 函数参数是 StructField 的切片，StructField 代表结构体中的字段。其中，Name 代表该字段名，Type 代表该字段的类型。

```
type StructField struct {
    Name string
    PkgPath string
    Type      Type
    Tag       StructTag
    Offset    uintptr
    Index     []int
    Anonymous bool
}
```

下面看一个生成结构体反射对象的例子。该函数可变参数中的类型依次构建为结构体的字段，并返回结构体变量。

```
func MakeStruct(vals ...interface{}) reflect.Value {
    var sfs []reflect.StructField
    for k, v := range vals {
        t := reflect.TypeOf(v)
        sf := reflect.StructField{
            Name: fmt.Sprintf("F%d", (k + 1)),
            Type: t,
        }
        sfs = append(sfs, sf)
    }
    st := reflect.StructOf(sfs)
```

```
    so := reflect.New(st)
    return so
}
```

例如，要想构建起如下的结构体：

```
struct{
    int
    string
    []int
}
```

可以使用 MakeStruct 依次将类型变量放入其中，并对其每个字段单独进行赋值。

```
sr := MakeStruct(0, "", []int{})
sr.Elem().Field(0).SetInt(20)
sr.Elem().Field(1).SetString("reflect me")
// 赋值数组
v := []int{1, 2, 3}
rv := reflect.ValueOf(v)
sr.Elem().Field(2).Set(rv)
```

13.2.11 函数与反射

了解了反射中方法如何进行动态调用，理解反射中函数的动态调用就会相对简单一些。下例实现函数的动态调用，这和方法的调用是相同的，同样使用了 reflect.Call。如果函数中的参数为指针，那么可以借助 reflect.New 生成指定类型的反射指针对象。

```
func  Handler2(args int, reply *int) {
    *reply = args
}
v2:= reflect.ValueOf(Handler2)
args := reflect.TypeOf(2)
replyv := reflect.New(reflect.TypeOf(2))
v2.Call([]reflect.Value{args,replyv})
```

13.2.12 反射与其他类型

对于其他的一些类型，可以通过 XXXof 方法构造特定的 reflect.Type 类型，下例中介绍了一些复杂类型的反射实现过程。

```
func main() {
    ta := reflect.ArrayOf(5, reflect.TypeOf(123))  // [5]int
```

```
    tc := reflect.ChanOf(reflect.SendDir, ta) // chan<- [5]int
    tp := reflect.PtrTo(ta)       // *[5]int
    ts := reflect.SliceOf(tp)     // []*[5]int
    tm := reflect.MapOf(ta, tc)  // map[[5]int]chan<- [5]int
    tf := reflect.FuncOf([]reflect.Type{ta},
        []reflect.Type{tp, tc}, false)   // func([5]int) (*[5]int, chan<- [5]int)
    tt := reflect.StructOf([]reflect.StructField{
        {Name: "Age", Type: reflect.TypeOf("abc")},
    }) // struct { Age string }
}
```

根据 reflect.Type 生成对应的 reflect.Value，Reflect 包中提供了对应类型的 makeXXX 方法。

```
func MakeChan(typ Type, buffer int) Value
func MakeFunc(typ Type, fn func(args []Value) (results []Value)) Value
func MakeMap(typ Type) Value
func MakeMapWithSize(typ Type, n int) Value
func MakeSlice(typ Type, len, cap int) Value
```

除此之外，还可以使用 reflect.New 方法根据反射的类型分配相应大小的内存。

13.3 反射底层原理

13.3.1 reflect.Type 详解

通过如下 reflect.TypeOf 函数对于 reflect.Type 的构建过程可以发现，其实现原理为将传递进来的接口变量转换为底层的实际空接口 emptyInterface，并获取空接口的类型值。reflect.Type 实质上是空接口结构体中的 typ 字段，其是 rtype 类型，Go 语言中任何具体类型的底层结构都包含这一类型。

```
func TypeOf(i interface{}) Type {
    eface := *(*emptyInterface)(unsafe.Pointer(&i))
    return toType(eface.typ)
}
type emptyInterface struct {
    typ  *rtype
    word unsafe.Pointer
}
```

生成 reflect.Value 的原理也可以从 reflect.ValueOf 函数的生成方法中看出端倪。reflect.ValueOf 函数的核心是调用了 unpackEface 函数。

```
func unpackEface(i interface{}) Value {
    e := (*emptyInterface)(unsafe.Pointer(&i))
    t := e.typ
    if t == nil {
        return Value{}
    }
    f := flag(t.Kind())
    if ifaceIndir(t) {
        f |= flagIndir
    }
    return Value{t, e.word, f}
}
```

reflect.Value 包含了接口中存储的值及类型，除此之外还包含了特殊的 flag 标志。

如图 13-1 所示，flag 标记以位图的形式存储了反射类型的元数据。

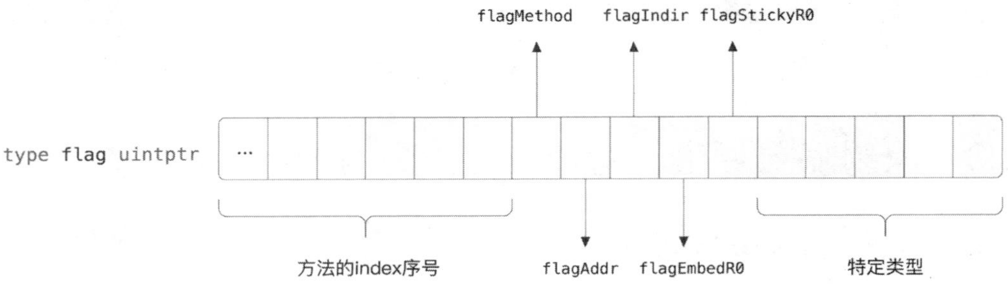

图 13-1　反射 flag 位图

其中，flag 的低 5 位存储了类型的标志，利用 flag.kind 方法有助于快速知道反射中存储的类型。

```
func (f flag) kind() Kind {
    return Kind(f & flagKindMask)
}
```

低 6~10 位代表了字段的一些特征，例如该字段是否是可以外部访问的、是否可以寻址、是否是方法等。具体含义如下：

```
flagStickyRO    flag = 1 << 5   // 结构体未导出的字段，不是嵌入的字段
flagEmbedRO     flag = 1 << 6   // 结构体未导出的字段，是嵌入的字段
flagIndir       flag = 1 << 7   // 间接的,val 存储了可以寻址到该值的地址
flagAddr        flag = 1 << 8   // 可寻址,v.CanAddr is true
```

```
flagMethod      flag = 1 << 9   // 该值为 method
flagRO         flag = flagStickyRO | flagEmbedRO // 结构体未导出的字段
```

flag 的其余位存储了方法的 index 序号，代表第几个方法。只有在当前的 value 是方法类型时才会用到。例如第 5 号方法，其存储的位置为 5 << 10。

其中，flagIndir 是最让人困惑的标志，代表间接的。我们知道存储在反射或接口中的值都是指针，如下面这个简单的例子，虽然看似存储的是 int 值 3，但在反射中实际上存储的是指针。

```
kk := 3
kkk := reflect.ValueOf(kk)
```

因此，为了和如下实际存储的是指针的场景进行区别，需要使用 flagIndir 来标识当前存储的值是间接的，是需要根据当前的指针进行寻址的。

```
kk := 3
kkk := reflect.ValueOf(&kk)
```

另外，容器类型如切片、哈希表、通道也被认为是间接的，因为它们也需要当前容器的指针间接找到存储在其内部的元素。

13.3.2 Interface 方法原理

知道了空接口的构成以及 reflect.Value 存储了空接口的类型和值，就可以理解 Interface 方法将 reflect.Value 转换为空接口是非常容易的。Interface 核心方法调用了 packEface 函数。

```
func packEface(v Value) interface{} {
    t := v.typ
    var i interface{}
    e := (*emptyInterface)(unsafe.Pointer(&i))
    //
    switch {
    case ifaceIndir(t):
        if v.flag&flagIndir == 0 {
            panic("bad indir")
        }
        ptr := v.ptr
        if v.flag&flagAddr != 0 {
            c := unsafe_New(t)
            typedmemmove(t, c, ptr)
            ptr = c
        }
```

```
        e.word = ptr
    case v.flag&flagIndir != 0:
        e.word = *(*unsafe.Pointer)(v.ptr)
    default:
        e.word = v.ptr
    }
    e.typ = t
    return i
}
```

e := (*emptyInterface)(unsafe.Pointer(&i))构建了一个空接口，e.typ = t 将 reflect.Value 中的类型赋值给空接口中的类型。但是对于接口中的值 e.word 的处理仍然有所区别，原因和之前介绍的一样，有些值是间接获得的。接下来笔者用两个例子介绍这些不同处理的区别。假如有一个 int 切片，通过 vvv.Index(1) 可以得到切片中序号为 1 的值，即 23。

```
kkkd := []int{13, 23, 33}
vvv:= reflect.ValueOf(kkkd)
cccc:= (vvv.Index(1))
dd:= cccc.Interface()
```

但实际上当前 reflect.Value 中存储的是当前数字在切片中的地址。如图 13-2 所示，我们构造的 interface.word 应该是当前的 value.ptr 地址吗？显然不是，因为我们希望返回的类型是一个新的副本，这样不会对原始的切片造成任何干扰。当出现这种情况时，case ifaceIndir(t)为 true，会生成一个新的值。

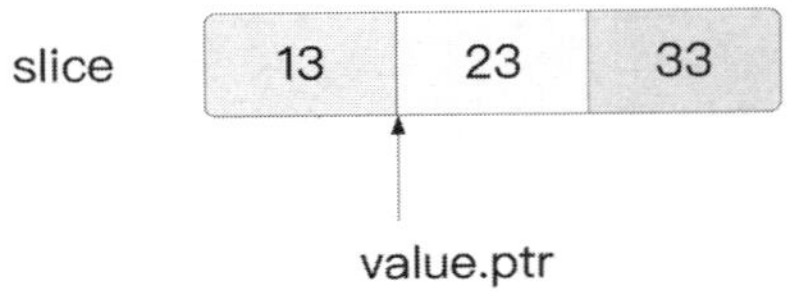

图 13-2　切片反射示例 1

而如果我们面对的是如图 13-3 所示的情形，

```
a := []*int{&aa, &bb, &cc}
b:= reflect.ValueOf(a)
b.Index(1).interface()
```

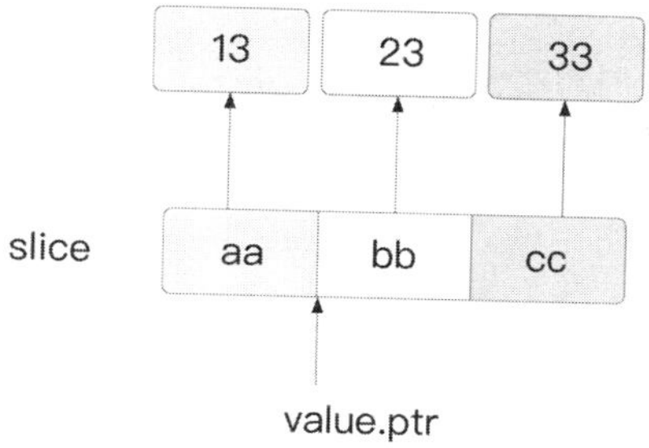

图 13-3 切片反射示例 2

那么构造的 interface.word 应该是当前的 value.ptr 地址吗？显然也不是，而应该是存储在内部的实际指向数据的指针。

```
e.word = *(*unsafe.Pointer)(v.ptr)
```

13.3.3 Int 方法原理

Go 语言提供了如下方法快速将反射类型转换为内置类型。

```
func (v Value) Int() int64
func (v Value) Float() float64
func (v Value) String() string
func (v Value) Uint() uint64
```

这些方法的实现都非常简单，即根据值的类型和值的指针得到实际值。

```
func (v Value) Float() float64 {
    k := v.kind()
    switch k {
    case Float32:
        return float64(*(*float32)(v.ptr))
    case Float64:
        return *(*float64)(v.ptr)
    }
    panic(&ValueError{"reflect.Value.Float", v.kind()})
}
```

13.3.4 Elem 方法释疑

对于初学者来说，Value.Elem 方法是一个让人困惑的方法。举一个最简单的例子，如果不加 Elem 方法会导致运行时 panic。

```
kk := 3
kkk := reflect.ValueOf(&kk)
kkk.SetInt(88)
```

报错为

```
panic: reflect: reflect.flag.mustBeAssignable using unaddressable value
```

乍看之下可能觉得有点无法理解——现在存储在 reflect.Value 中的已经是变量的指针了，为什么还会提示 unaddressable 呢？这是因为 Value.SetInt 函数会在一开始检查 Value 的 flag 中是否有 flagAddr 字段。

```
if f&flagAddr == 0 {
    panic("reflect: " + methodName() + " using unaddressable value")
}
```

而在通过 ValueOf 构建 reflect.Value 时，只判断了变量是否为间接的地址，因此会报错。

```
func (v Value) Set(x Value) {
    v.mustBeAssignable()
    x.mustBeExported() // do not let unexported x leak
    var target unsafe.Pointer
    if v.kind() == Interface {
        target = v.ptr
    }
    x = x.assignTo("reflect.Set", v.typ, target)
    if x.flag&flagIndir != 0 {
        typedmemmove(v.typ, v.ptr, x.ptr)
    } else {
        *(*unsafe.Pointer)(v.ptr) = x.ptr
    }
}
```

其实，Elem 方法并不是为了上面这种场景设计的。如下所示，Elem 的功能是返回接口内部包含的或指针指向的数据值。

```
func (v Value) Elem() Value {
    k := v.kind()
    switch k {
    case Interface:
        // 获取接口中的内容
    case Ptr:
        // 获取指针指向的内容
```

```
    }
}
```

对于指针来说，如果 flag 标识了 reflect.Value 是间接的，则会返回数据真实的地址 (*unsafe.Pointer)(ptr)，而对于直接的指针，则返回本身即可，并且会将 flag 修改为 flagAddr，即可赋值的。

13.3.5　动态调用剖析

反射提供的核心动能是动态的调用方法或函数，这在 RPC 远程过程调用中使用频繁。MethodByName 方法可以根据方法名找到代表方法的 reflect.Value 对象。

```
func (v Value) MethodByName(name string) Value {
    ...
    m, ok := v.typ.MethodByName(name)
    if !ok {
        return Value{}
    }
    return v.Method(m.Index)
}
```

核心调用了类型 typ 字段的 MethodByName 方法，用于找到当前方法名的 index 序号。

```
func (t *rtype) MethodByName(name string) (m Method, ok bool) {
    if t.Kind() == Interface {
        tt := (*interfaceType)(unsafe.Pointer(t))
        return tt.MethodByName(name)
    }
    ut := t.uncommon()
    if ut == nil {
        return Method{}, false
    }
    for i, p := range ut.exportedMethods() {
        if t.nameOff(p.name).name() == name {
            return t.Method(i), true
        }
    }
    return Method{}, false
}
```

t.uncommon 方法根据类型还原出特定的类型，接着调用 Value.Method 方法。值得注意的是，该方法返回的 Value 仍然是方法的接收者，只是 flag 设置了 flagMethod，并且在 flag 中标识了当前 method 的位置。

```
func (v Value) Method(i int) Value {
   ...
   fl := v.flag & (flagStickyRO | flagIndir) // Clear flagEmbedRO
   fl |= flag(Func)
   fl |= flag(i)<<flagMethodShift | flagMethod
   return Value{v.typ, v.ptr, fl}
}
```

动态调用的核心方法是 Call 方法，其参数为 reflect.Value 数组，返回的也是 reflect.Value 数组，由于代码较长，下面将对代码流程逐一进行分析。

```
func (v Value) Call(in []Value) []Value
```

Call 方法的第 1 步是获取函数的指针，对于方法的调用要略微复杂一些，会调用 methodReceiver 方法获取调用者的实际类型、函数类型，以及函数指针的位置。

```
  if v.flag&flagMethod != 0 {
      rcvr = v
      rcvrtype, t, fn = methodReceiver(op, v, int(v.flag)>>flagMethodShift)
   } else if v.flag&flagIndir != 0 {
      fn = *(*unsafe.Pointer)(v.ptr)
   } else {
      fn = v.ptr
   }
```

第 2 步是进行有效性验证，例如函数的输入大小和个数是否与传入的参数匹配，传入的参数能否赋值给函数参数等。

第 3 步是调用 funcLayout 函数，用于构建函数参数及返回值的栈帧布局，其中 frametype 代表调用时需要的内存大小，用于内存分配。retOffset 用于标识函数参数及返回值在内存中的位置。

```
frametype, _, retOffset, _, framePool := funcLayout(t, rcvrtype)
```

framePool 是一个内存缓存池，用于在没有返回值的场景中复用内存。但是如果函数中有返回值，则不能复用内存，这是为了防止发生内存泄漏。

```
 if nout == 0 {
      args = framePool.Get().(unsafe.Pointer)
   } else {
```

```
    args = unsafe_New(frametype)
}
```

如果是方法调用，那么栈中的第一个参数是接收者的指针。

```
if rcvrtype != nil {
    storeRcvr(rcvr, args)
    off = ptrSize
}
```

然后将输入参数放入栈中，

```
for i, v := range in {
    v.mustBeExported()
    targ := t.In(i).(*rtype)
    a := uintptr(targ.align)
    off = (off + a - 1) &^ (a - 1)
    n := targ.size
    if n == 0 {
        v.assignTo("reflect.Value.Call", targ, nil)
        continue
    }
    addr := add(args, off, "n > 0")
    v = v.assignTo("reflect.Value.Call", targ, addr)
    if v.flag&flagIndir != 0 {
        typedmemmove(targ, addr, v.ptr)
    } else {
        *(*unsafe.Pointer)(addr) = v.ptr
    }
    off += n
}
```

off = (off + a - 1) &^ (a - 1)是计算内存对齐的标准方式，在结构体内存对齐中使用频繁。调用 Call 汇编函数完成调用逻辑，Call 函数需要传递内存布局类型（frametype）、函数指针（fn）、内存地址（args）、栈大小（frametype.size）、输入参数与返回值的内存间隔（retOffset）。

完成调用后，如果函数没有返回，则将 args 内部全部清空为 0，并再次放入 framePool 中。如果有返回值，则清空 args 中输入参数部分，并将输出包装为 ret 切片后返回。

```
if nout == 0 {
  typedmemclr(frametype, args)
  framePool.Put(args)
} else {
  typedmemclrpartial(frametype, args, 0, retOffset)
```

```
    ret = make([]Value, nout)
    off = retOffset
    for i := 0; i < nout; i++ {
        tv := t.Out(i)
        a := uintptr(tv.Align())
        off = (off + a - 1) &^ (a - 1)
        if tv.Size() != 0 {
            fl := flagIndir | flag(tv.Kind())
            ret[i] = Value{tv.common(), add(args, off, "tv.Size() != 0"), fl}
        } else {
            ret[i] = Zero(tv)
        }
        off += tv.Size()
    }
}
```

13.4 总结

反射为 Go 语言提供了复杂的、意想不到的处理能力及灵活性。这种灵活性以牺牲效率和可理解性为代价。通过反射，可以获取和修改变量自身的属性，构建一个新的结构，甚至进行动态的方法调用。虽然在实践中很少会涉及编写反射代码，但是反射确实在一些底层工具类代码和 RPC 远程过程调用中应用广泛（例如 json、xml、grpc、protobuf）。

反射的底层结构依赖接口，对反射原理的深入理解依赖对接口的理解，这中间涉及内存的逃逸，当反射中存储了指针或者接口等类型时，需要适当地调用 Elem 函数以明确希望获取或修改的是指针本身还是指针指向的数据。反射的使用增加了代码的复杂性并在一定程度上降低了效率，一般在实践中使用得不是很多。当遇到确实需要借助反射实现的场景时，再来查阅本章中相应的案例也不迟。

第 14 章 协程初探

并发不等于并行。

——罗勃 • 派克

Concurrency is not parallelism。

——Rob Pike[1]

Go 语言以简单、高效地编写高并发程序而闻名，这离不开 Go 语言原语中协程（Goroutine）的设计，也正对应了多核处理器的时代需求。与传统多线程开发不同，Go 语言通过更轻量级的协程让开发更便捷，同时避免了许多传统多线程开发需要面对的困难。因此，Go 语言在设计和使用方式上都与传统的语言有所不同，必须理解其基本的设计哲学和使用方式才能正确地使用。本章将对协程的一些基本概念进行剖析，并介绍协程所具有的特性。

14.1 进程与线程

协程与操作系统中的线程、进程具有紧密的联系。为了深入理解协程，必须对进程、线程及上下文切换等概念有所了解。在计算机科学中，线程是可以由调度程序（通常是操作系统的一部分）独立管理的最小程序指令集，而进程是程序运行的实例。

在大多数情况下，线程是进程的组成部分。如图 14-1 所示[2]，一个进程中可以存在多个线程，这些线程并发执行并共享进程的内存（例如全局变量）等资源。而进程之间相对独立，不同进程具有不同的内存地址空间、代表程序运行的机器码、进程状态、操作系统资源描述符等。

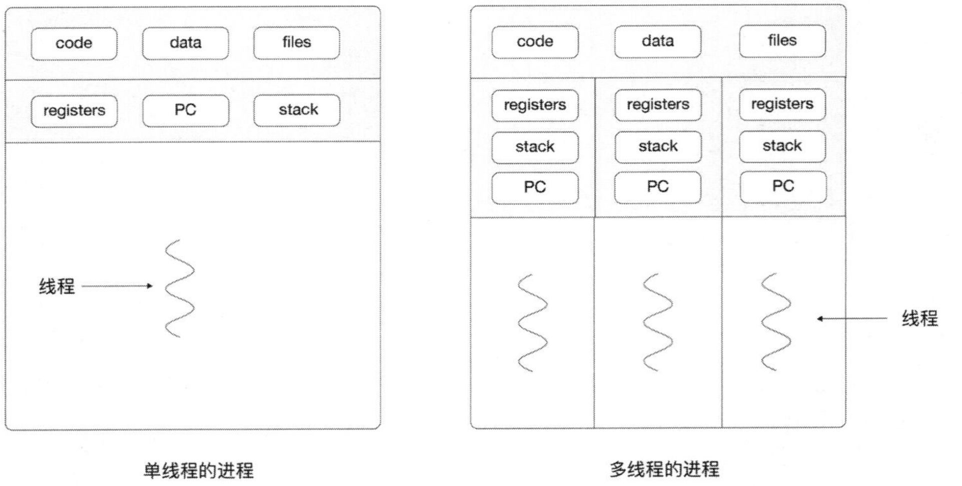

图 14-1 线程与进程的区别

在一个进程内部，可能有多个线程被同时处理。追求高并发处理、高性能的程序或者库一般都会设计为多线程。那为什么程序通常不采取多进程，而采取多线程的方式进行设计呢？这是因为开启一个新进程的开销要比开启一个新线程大得多，而且进程具有独立的内存空间，这使得多进程之间的共享通信更加困难。

操作系统调度到 CPU 中执行的最小单位是线程。在传统的单核（Core）CPU 上运行的多线程应用程序必须交织线程，交替抢占 CPU 的时间片，如图 14-2 所示。但是，现代计算机系统普遍拥有多核处理器。在多核 CPU 上，线程可以分布在多个 CPU 核心上，从而实现真正的并行处理。

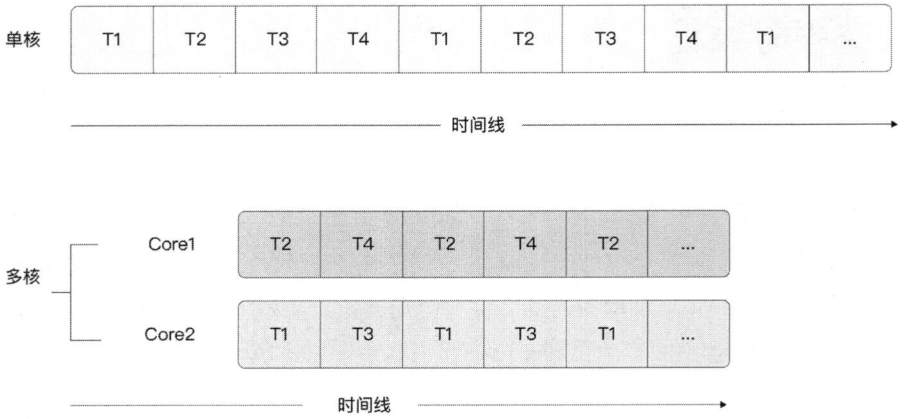

图 14-2 单核处理器与多核处理器的区别

14.2　线程上下文切换

虽然多核处理器可以保证并行计算，但是实际中程序的数量以及实际运行的线程数量会比 CPU 核心数多得多。因此，为了平衡每个线程能够被 CPU 处理的时间并最大化利用 CPU 资源，操作系统需要在适当的时间通过定时器中断（Timer Interrupt）、I/O 设备中断、系统调用时执行上下文切换（Context Switch）。

如图 14-3 所示，当发生线程上下文切换时，需要从操作系统用户态转移到内核态，记录上一个线程的重要寄存器值（例如栈寄存器 SP）、进程状态等信息，这些信息存储在操作系统线程控制块（Thread Control Block ）中。当切换到下一个要执行的线程时，需要加载重要的 CPU 寄存器值，并从内核态转移到操作系统用户态。如果线程在上下文切换时属于不同的进程，那么需要更新额外的状态信息及内存地址空间，同时将新的页表（Page Tables）导入内存。

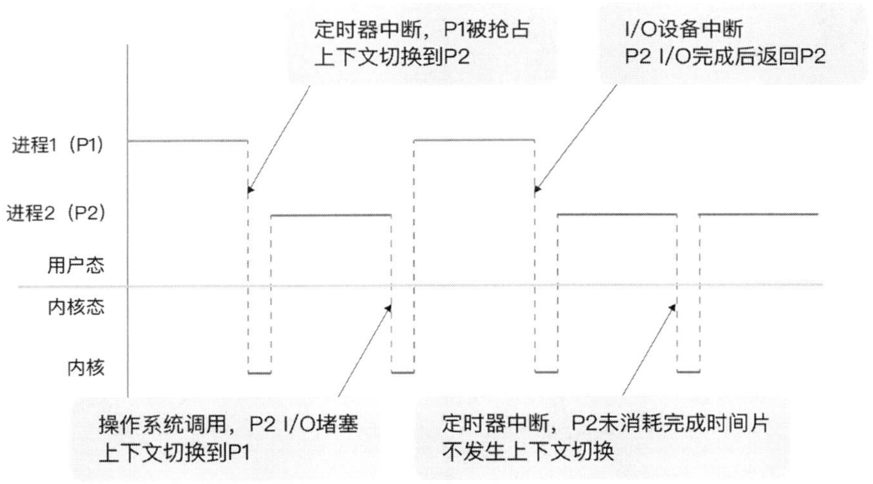

图 14-3　线程上下文切换

进程之间的上下文切换最大的问题在于内存地址空间的切换导致的缓存失效（例如 CPU 中用于缓存虚拟地址与物理地址之间映射的 TLB 表），所以不同进程的切换要显著慢于同一进程中线程的切换。现代的 CPU 使用了快速上下文切换（Rapid Context Switch）技术来解决不同进程切换带来的缓存失效问题。

14.3　线程与协程

在 Go 语言中，协程被认为是轻量级的线程。和线程不同的是，操作系统内核感知不到协程的存在，协程的管理依赖 Go 语言运行时自身提供的调度器。同时，Go 语言中的协程是从属于某一个线程的。为什么 Go 语言需要在线程的基础上抽象出协程的概念，而不是直接操作线程？要回答这个问题，就需要深入地理解线程与协程的区别。下面笔者将从调度方式、上下文切换的速度、调度策略、栈的大小这四个方面分析线程与协程的不同之处。

14.3.1　调度方式

协程是用户态的。协程的管理依赖 Go 语言运行时的调度器。同时，Go 语言中的协程是从属于某一个线程的，协程与线程的对应关系为 M:N，即多对多，如图 14-4 所示。Go 语言调度器可以将多个协程调度到一个线程中，一个协程也可能切换到多个线程中执行。

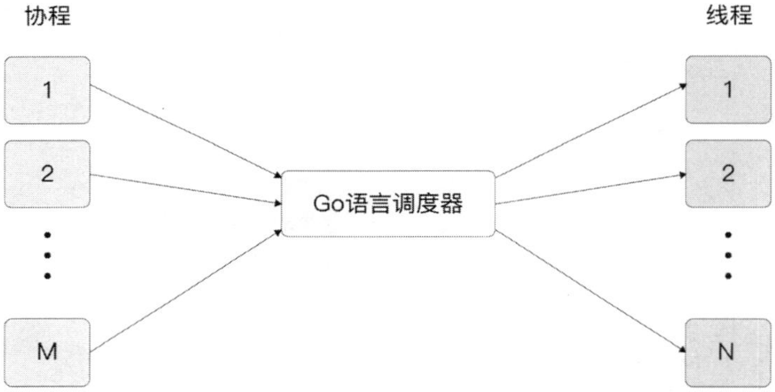

图 14-4　线程与协程的对应关系

14.3.2　上下文切换的速度

协程的速度要快于线程，其原因在于协程切换不用经过操作系统用户态与内核态的切换，并且 Go 语言中的协程切换只需要保留极少的状态和寄存器变量值（SP/BP/PC），而线程切换会保留额外的寄存器变量值（例如浮点寄存器）。上下文切换的速度受到诸多因素的影响，这里列出一些值得参考的量化指标：线程切换的速度大约为 1~2 微秒，Go 语言中协程切换的速度比它快数倍，为 0.2 微秒左右[3]。

14.3.3 调度策略

线程的调度在大部分时间是抢占式的，操作系统调度器为了均衡每个线程的执行周期，会定时发出中断信号强制执行线程上下文切换。而 Go 语言中的协程在一般情况下是协作式调度的，当一个协程处理完自己的任务后，可以主动将执行权限让渡给其他协程。这意味着协程可以更好地在规定时间内完成自己的工作，而不会轻易被抢占。当一个协程运行了过长时间时，Go 语言调度器才会强制抢占其执行（详见第 15 章）。

14.3.4 栈的大小

线程的栈大小一般是在创建时指定的，为了避免出现栈溢出（Stack Overflow），默认的栈会相对较大（例如 2MB），这意味着每创建 1000 个线程就需要消耗 2GB 的虚拟内存，大大限制了线程创建的数量（64 位的虚拟内存地址空间已经让这种限制变得不太严重）。而 Go 语言中的协程栈默认为 2KB，在实践中，经常会看到成千上万的协程存在。

同时，线程的栈在运行时不能更改，但是 Go 语言中的协程栈在 Go 运行时的帮助下会动态检测栈的大小，并动态地进行扩容。因此，在实践中，可以将协程看作轻量的资源。

14.4 并发与并行

在 Go 语言的程序设计中，有两个非常重要但容易被误解的概念，分别是并发（concurrency）与并行（parallelism）。通俗来讲，并发指同时处理多个任务的能力，这些任务是独立的执行单元。

并发并不意味着同一时刻所有任务都在执行，而是在一个时间段内，所有的任务都能执行完毕。因此，开发者对任意时刻具体执行的是哪一个任务并不关心。如图 14-5 所示，在单核处理器中，任意一个时刻只能执行一个具体的线程，而在一个时间段内，线程可能通过上下文切换交替执行。多核处理器是真正的并行执行，因为在任意时刻，可以同时有多个线程在执行。

在实际的多核处理场景中，并发与并行常常是同时存在的，即多核在并行地处理多个线程，而单核中的多个线程又在上下文切换中交替执行。

由于 Go 语言中的协程依托于线程，所以即便处理器运行的是同一个线程，在线程内 Go 语言调度器也会切换多个协程执行，这时协程是并发的。如果多个协程被分配给了不同的线程，而这些线程同时被不同的 CPU 核心处理，那么这些协程就是并行处理的。因此在多核处理场景下，Go 语言的协程是并发与并行同时存在的。

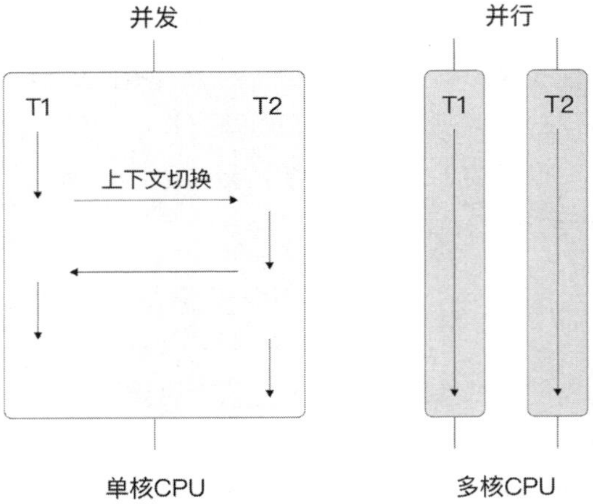

图 14-5　并发与并行的区别

但是，协程的并发是一种更加常见的现象，因为处理器的核心是有限的，而一个程序中的协程数量可以成千上万，这就需要依赖 Go 语言调度器合理公平地调度。

14.5　简单协程入门

本节将从一个简单的程序入手，循序渐进地讲解协程的使用方法和场景。

我们通过一个程序来检查一些网站是否可以访问，构建一个 links 作为 url 列表。

```
links := []string{
        "http://www.baidu.com",
        "http://www.jd.com",
        "https://www.taobao.com",
        "https://www.163.com",
        "https://www.sohu.com",
    }
for _, link := range links {
    checkLink(link)
}
func checkLink(link string) {
     _, err := http.Get(link)
    if err != nil {
        fmt.Println(link, "might be down!")
```

```
        return
    }
    fmt.Println(link, "is up!")
}
```

执行 go run part1_basic.go 后，输出为

```
http://www.baidu.com is up!
http://www.jd.com/ is up!
https://www.taobao.com/ is up!
https://www.163.com/ is up!
https://www.sohu.com/ is up!
```

当前程序在正常情况下能够很好地运行，但是其有严重的性能问题。原因如 14-6 所示，该程序为线性程序，必须等待前一个请求执行完毕，后一个请求才能继续执行。如果请求的网站出现了问题，则可能需要等待很长时间。这种情况在网络访问、磁盘文件访问时经常会遇到。

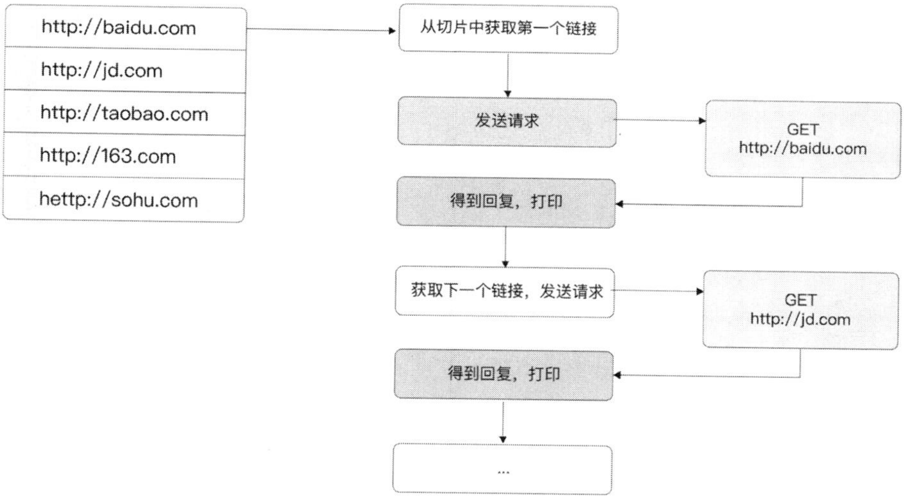

图 14-6　线性程序处理流程

14.6　主协程与子协程

为了能够加快程序的执行，需要将访问修改为并发执行。这样，我们不仅能使用到多核的资源，Go 语言的调度器也能够在当前协程 I/O 堵塞时，切换到其他协程执行。在 Go 语言中，使用协程非常方便，只需在特定的函数前加上关键字 go 即可。该关键字会被 Go 语言的编译器

识别，并在运行时创建一个新的协程。新创建的协程会独立运行，不需要返回值，也不会堵塞创建它的协程。

```
func main() {
    links := []string{
        "http://www.baidu.com",
         "http://www.jd.com/",
        "https://www.taobao.com/",
        "https://www.163.com/",
        "https://www.sohu.com/",
    }
    for _, link := range links {
        go checkLink(link)
    }
}
```

当执行此程序时，我们会惊讶地发现程序直接退出了，原因在于协程（Goroutine）分为了主协程（main Goroutine）与子协程（child Goroutine），如图 14-7 所示。

图 14-7　协程的两种形式

main 函数是一个特殊的协程，当主协程退出时，程序直接退出，这是主协程与其他协程的显著区别，如图 14-8 所示。如果其他协程还未执行完成，主协程就直接退出了，那么此时不会有任何输出。

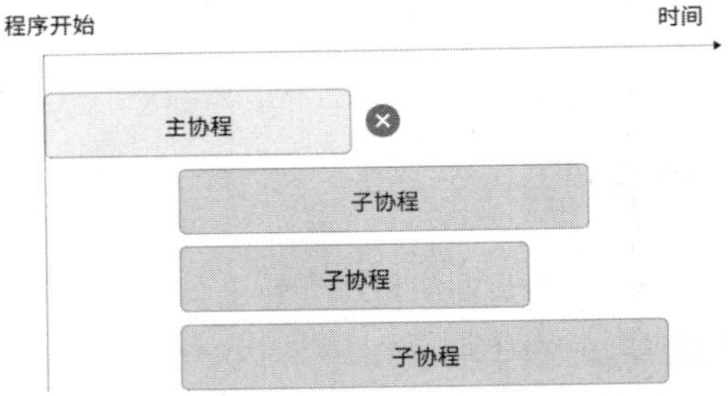

图 14-8　主协程退出时程序直接退出

因此，这不是程序的 bug，而是 Go 语言中协程的特点。明白这一点后，可以设法对程序进行调整，例如在 main 程序后休眠 2s。

```
func main() {
   ...
   for _, link := range links {
      go checkLink(link)
   }
   time.Sleep(2*time.Second)
}
```

再次执行程序 part3_sleep_main.go，即可看到理想的运行结果。细心的读者会发现，现在的结果和 url 列表的顺序是不一致的，甚至每一次执行程序，输出的结果都可能不同。

```
https://www.sohu.com/ is up!
https://www.163.com/ is up!
https://www.taobao.com/ is up!
http://www.jd.com/ is up!
http://www.baidu.com is up!
```

这一现象是并发的特性导致的，我们无法保证哪一个协程先执行，哪一个先结束。当然，并发协程在很多时候还会涉及通信的问题，第 16～17 章会重点介绍。

14.7　GMP 模型

Go 语言中经典的 GMP 的概念模型生动地概括了线程与协程的关系：Go 进程中的众多协程其实依托于线程，借助操作系统将线程调度到 CPU 执行，从而最终执行协程。在 GMP 模型中，G 代表的是 Go 语言中的协程（Goroutine），M 代表的是实际的线程，而 P 代表的是 Go 逻辑处理器（Process），Go 语言为了方便协程调度与缓存，抽象出了逻辑处理器。G、M、P 之间的对应关系如图 14-9 所示。在任一时刻，一个 P 可能在其本地包含多个 G，同时，一个 P 在任一时刻只能绑定一个 M。图 14-9 中没有涵盖的信息是：一个 G 并不是固定绑定同一个 P 的，有很多情况（例如 P 在运行时被销毁）会导致一个 P 中的 G 转移到其他的 P 中。同样的，一个 P 只能对应一个 M，但是具体对应的是哪一个 M 也是不固定的。一个 M 可能在某些时候转移到其他的 P 中执行。随着讲解的深入，后续还会细化这一模型。

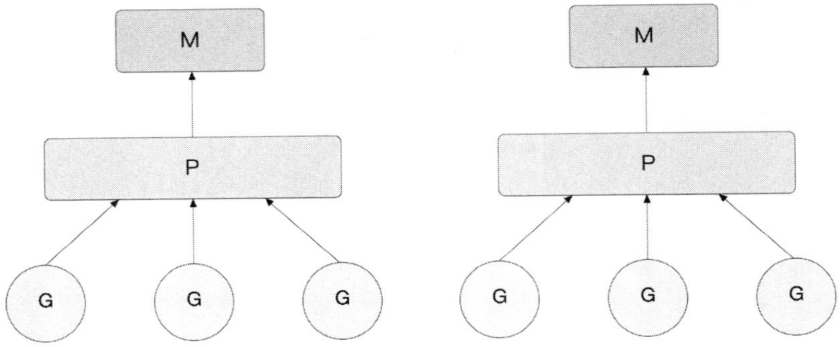

图 14-9 GMP 模型

14.8 总结

本章用对比的方式介绍了 Go 语言并发编程中一些基础但是不易理解的概念，包括进程与线程的区别、协程与线程的区别、并发与并行的区别，并在最后介绍了表示线程、协程与处理器之间关系的 GMP 模型。

进程是操作系统资源分配的基本单位，而线程是操作系统调度的基本单位。在一般情况下，线程是进程的组成部分，是不能脱离进程存在的。进程中的多个线程并发执行并共享进程的内存等资源。进程之间相对独立，不同进程具有不同的内存地址空间、操作系统资源描述符等。

协程是轻量级的线程，它依赖线程。由于协程具有更快的上下文切换速度、更灵活的调度策略、可伸缩的栈空间管理，借助简单的语法及运行时调度器的帮助，能够轻易编写出成千上万的协程，因此 Go 语言成为开发大规模、高并发项目的极佳选择。在下一章中，我们还将看到逻辑处理器 P 的作用以及多个协程是如何借助 Go 运行时的调度器实现公平调度到不同线程中的。

第 15 章
深入协程设计与调度原理

Go 语言轻量级的协程借助运行时的调度，了解 Go 语言协程设计与调度原理是高级开发工程师的必修课。本章将深入介绍协程调度器底层的设计与原理。

15.1 协程的生命周期与状态转移

协程并不只有创建和死亡两种状态。为了便于对协程进行管理，Go 语言的调度器将协程分为多种状态，协程的状态与转移如图 15-1 所示。

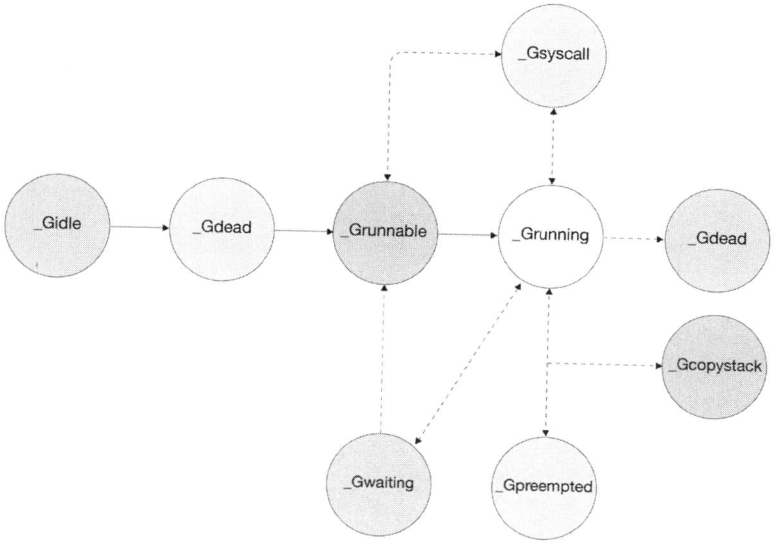

图 15-1 协程的状态与转移

◎ _Gidle 为协程刚开始创建时的状态，当新创建的协程初始化后，会变为_Gdead 状态，_Gdead 状态也是协程被销毁时的状态。
◎ _Grunnable 表示当前协程在运行队列中，正在等待运行。
◎ _Grunning 代表当前协程正在被运行，已经被分配给了逻辑处理器和线程。
◎ _Gwaiting 表示当前协程在运行时被锁定，不能执行用户代码。在垃圾回收及 channel 通信时经常会遇到这种情况。
◎ _Gsyscall 代表当前协程正在执行系统调用。
◎ _Gpreempted 是 Go 1.14 新加的状态，代表协程 G 被强制抢占后的状态。
◎ _Gcopystack 代表在进行协程栈扫描时发现需要扩容或缩小协程栈空间，将协程中的栈转移到新栈时的状态。

还有几个状态（_Gscan、_Gscanrunnable、_Gscanrunning 等）涉及垃圾回收阶段，将在第 20 章介绍。

15.2 特殊协程 g0 与协程切换

之前介绍过，一般的协程有 main 协程与子协程，main 协程在整个程序中只有一个。深入 Go 语言运行时会发现，每个线程中都有一个特殊的协程 g0。

```
type m struct {
  g0     *g    // goroutine with scheduling stack
    ...
}
```

协程 g0 运行在操作系统线程栈上，其作用主要是执行协程调度的一系列运行时代码，而一般的协程无差别地用于执行用户代码。很显然，执行用户代码的任何协程都不适合进行全局调度。

在用户协程退出或者被抢占时，意味着需要重新执行协程调度，这时需要从用户协程 g 切换到协程 g0，协程 g 与协程 g0 的对应关系如图 15-2 所示。要注意的是，每个线程的内部都在完成这样的切换与调度循环。

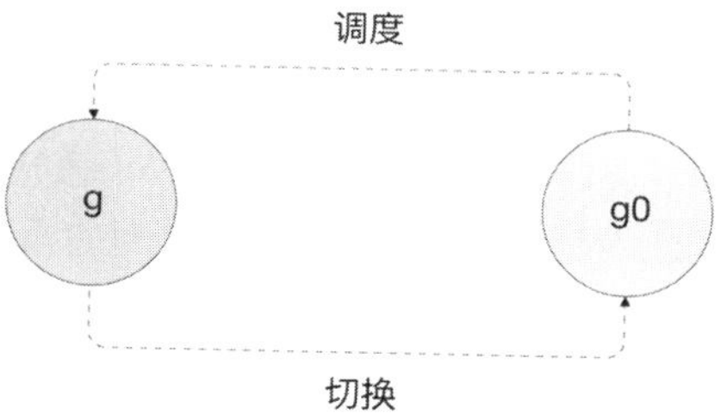

图 15-2　协程 g 与协程 g0 的对应关系

协程经历 g→g0→g 的过程，完成了一次调度循环。和线程类似，协程切换的过程叫作协程的上下文切换。当某一个协程 g 执行上下文切换时需要保存当前协程的执行现场，才能够在后续切换回 g 协程时正常执行。协程的执行现场存储在 g.gobuf 结构体中，g.gobuf 结构体主要保存 CPU 中几个重要的寄存器值，分别是 rsp、rip、rbp。

rsp 寄存器始终指向函数调用栈栈顶，rip 寄存器指向程序要执行的下一条指令的地址，rbp 存储了函数栈帧的起始位置，这在第 9 章中已经介绍过。

```
type g struct {
    sched        gobuf
    ...
}
type gobuf struct {
    // 保存CPU的rsp寄存器的值
    sp   uintptr
    // 保存CPU的rip寄存器的值
    pc   uintptr
    // 记录当前这个gobuf对象属于哪个Goroutine
    g    guintptr
    // 保存系统调用的返回值
    ret  sys.Uintreg
    // 保存CPU的rbp寄存器的值
    bp   uintptr
    ...
}
```

特殊的协程 g0 与执行用户代码的协程 g 有显著不同，g0 作为特殊的调度协程，其执行的函数和流程相对固定（这涉及调度循环的流程，在后续小节会详细介绍），并且，为了避免栈溢出，协程 g0 的栈会重复使用。而每个执行用户代码的协程，可能都有不同的执行流程。每次上下文切换回去后，会继续执行之前的流程。

15.3 线程本地存储与线程绑定

线程本地存储是一种计算机编程方法，它使用线程本地的静态或全局内存。和普通的全局变量对程序中的所有线程可见不同，线程本地存储中的变量只对当前线程可见。因此，这种类型的变量可以看作是线程“私有”的。一般地，操作系统使用 FS/GS 段寄存器存储线程本地变量。

在 Go 语言中，并没有直接暴露线程本地存储的编程方式，但是 Go 语言运行时的调度器使用线程本地存储将具体操作系统的线程与运行时代表线程的 m 结构体绑定在一起。如下所示，线程本地存储的实际是结构体 m 中 m.tls 的地址，同时 m.tls[0]会存储当前线程正在运行的协程 g 的地址，因此在任意一个线程内部，通过线程本地存储，都可以在任意时刻获取绑定到当前线程上的协程 g、结构体 m、逻辑处理器 P、特殊协程 g0 等信息。

```
type m struct {
    ...
    tls          [6]uintptr
}
```

通过线程本地存储可以实现结构体 m 与工作线程之间的绑定，如图 15-3 所示。

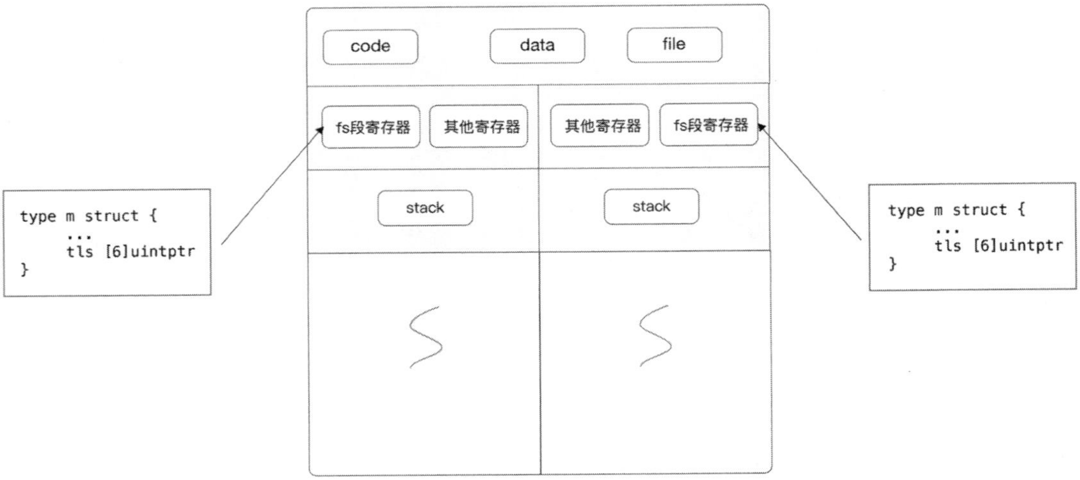

图 15-3 线程本地存储示意图

15.4　调度循环

调度循环指从调度协程 g0 开始，找到接下来将要运行的协程 g、再从协程 g 切换到协程 g0 开始新一轮调度的过程。它和上下文切换类似，但是上下文切换关注的是具体切换的状态，而调度循环关注的是调度的流程。

图 15-4 所示为调度循环的整个流程。从协程 g0 调度到协程 g，经历了从 schedule 函数到 execute 函数再到 gogo 函数的过程。其中，schedule 函数处理具体的调度策略，选择下一个要执行的协程；execute 函数执行一些具体的状态转移、协程 g 与结构体 m 之间的绑定等操作；gogo 函数是与操作系统有关的函数，用于完成栈的切换及 CPU 寄存器的恢复。

执行完毕后，切换到协程 g 执行。当协程 g 主动让渡、被抢占或退出后，又会切换到协程 g0 进入第二轮调度。在从协程 g 切换回协程 g0 时，mcall 函数用于保存当前协程的执行现场，并切换到协程 g0 继续执行，mcall 函数仍然是和平台有关的汇编指令。切换到协程 g0 后会根据切换原因的不同执行不同的函数，例如，如果是用户调用 Gosched 函数则主动让渡执行权，执行 gosched_m 函数，如果协程已经退出，则执行 goexit 函数，将协程 g 放入 p 的 freeg 队列，方便下次重用。执行完毕后，再次调用 schedule 函数开始新一轮的调度循环，从而形成一个完整的闭环，循环往复。

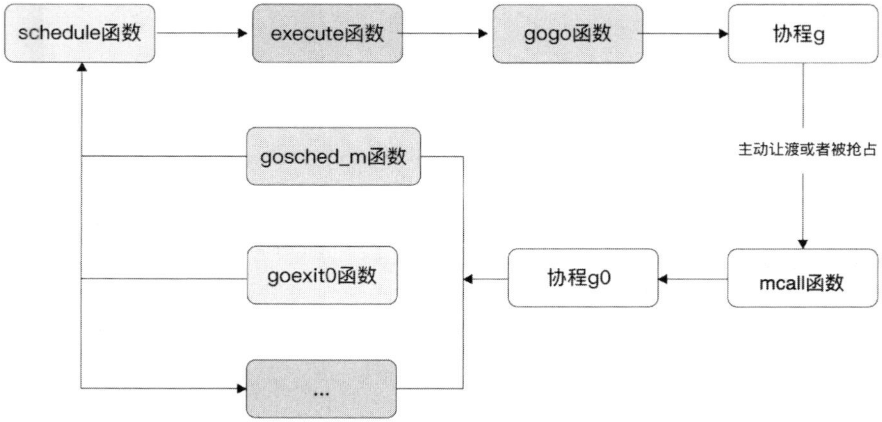

图 15-4　调度循环

15.5 调度策略

调度的核心策略位于 schedule 函数中。

```
// runtime/proc.go
func schedule() {
    ...
}
```

在 schedule 函数中，首先会检测程序是否处于垃圾回收阶段，如果是，则检测是否需要执行后台标记协程（详见第 20 章）。

之前介绍过，程序中不可能同时执行成千上万个协程，那些等待被调度执行的协程存储在运行队列中。Go 语言调度器将运行队列分为局部运行队列与全局运行队列。局部运行队列是每个 P 特有的长度为 256 的数组，该数组模拟了一个循环队列，其中 runqhead 标识了循环队列的开头，runqtail 标识了循环队列的末尾。每次将 G 放入本地队列时，都从循环队列的末尾插入，而获取时从循环队列的头部获取。

除此之外，在每个 P 内部还有一个特殊的 runnext 字段标识下一个要执行的协程。如果 runnext 不为空，则会直接执行当前 runnext 指向的协程，而不会去 runq 数组中寻找。

```
type p struct {
    // 使用数组实现的循环队列
    runq     [256]guintptr
    runnext   guintptr
}
```

被所有 P 共享的全局运行队列存储在 schedt.runq 中。

```
type schedt struct {
      runq    gQueue
}
```

因此，之前的 GMP 模型可以改进为图 15-5。

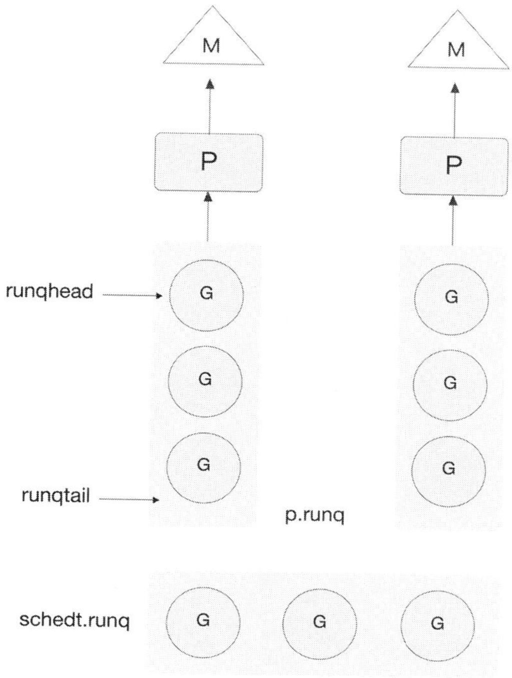

图 15-5　改进后的 GMP 模型

一般的思路是先查找每个 P 局部的运行队列，当获取不到局部运行队列时，再从全局队列中获取。但是这种方法可能存在一个问题，如果只是循环往复地执行局部运行队列中的 G，那么全局队列中的 G 可能完全不会执行。为了避免这种情况，Go 语言调度器使用了一种策略：P 中每执行 61 次调度，就需要优先从全局队列中获取一个 G 到当前 P 中，并执行下一个要执行的 G。

```
if _g_.m.p.ptr().schedtick%61 == 0 && sched.runqsize > 0 {
        lock(&sched.lock)
        // 从全局运行队列中获取 1 个 G
        gp = globrunqget(_g_.m.p.ptr(), 1)
        unlock(&sched.lock)
    }
```

调度协程的优先级与顺序如图 15-6 所示。排除从全局队列中获取这种情况，每个 P 在执行调度时，都会先尝试从 runnext 中获取下一个执行的 G，如果 runnext 为空，则继续从当前 P 中的局部运行队列 runq 中获取需要执行的 G；如果局部运行队列为空，则尝试从全局运行队列中获取需要执行的 G；如果全局队列也没有找到要执行的 G，则会尝试从其他的 P 中窃取可用的协程。到这一步，正常的程序基本都能获取到要运行的 G，如果窃取不到任务，那么当前的 P 会解除与 M 的绑定，P 会被放入空闲 P 队列中，而与 P 绑定的 M 没有任务可做，进入休眠状态。

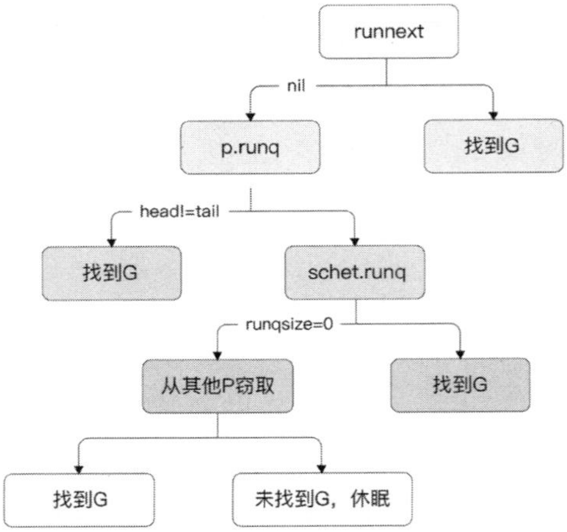

图 15-6　调度协程的优先级与顺序

下面详细介绍调度的具体过程。

15.5.1　获取本地运行队列

调度器首先查看 runnext 成员是否为空，如果不为空则返回对应的 G，如果为空则继续从局部运行队列中寻找。当循环队列的头（runqhead）和尾（runqtail）相同时，意味着循环队列中没有任何要运行的协程。否则，意味着存在可用的协程，从循环队列头部获取一个协程返回。需要注意的是，虽然在大部分情况下只有当前 G 访问局部运行队列，但是可能存在其他 P 窃取任务造成同时访问的情况，因此，在这里访问时需要加锁。

```
func runqget(_p_ *p) (gp *g, inheritTime bool) {
    for {
        next := _p_.runnext
        if next == 0 {
            break
        }
        if _p_.runnext.cas(next, 0) {
            return next.ptr(), true
        }
    }
    for {
```

```
        h := atomic.LoadAcq(&_p_.runqhead)
        t := _p_.runqtail
        if t == h {
            return nil, false
        }
        gp := _p_.runq[h%uint32(len(_p_.runq))].ptr()
        if atomic.CasRel(&_p_.runqhead, h, h+1) {
            return gp, false
        }
    }
}
```

15.5.2　获取全局运行队列

当 P 每执行 61 次调度，或者局部运行队列中不存在可用的协程时，都需要从全局运行队列中查找一批协程分配给本地运行队列，如图 15-7 所示。

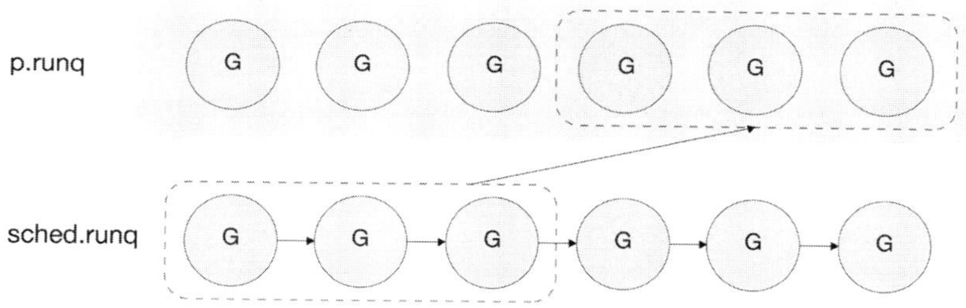

图 15-7　全局运行队列转移到本地运行队列

全局运行队列的数据结构是一根链表。由于每个 P 都共享了全局运行队列，因此为了保证公平，先根据 P 的数量平分全局运行队列中的 G，同时，要转移的数量不能超过局部队列容量的一半（当前是 256/2 = 128 个），再通过循环调用 runqput 将全局队列中的 G 放入 P 的局部运行队列中。

```
func globrunqget(_p_ *p, max int32) *g {
    n := sched.runqsize/gomaxprocs + 1
    if n > sched.runqsize {
        n = sched.runqsize
    }
    if max > 0 && n > max {
        n = max
    }
    if n > int32(len(_p_.runq))/2 {
```

```
        n = int32(len(_p_.runq)) / 2
    }

    sched.runqsize -= n
    gp := sched.runq.pop()
    n--
    for ; n > 0; n-- {
        gp1 := sched.runq.pop()
        runqput(_p_, gp1, false)
    }
    return gp
}
```

细心的读者会有疑问，如果本地运行队列已经满了，那么无法从全局运行队列调用并放入怎么办？如图 15-8 所示，如果本地运行队列满了，那么调度器会将本地运行队列的一半放入全局运行队列。这保证了当程序中有很多协程时，每个协程都有执行的机会。

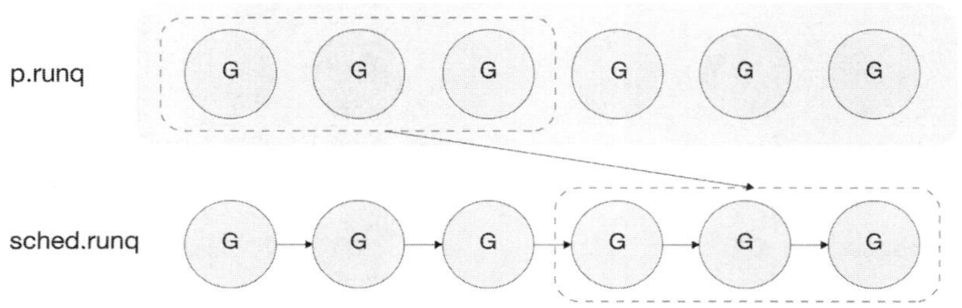

图 15-8　本地队列转移到全局队列

15.5.3　获取准备就绪的网络协程

虽然很少见，但是局部运行队列和全局运行队列都找不到可用协程的情况仍有可能发生。这时，调度器会寻找当前是否有已经准备好运行的网络协程。Go 语言中的网络模型其实是对不同平台上 I/O 多路复用技术（epoll/kqueue/iocp）的封装，本书不会对其进行详细介绍。runtime.netpoll 函数获取当前可运行的协程列表，返回第一个可运行的协程。并通过 injectglist 函数将其余协程放入全局运行队列等待被调度。

```
if netpollinited() && atomic.Load(&netpollWaiters) > 0 &&
atomic.Load64(&sched.lastpoll) != 0 {
    if list := netpoll(0); !list.empty() { // non-blocking
        gp := list.pop()
        injectglist(&list)
```

```
        casgstatus(gp, _Gwaiting, _Grunnable)
        return gp, false
    }
}
```

15.5.4 协程窃取

当局部运行队列、全局运行队列以及准备就绪的网络列表中都找不到可用协程时，需要从其他 P 的本地队列中窃取可用的协程执行。所有的 P 都存储在全局的 allp []*p 中，一种可以想到的简单方法是循环遍历 allp，找到可用的协程，但是这种方法缺少公平性。为了既保证随机性，又保证 allp 数组中的每个 P 都能被依次遍历，Go 语言采取了一种独特的方式，其代码位于 findrunnable 函数中。

```
func findrunnable() (gp *g, inheritTime bool) {
    for i := 0; i < 4; i++ {
            for enum := stealOrder.start(fastrand()); !enum.done(); enum.next()
        {
                ...
        }
}
```

第 2 层 for 循环表示随机遍历 allp 数组，找到可窃取的 P 就立即窃取并返回。当遍历了一次没有找到时，再遍历一次，第 1 层的 4 个循环表示这个操作会重复四次，第 2 层的循环操作涉及数学上的一些特性。我们用一个例子来说明，假设一共有 8 个 P，第 1 步，fastrand 函数选择一个随机数并对 8 取模，算法选择了一个 0~8 之间的随机数，假设为 6。

第 2 步，找到一个比 8 小且与 8 互质的数。比 8 小且与 8 互质的数有 4 个：coprimes=[1,3,5,7]，代码中取 coprimes[6%4] = 5，这 4 个数中任取一个都有相同的数学特性。计算过程为

```
(6+5) %8 = 3
(3+5) %8 = 0 (0+5) %8 = 5 (5+5) %8 = 2 (2+5) %8 = 7 (7+5) %8 = 4 (4+5) %8 = 1
(1+5) %8 = 6
```

可以看到，这里将上一个计算的结果作为下一个计算的条件，这样的计算过程保证了一定会遍历到 allp 中的所有元素。

找到要窃取的 P 之后就正式开始窃取了，其核心代码位于 runqgrab 函数。窃取的核心逻辑比较简单，如图 15-9 所示，将要窃取的 P 本地运行队列中 Goroutine 个数的一半放入自己的运行队列中。

```
func runqgrab(_p_ *p, batch *[256]guintptr, batchHead uint32, stealRunNextG bool)
uint32 {
    for {
        h := atomic.LoadAcq(&_p_.runqhead)
        t := atomic.LoadAcq(&_p_.runqtail)
        // 计算队列中有多少个 Goroutine
        n := t - h
        // 窃取队列中 Goroutine 个数的一半
        n = n - n/2
        ...
        for i := uint32(0); i < n; i++ {
            g := _p_.runq[(h+i)%uint32(len(_p_.runq))]
            batch[(batchHead+i)%uint32(len(batch))] = g
        }
        if atomic.CasRel(&_p_.runqhead, h, h+n) {
            return n
        }
    }
}
```

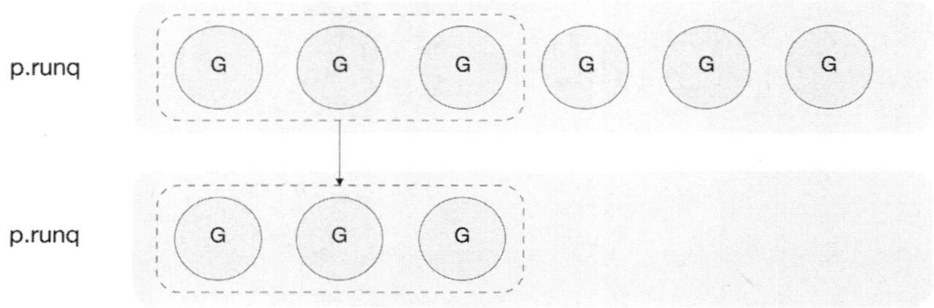

图 15-9 窃取其他 P 中的协程

15.6 调度时机

上一节介绍了调度器调度时的策略，这里还有一个重要的问题：什么时候会发生调度？可以根据调度方式的不同，将调度时机分为主动、被动和抢占调度。

15.6.1 主动调度

协程可以选择主动让渡自己的执行权利，这主要是通过用户在代码中执行 runtime.Gosched 函数实现的。在大多数情况下，用户并不需要执行此函数，因为 Go 语言编译器会在调用函数之前插入检查代码，判断该协程是否需要被抢占。但是有一些特殊的情况，例如一个密集计算，无限 for 循环的场景，这种场景由于没有抢占的时机，在 Go 1.14 版本之前是无法被抢占的。Go 1.14 之后的版本对于长时间执行的协程使用了操作系统的信号机制进行强制抢占。这种方式需要进入操作系统的内核，速度比不上用户直接调度的 runtime.Gosched 函数。后面的小节会详细介绍强制抢占。

```
for {
    // do something
    ...
}
```

主动调度的原理比较简单，需要先从当前协程切换到协程 g0，取消 G 与 M 之间的绑定关系，将 G 放入全局运行队列，并调用 schedule 函数开始新一轮的循环。

```
func goschedImpl(gp *g) {
    ...
    casgstatus(gp, _Grunning, _Grunnable)
    // 取消 G 与 M 之间的绑定关系
    dropg()
    lock(&sched.lock)
    // 把 G 放入全局运行队列
    globrunqput(gp)
    unlock(&sched.lock)
    // 进入新一轮调度
    schedule()
}
```

15.6.2 被动调度

被动调度指协程在休眠、channel 通道堵塞、网络 I/O 堵塞、执行垃圾回收而暂停时，被动让渡自己执行权利的过程。被动调度具有重要的意义，可以保证最大化利用 CPU 的资源。根据被动调度的原因不同，调度器可能执行一些特殊的操作。由于被动调度仍然是协程发起的操作，因此其调度的时机相对明确。和主动调度类似的是，被动调度需要先从当前协程切换到协程 g0，更新协程的状态并解绑与 M 的关系，重新调度。和主动调度不同的是，被动调度不会将 G 放入全局运行队列，因为当前 G 的状态不是_Grunnable 而是_Gwaiting，所以，被动调度需要一个额外的唤醒机制。

下面以通道的堵塞为例说明被动调度的过程。在该例中，通道 c 一直会等待通道中的消息。

```
func (c chan int) {
    <-c
}
```

当通道中暂时没有数据时，会调用 gopark 函数完成被动调度，gopark 函数是被动调度的核心逻辑。

```
func gopark(unlockf func(*g, unsafe.Pointer) bool, lock unsafe.Pointer, reason
waitReason, traceEv byte, traceskip int) {
    ...
    mcall(park_m)
}
```

gopark 函数最后会调用 park_m，该函数会解除 G 和 M 之间的关系，根据执行被动调度的原因不同，执行不同的 waitunlockf 函数，并开始新一轮调度。

```
func park_m(gp *g) {
    ...
    //解除 G 和 M 之间的关系
    casgstatus(gp, _Grunning, _Gwaiting)
    dropg()

    if fn := _g_.m.waitunlockf; fn != nil {
        ok := fn(gp, _g_.m.waitlock)
        _g_.m.waitunlockf = nil
            _g_.m.waitlock = nil
        ...
    }
    schedule()
}
```

如果当前协程需要被唤醒，那么会先将协程的状态从_Gwaiting 转换为_Grunnable，并添加到当前 P 的局部运行队列中。

```
func ready(gp *g, traceskip int, next bool) {
    ...
    casgstatus(gp, _Gwaiting, _Grunnable)
    // G 放入运行队列
    runqput(_g_.m.p.ptr(), gp, next)
    ...
}
```

第 16 章还会详细介绍 channel 的工作原理。

15.6.3 抢占调度

为了让每个协程都有执行的机会，并且最大化利用 CPU 资源，Go 语言在初始化时会启动一个特殊的线程来执行系统监控任务。系统监控在一个独立的 M 上运行，不用绑定逻辑处理器 P，系统监控每隔 10ms 会检测是否有准备就绪的网络协程，并放置到全局队列中。和抢占调度相关的是，系统监控服务会判断当前协程是否运行时间过长，或者处于系统调用阶段，如果是，则会抢占当前 G 的执行。其核心逻辑位于 runtime.retake 函数中。

```
func retake(now int64) uint32 {
    // 遍历所有的 P
    for i := 0; i < len(allp); i++ {
        _p_ := allp[i]
        pd := &_p_.sysmontick
        s := _p_.status
        sysretake := false
        if s == _Prunning || s == _Psyscall {
            // 如果 G 运行时间过长则抢占
            t := int64(_p_.schedtick)
            if int64(pd.schedtick) != t {
                pd.schedtick = uint32(t)
                pd.schedwhen = now
            } else if pd.schedwhen+forcePreemptNS <= now {
                // 连续运行超过 10ms，设置抢占请求
                preemptone(_p_)
                // In case of syscall, preemptone() doesn't
                // work, because there is no M wired to P.
                sysretake = true
            }
        }
        // P 处于系统调用之中，检查是否需要抢占
        if s == _Psyscall {
            // 如果已经超过了一个系统监控的 tick（20us），则从系统调用中抢占 P
            ...
        }
```

在 Go1.14 中，如果当前协程的执行时间超过了 10ms，则需要执行抢占。如果一个协程在系统调用中超过了 20 微秒，则仍然需要抢占调度。接下来，我们分别分析这两种不同的情况。

15.6.4 执行时间过长的抢占调度

在 Go 1.14 之前，虽然仍然有系统监控抢占时间过长的 G，调用 preemptone 函数，但是抢

占的时机却不太一样。preemptone 函数会将当前的 preempt 字段设置为 true，并将 stackguard0 设置为 stackPreempt。stackPreempt 常量 0xfffffffffffffade 是一个非常大的数，设置 stackguard0 使调度器能够处理抢占请求。

```
func preemptone(_p_ *p) bool {
   mp := _p_.m.ptr()
   gp := mp.curg
   // 设置抢占标志
   gp.preempt = true
   gp.stackguard0 = stackPreempt
   return true
}
```

调度发生的时机主要在执行函数调用阶段。函数调用是一个比较安全的检查点，Go 语言编译器会在函数调用前判断 stackguard0 的大小，从而选择是否调用 runtime.morestack_noctxt 函数。morestack_noctxt 为汇编函数，函数的执行流程如下：morestack_noctxt()→morestack()→newstack()。

newstack 函数中的一般核心逻辑是判断 G 中 stackguard0 字段的大小，并调用 gopreempt_m 函数切换到 g0，取消 G 与 M 之间的绑定关系，将 G 的状态转换为_Grunnable，将 G 放入全局运行队列，并调用 schedule 函数开始新一轮调度循环。

```
func newstack() {
   preempt := atomic.Loaduintptr(&gp.stackguard0) == stackPreempt
   if preempt {
      ...
      gopreempt_m(gp)
   }
}
```

这种抢占的方式面临着一定的问题，当执行过程中没有函数调用，而只有类似如下代码时，协程将没有被抢占的机会。

```
for{
   i++
}
```

为了解决这一问题，Go 1.14 之后引入了信号强制抢占的机制。

这需要借助图 15-10 中的类 UNIX 操作系统信号处理机制，信号是发送给进程的各种通知，以便将各种重要的事件通知给进程。最常见的是用户发送给进程的信号，例如时常使用的

CTRL+C 键，或者在命令行中输入的 kill -<signal> <PID> 指令。通过信号，借助操作系统中断当前程序，保存程序的执行状态和寄存器值，并切换到内核态处理信号。在内核态处理完信号后，还会返回到用户态执行程序注册的信号处理函数，之后再回到内核，恢复程序原始的栈和寄存器值，并切换到用户态继续执行程序。

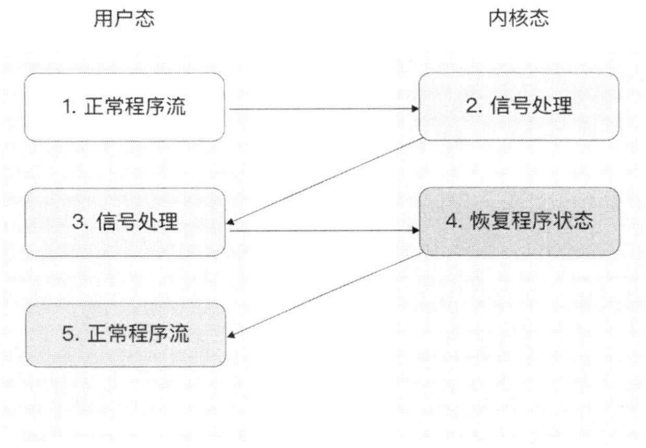

图 15-10　类 UNIX 操作系统信号处理机制

Go 语言借助用户态在信号处理时完成协程的上下文切换的操作，需要借助进程对特定的信号进行处理。并不是所有的信号都可以被处理，例如 SIGKILL 与 SIGSTOP 信号用于终止或暂停程序，不能被程序捕获处理。Go 程序在初始化时会初始化信号表，并注册信号处理函数。在这里，我们关注抢占时的信号处理。

在抢占时，调度器通过向线程中发送 sigPreempt 信号，触发信号处理。在 UNIX 操作系统中，sigPreempt 为_SIGURG 信号，由于该信号不会被用户程序和调试器使用，因此 Go 语言使用它作为安全的抢占信号，关于信号具体的选择过程，可以参考 Go 源码中对_SIGURG 信号的注释。

```
func preemptM(mp *m) {
    ...
    if atomic.Cas(&mp.signalPending, 0, 1) {
        signalM(mp, sigPreempt)
    }
}
```

进程进行信号处理的核心逻辑位于 sighandler 函数中，在进行信号处理时，当遇到 sigPreempt

抢占信号时，触发运行时的异步抢占机制。

```
func sighandler(sig uint32, info *siginfo, ctxt unsafe.Pointer, gp *g) {
    ...
    if sig == sigPreempt {
        doSigPreempt(gp, c)
    }
```

doSigPreempt 函数是平台相关的汇编函数。其中的重要一步是修改了原程序中 rsp、rip 寄存器中的值，从而在从内核态返回后，执行新的函数路径。在 Go 语言中，内核返回后执行新的 asyncPreempt 函数。asyncPreempt 函数会保存当前程序的寄存器值，并调用 asyncPreempt2 函数。当调用 asyncPreempt2 函数时，根据 preemptPark 函数或者 gopreempt_m 函数重新切换回调度循环，从而打断密集循环的继续执行。

```
func asyncPreempt2() {
    gp := getg()
    gp.asyncSafePoint = true
    if gp.preemptStop {
        mcall(preemptPark)
    } else {
        mcall(gopreempt_m)
    }
    gp.asyncSafePoint = false
}
```

抢占调度的执行流程如图 15-11 所示。

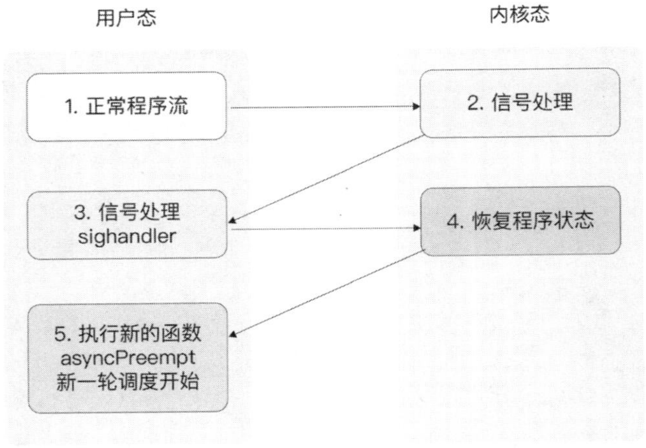

图 15-11 抢占调度执行流程

当发生系统调用时，当前正在工作的线程会陷入等待状态，等待内核完成系统调用并返回。当发生下面 3 种情况之一时，需要抢占调度：

1、当前局部运行队列中有等待运行的 G。在这种情况下，抢占调度只是为了让局部运行队列中的协程有执行的机会，因为其一般是当前 P 私有的。

2、当前没有空闲的 P 和自旋的 M。如果有空闲的 P 和自旋的 M，说明当前比较空闲，那么释放当前的 P 也没有太大意义。

3、当前系统调用的时间已经超过了 10ms，这和执行时间过长一样，需要立即抢占。

```
func retake(now int64) uint32 {
    // 遍历所有的 P
    for i := 0; i < len(allp); i++ {
        ...
        // P 处于系统调用之中，检查是否需要抢占
        if s == _Psyscall {
            // 如果已经超过了一个系统监控的 tick（20 微秒），则从系统调用中抢占 P
            if runqempty(_p_) &&
atomic.Load(&sched.nmspinning)+atomic.Load(&sched.npidle) > 0 &&
pd.syscallwhen+10*1000*1000 > now {
                continue
            }
            ...
    }
```

系统调用时的抢占原理主要是将 P 的状态转化为_Pidle，这仅仅是完成了第 1 步。我们的目的是让 M 接管 P 的执行，主要的逻辑位于 handoffp 函数中，该函数需要判断是否需要找到一个新的 M 来接管当前的 P。当发生如下条件之一时，需要启动一个 M 来接管：

◎ 本地运行队列中有等待运行的 G。

◎ 需要处理一些垃圾回收的后台任务。

◎ 所有其他 P 都在运行 G，并且没有自旋的 M。

◎ 全局运行队列不为空。

◎ 需要处理网络 socket 读写等事件。

当这些条件都不满足时，才会将当前的 P 放入空闲队列中。

当寻找可用的 M 时，需要先在 M 的空闲列表中查找是否有闲置的 M，如果没有，则向操作系统申请一个新的 M，即线程。不管是唤醒闲置的线程还是新启动一个线程，都会开始新一

轮调度。

这里有一个重要的问题——工作线程的 P 被抢占，系统调用的工作线程从内核返回后会怎么办呢？这涉及系统调用之前和之后执行的一系列逻辑。在执行实际操作系统调用之前，运行时调用了 reentersyscall 函数。该函数会保存当前 G 的执行环境，并解除 P 与 M 之间的绑定，将 P 放置到 oldp 中。解除绑定是为了系统调用返回后，当前的线程能够绑定不同的 P，但是会优先选择 oldp（如果 oldp 可以被绑定）。

```
func reentersyscall(pc, sp uintptr) {
    save(pc, sp)
    _g_.syscallsp = sp
    _g_.syscallpc = pc
    casgstatus(_g_, _Grunning, _Gsyscall)
    ......
    pp := _g_.m.p.ptr()
    pp.m = 0  //P 解除与 M 之间的绑定
    _g_.m.oldp.set(pp)
    _g_.m.p = 0  //M 解除与 P 之间的绑定
    atomic.Store(&pp.status, _Psyscall)
    .....
    _g_.m.locks--
}
```

当操作系统内核返回系统调用后，被堵塞的协程继续执行，调用 exitsyscall 函数以便协程重新执行。

```
func exitsyscall() {
// 尝试绑定 P
    if exitsyscallfast(oldp) {
        casgstatus(_g_, _Gsyscall, _Grunning)
        ...
        return
    }
    ...
    // 绑定 P 失败，执行 exitsyscall0 函数
    mcall(exitsyscall0)

}
```

由于在系统调用前，M 与 P 解除了绑定关系，因此现在 exitsyscall 函数希望能够重新绑定 P。寻找 P 的过程分为三个步骤：

1、尝试能否使用之前的 oldp，如果当前的 P 处于_Psyscall 状态，则说明可以安全地绑定此 P。

2、当 P 不可使用时，说明其已经被系统监控线程分配给了其他的 M，此时加锁从全局空闲队列中寻找空闲的 P。

3、如果空闲队列中没有空闲的 P，则需要将当前的 G 放入全局运行队列，当前工作线程进入睡眠状态。当休眠被唤醒后，才能继续开始调度循环。

15.7 总结

运行时的协程调度器是 Go 语言能够并发执行成千上万个协程的核心，贯穿 Go 程序运行的整个生命周期。调度器的工作是在适当的时机将合适的协程分配到合适的位置，在调度过程中需要保证公平和效率。在探究 Go 语言调度器的过程中，两个核心的问题是何时发生调度以及调度的策略是什么。

协程可以主动让渡自己的执行权利，也可以在发生锁或者通道堵塞时被动让渡自己的执行权利。除此之外，为了让每个协程都有执行的机会，并且最大化利用 CPU 资源，在 Go 语言初始化时会启动一个特殊的线程来执行系统监控服务。系统监控会判断协程是否需要执行垃圾回收或者当前协程是否运行时间过长或处于系统调用阶段，在这些情况下，调度器将借助操作系统信号机制或者抢占逻辑处理器实现抢占调度。当触发协程调度后，当前线程将切换到 g0 栈进入调度循环，依靠调度器获取最佳的协程继续执行。通过协调本地协程运行队列与全局协程运行队列，调度器实现了协程之间公平并高效地执行。

Go 语言调度器的设计为复杂场景下公平高效的资源调度提供了很好的示范，也是深入理解 Go 程序运行的关键组件，是非常值得学习的专题。

第 16 章 通道与协程间通信

不要通过共享内存来通信，通过通信来共享内存。

—— 罗勃·派克

Don't communicate by sharing memory, share memory by communicating.

—— rob pike

通道（channel）是 Go 语言中提供协程间通信的独特方式，传统的多线程编程比较困难，常常需要开发者了解一些底层的细节（例如互斥锁、条件变量及内存屏障等）。而通过通道交流的方式，Go 语言屏蔽了底层实现的诸多细节，使得并发编程更加简单快捷。将通道作为 Go 语言中的一等公民，是 Go 语言遵循 CSP 并发编程模式的结果，这种模型最重要的思想是通过通道来传递消息。同时，通道借助 Go 语言调度器的设计，可以高效实现通道的堵塞/唤醒，进一步实现通道多路复用的机制。

16.1 CSP 并发编程

在计算机科学中，CSP（Communicating Sequential Processes，通信顺序进程）是用于描述并发系统中交互模式的形式化语言，其通过通道传递消息。Tony Hoare 在 1978 年第一次发表了关于 CSP 的想法。在过去，多线程或多进程程序通常采用共享内存进行交流，通过信号量等手段实现同步机制，但 Tony Hoare 通过同步交流（Synchronous Communication）的原理解决了交流与同步这两个问题。在 CSP 语言中，通过命名的通道发送或接收值进行通信。在最初的设计中，通道是无缓冲的，因此发送操作会阻塞，直到被接收端接收后才能继续发送，从而提供了一种同步机制。CSP 的思想后来影响了 Alef、Newsqueak、Limbo 等多种编程语言，并成为 Go

语言并发中的重要设计思想。在本章后续的小节中，读者可以结合通道的实际使用和原理来体会 CSP 的思想。

16.2　通道基本使用方式

通道是 Go 语言中的一等公民，其操作方式比较简单和形象。如下所示，将箭头（← ）作为操作符进行通道的读取和写入。本节将详细介绍通道的基本使用方式。

```
c <- number
<- c
```

16.2.1　通道声明与初始化

chan 作为 Go 语言中的类型，其最基本的声明方式如下：

```
var name chan T
```

其中，name 代表 chan 的名字，为用户自定义的；chan T 代表通道的类型，T 代表通道中的元素类型。在声明时，channel 必须与一个实际的类型 T 绑定在一起，代表通道中能够读取和传递的元素类型。通道的表示形式有如下有三种：chan T、chan ←T、←chan T。

具体来说，不带“←”的通道可读可写，而带 “←”的类型限制了通道的读写。例如，chan ← float 代表该通道只能写入浮点数，←chan string 代表该通道只能读取字符串。

```
chan int
chan <- float
<-chan string
```

一个还未初始化的通道会被预置为 nil，这一点可以通过简单打印得出。

```
  var c chan int
  fmt.Println(c)
```

比较有意思的一点是，一个未初始化的通道在编译时和运行时并不会报错，不过，显然无法向通道中写入或读取任何数据。要对通道进行操作，需要使用 make 操作符，make 会初始化通道，在内存中分配通道的空间。

```
var c  = make(chan int)
```

16.2.2 通道写入数据

可以通过如下简单的方式向通道中写入数据：

```
c <- 5
```

对于无缓冲通道，能够向通道写入数据的前提是必须有另一个协程在读取通道。否则，当前的协程会陷入休眠状态，直到能够向通道中成功写入数据。

无缓冲通道的读与写应该位于不同的协程中，否则，程序将陷入死锁的状态，如下所示。

```
func main(){
    var c  = make(chan int)
    c<-5
    <-c
}
```

上例将陷入死锁状态。因为第 4 行的←c 永远无法执行。程序报错为

```
fatal error: all goroutines are asleep -  deadlock!
```

16.2.3 通道读取数据

通道中读取数据可以直接使用←c，←c 可以直接嵌套在程序中使用，如下代码为读取通道中的信息并打印。

```
fmt.Println(<-c)
```

和写入数据一样，如果不能直接读取通道的数据，那么当前的读取协程将陷入堵塞，直到有协程写入通道为止。读取通道也可以有返回值，如下代码接收通道中的数据并赋值给 data。

```
 data := <-c
```

读取通道还有两种返回值的形式，借助编译时将该形式转换为不同的处理函数。第 1 个返回值仍然为通道读取到的数据，第 2 个返回值为布尔类型，返回值为 false 代表当前通道已经关闭。

```
 data,ok := <-c
```

16.2.4 通道关闭

通道的关闭，需要用到内置的 close 函数，如下所示：

```
close(c)
```

在正常读取的情况下，通道返回的 ok 为 true。通道在关闭时仍然会返回，但是 data 为其类型的零值，ok 也变为了 false。和通道读取不同的是，不能向已经关闭的通道中写入数据。

```
var c  = make(chan int)
close(c)
c<-5 // panic: send on closed channel
```

通道关闭会通知所有正在读取通道的协程，相当于向所有读取协程中都写入了数据。

如下所示，有两个协程正在等待通道中的数据，当 main 协程关闭通道后，两个协程都会收到通知。

```
func main(){
    var c  = make(chan int)
    go func() {
        data,ok:= <-c
        fmt.Println("goroutine one: ",data,ok)
    }()
    go func() {
        data,ok:= <-c
        fmt.Println("goroutine two: ",data,ok)
    }()
    close(c)
    time.Sleep(1*time.Second)
}
```

程序结果打印如下，可以看出两个协程都读取到了结果，但是结果都是零值。

```
goroutine one:  0 false
goroutine two:  0 false
```

要注意的是，如果读取通道是一个循环操作，那么下例会出现一个大问题——关闭通道并不能终止循环，依然会收到一个永无休止的零值序列。

```
go func() {
      for {
          data,ok:= <-c
          fmt.Println("goroutine one: ",data,ok)
      }
   }()
```

循环打印出：

```
goroutine one:  0 false
goroutine two:  0 false
...
```

因此，在实践中会通过第二个返回的布尔值来判断通道是否已经关闭，如果已经关闭，那么退出循环是一种比较常见的操作。

```
  go func() {
      for {
          data,ok:= <-c
          if !ok{
              break
          }
      }
  }()
```

试图重复关闭一个 channel 将导致 panic 异常，试图关闭一个 nil 值的 channel 也将导致 panic 异常。

```
  var c  = make(chan int)
  close(c)
  close(c) // panic: close of closed channel
```

在实践中，并不需要关心是否所有的通道都已关闭，当通道没有被引用时将被 Go 语言的垃圾自动回收器回收。关闭通道会触发所有通道读取操作被唤醒的特性，被使用在了很多重要的场景中，例如一个协程退出后，其创建的一系列子协程能够快速退出的场景。第 17 章将详细介绍的 Context 包，就使用到了这一特性。

16.2.5 通道作为参数和返回值

通道作为一等公民，可以作为参数和返回值。通道是协程之间交流的方式，不管是将数据读取还是写入通道，都需要将代表通道的变量通过函数传递到所在的协程中去。如下所示，代表协程执行的 worker 函数以通道（chan int）作为参数。

```
func worker(id int, c chan int) {
   for n := range c {
      fmt.Printf("Worker %d received %c\n",
         id, n)
   }
}
```

通道作为返回值一般用于创建通道的阶段，下例中的 createWorker 函数创建了通道 c，并新建了一个 worker 协程，最后返回的通道可能继续传递给其他的消费者使用。

```
func createWorker(id int) chan int {
   c := make(chan int)
   go worker(id, c)
   return c
}
```

由于通道是 Go 语言中的引用类型而不是值类型，因此传递到其他协程中的通道，实际引用了同一个通道。

16.2.6　单方向通道

一般来说，一个协程在大多数情况下只会读取或者写入通道，为了表达这种语义并防止通道被误用，Go 语言的类型系统提供了单方向的通道类型。例如 chan← float 代表该通道只能写入而不能读取浮点数，←chan string 代表该通道只能读取而不能写入字符串。

上例中 worker 函数的作用主要是读取通道的信息，因此可以将其函数签名改写如下，而不影响其任何功能。

```
func worker(id int, c <-chan int)
```

普通的通道具有读和写的功能，普通的通道类型能够隐式地转换为单通道的类型。

```
var c  = make(chan int)
worker(1,c)
```

反之，单通道的类型不能转换为普通的通道类型。

```
var c  = make(chan <-int)
var d  = make(chan int)
d = c
```

如下试图将单通道类型赋值给普通通道类型，编译时报错为

```
cannot use c (type chan<- int) as type chan int in assignment
```

试图在只能写入的通道中读取数据，编译时报错为

```
var c  = make(chan <-int)
<-c  // invalid operation: <-c (receive from send-only type chan<- int)
```

16.2.7 通道最佳实践

在之前介绍协程的基本使用方式时，我们介绍过一个检查网址连接状态的例子：

```
func main() {
    links := []string{
        "http://www.baidu.com",
        "http://www.jd.com",
        "https://www.taobao.com",
    }
    for _, link := range links {
        go checkLink(link)
    }
    time.Sleep(2*time.Second)
}
```

在该例中，为了避免 main 协程退出，使用了 time.sleep 方法。现在，可以将该案例改写为通道的形式。通过通道，不仅可以完成堵塞，还可以进行通信。如下所示，新建一个无缓冲通道 c，用于传递字符串，并将其传递到 checkLink 协程中去。在 checkLink 协程中，当完成对网址的访问时，如果访问错误则向通道中传递字符串 might be down，如果访问成功则向通道中传递字符串 is up。在 main 协程中，等待接收通道的消息。

```
func main() {
    links := []string{
        "http://www.baidu.com",
        "http://www.jd.com",
        "https://www.taobao.com",
    }
    c:=make(chan string)
    for _, link := range links {
        go checkLink(link,c)
    }
    <-c
}
func checkLink(link string,c chan string) {
    _, err := http.Get(link)
    if err != nil {
        fmt.Println(link, "is up!")
        return
    }
  fmt.Println(link, "is up!")
```

```
    c<- "is up"
}
```

当运行该程序后，会看到程序打印完 1 行就退出了。

```
http://www.baidu.com is up
```

该程序的执行流程如图 16-1 所示，main 协程循环完成后，会等待通道中的消息，这个时候 main 协程会陷入等待。直到一个协程完成网址访问，并向通道中传递消息后，main 协程才被唤醒，读取通道中的内容。这时 main 协程不再陷入堵塞的状态而是让程序直接退出，即便现在还有两个子协程没有执行完成。

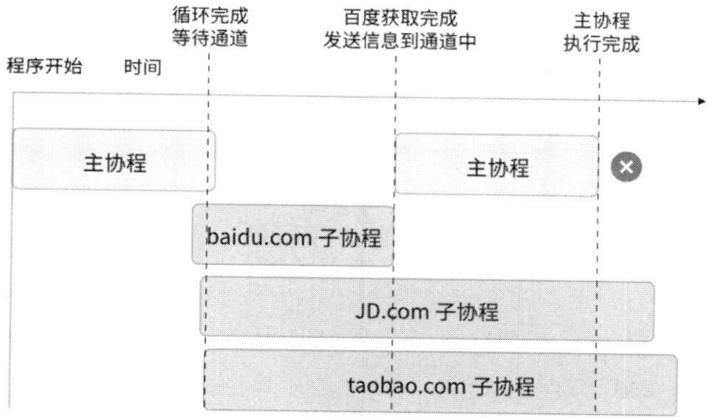

图 16-1　通道执行流程案例

将上面的案例修改如下，在 main 协程最后执行三次←c，从而可以让协程全部执行完毕后再退出程序。这种方式比使用 time.sleep 要好很多，因为不确定程序什么时间能够执行完所有的协程。

```
func main() {
    links := []string{
        "http://www.baidu.com",
         "http://www.jd.com/",
        "https://www.taobao.com/",
    }
    c:=make(chan string)
    for _, link := range links {
        go checkLink(link,c)
    }
    <-c
    <-c
```

```
    <-c
}
```

运行程序后输出如下，需要注意的是，对于执行 checkLink 函数的协程，哪个先开始执行以及哪个先执行结束仍然是不确定的，因此每一次输出的结果都有所不同。

```
https://www.taobao.com/ is up!
http://www.jd.com/ is up!
http://www.baidu.com is up!
```

假如现在想实现一个更加复杂的功能——循环往复地检查网址的链接状态，即当一个网址检查协程结束后，再次开启一个新的协程去检查。这种功能类似爬虫，让我们可以直接在 checkLink 函数中循环往复，现在的案例还能改进得更有意思，如下所示。

```
func main() {
    links := []string{
        "http://www.baidu.com",
        "http://www.jd.com/",
        "https://www.taobao.com/",
    }
    c:=make(chan string)
    for _, link := range links {
        go checkLink(link,c)
    }
    for{
        go checkLink(<-c,c)
    }
}
func checkLink(link string,c chan string) {
    _, err := http.Get(link)
    if err != nil {
        fmt.Println(link, "might be down!")
        c<-link
        return
    }
    fmt.Println(link, "is up!")
    c<-link
}
```

在 checkLink 函数中，当协程退出前，传递到通道中的是网址的 url，而此 url 会被 main 协程 for 循环中的←c 接收，一般接收到此通道的消息后，会立即开始一个新的协程，之后继续等待通道中的新消息，从而实现循环往复的效果。两行代码就实现了一个比较复杂的功能。

```
for{
    go checkLink(<-c,c)
}
```

但是，这样的代码看起来比较让人困惑，在实践中并不推荐这种编写方式，而应该明确等待通道中的信息。在 Go 语言中，循环读取通道中的消息，有一种更加优雅的方式：

```
for l:=range c{
    go checkLink(l,c)
}
```

如上，通过 for range 的形式，循环等待读取通道 c 中的消息，并将读取的结果作为参数传递到协程中。

但是，当前的程序有一个致命的缺陷，为了让效果更加明显，将案例修改如下，这两个案例在功能上是等价的，但是下例在执行 checkLink 前休眠了 2s。

```
for l:=range c{
        go func() {
            time.Sleep(2*time.Second)
            checkLink(l,c)
        }()
    }
```

即当程序运行一定时间后，所有检查的 url 都变为了同一个 url。这是由于 l 变量是一个固定的地址，相当于一个引用，每次读取到的通道的字符串都会赋值给 l，后面的变量会不断覆盖前面的变量。

```
http://www.jd.com/ is up!
http://www.jd.com/ is up!
http://www.jd.com/ is up!
...
```

要消除这种缺陷，需要为每次读到的结果都建立一个副本。例如在创建协程时，将 l 作为函数的参数传递，就会首先创建 l 的副本，从而消除闭包引用导致的缺陷。

```
for l:=range c{
        go func(url string) {
            checkLink(l,c)
        }(l)
    }
```

16.3 select 多路复用

谈到 select，很多读者会想到网络编程中用于 I/O 多路复用的 select 函数，在 Go 语言中，select 语句有类似的功能。

在实践中使用通道时，更多的时候会与 select 结合，因为时常会出现多个通道与多个协程进行通信的情况，我们当然不希望由于一个通道的读写陷入堵塞，影响其他通道的正常读写。select 正是为了解决这一问题诞生的，select 赋予了 Go 语言更加强大的功能。在使用方法上，select 的语法类似 switch，形式如下：

```
select {
case <-ch1:
   // ...
case x := <-ch2:
   // ...use x...
case ch3 <- y:
   // ...
default:
   // ...
}
```

和 switch 不同的是，每个 case 语句都必须对应通道的读写操作。select 语句会陷入堵塞，直到一个或多个通道能够正常读写才恢复。接下来，笔者将介绍 select 在使用时的几个特性。

16.3.1 select 随机选择机制

当多个通道同时准备好执行读写操作时，select 会选择哪一个 case 执行呢？答案是具有一定的随机性。如下所示，向通道 c 中写入数据 1，虽然两个 case 都能够读取到通道的内容，但是当我们多次执行程序时会发现，程序有时会输出 random 01，有时会输出 random 02。

```
   c := make(chan int, 1)
   c <- 1
   select {
   case <-c:
      fmt.Println("random 01")
   case <-c:
      fmt.Println("random 02")
   }
```

这就是 select 的特性之一，case 是随机选取的，所以当 select 有两个通道同时准备好时，会随机执行不同的 case。

16.3.2　select 堵塞与控制

如果 select 中没有任何的通道准备好，那么当前 select 所在的协程会永远陷入等待，直到有一个 case 中的通道准备好为止。

```
c := make(chan int, 1)
select {
case <-c:
    fmt.Println("random 01")
case <-c:
    fmt.Println("random 02")
}
```

在实践中，为了避免这种情况发生，有时会加上 default 分支。default 分支的作用是当所有的通道都陷入堵塞时，正常执行 default 分支。

```
c := make(chan int, 1)
select {
case <-c:
    fmt.Println("random 01")
case <-c:
    fmt.Println("random 02")
    default:
          fmt.Println("default")
}
```

除了 default，还有一些其他的选择。例如，如果我们希望一段时间后仍然没有通道准备好则超时退出，可以选择 select 与定时器或者超时器配套使用。

如下所示，←time.After(800 * time.Millisecond)调用了 time 包的 After 函数，其返回一个通道 800ms 后会向当前通道发送消息，可以通过这种方式完成超时控制。

```
c := make(chan int, 1)
select {
case <-c:
    fmt.Println("random 01")
case <-time.After(800 * time.Millisecond):
    fmt.Println("timeout")
}
```

16.3.3 循环 select

很多时候，我们不希望 select 执行完一个分支就退出，而是循环往复执行 select 中的内容，因此需要将 for 与 select 进行组合，如下所示。

```
c := make(chan int, 1)
for{
    select {
        case <-c:
            fmt.Println("random 01")
        case <-time.After(800 * time.Millisecond):
            fmt.Println("timeout")
        }
}
```

for 与 select 组合后，可以向 select 中加入一些定时任务。下例中的 tick 每隔 1s 就会向 tick 通道中写入数据，从而完成一些定时任务。

```
c := make(chan int, 1)
tick := time.Tick(time.Second)
for{
    select {
        case <-c:
            fmt.Println("random 01")
        case <-tick:
            fmt.Println("tick")
        case <-time.After(800 * time.Millisecond):
            fmt.Println("timeout")
        }
}
```

需要注意的是，定时器 time.Tick 与 time.After 是有本质不同的。time.After 并不会定时发送数据到通道中，而只是在时间到了后发送一次数据。当其放入 for+select 后，新一轮的 select 语句会重置 time.After，这意味着第 2 次 select 语句依然需要等待 800ms 才执行超时。

如果在 800ms 之前，其他的通道就已经执行好了，那么 time.After 的 case 将永远得不到执行。而定时器 tick 不同，由于 tick 在 for 循环的外部，因此其不重置，只会累积时间，实现定时执行任务的功能。

16.3.4 select 与 nil

之前介绍过，一个为 nil 的通道，不管是读取还是写入都将陷入堵塞状态。当 select 语句的 case 对 nil 通道进行操作时，case 分支将永远得不到执行。

nil 通道的这种特性，可以用于设计一些特别的模式。例如，假设有 a、b 两个通道，我们希望交替地向 a、b 通道中发送消息，那么可以用如下方式：

```
func main(){
    a := make(chan int)
    b := make(chan int)
    go func() {
        for i := 0; i < 2; i++ {
            select {
            case a<-1:
                a = nil
            case b<-2:
                b = nil
            }
        }
    }()
    fmt.Println(<-a)
    fmt.Println(<-b)
}
```

上例的协程中，一旦写入通道后，就将该通道置为 nil，导致再也没有机会执行该 case。从而达到交替写入 a、b 通道的目的。

16.4 通道底层原理

16.4.1 通道结构与环形队列

通道在运行时是一个特殊的 hchan 结构体：

```
type hchan struct {
    qcount   uint
    dataqsiz uint
    buf      unsafe.Pointer
    elemsize uint16
    closed   uint32
    elemtype *_type
```

```
    sendx    uint
    recvx    uint
    recvq    waitq
    sendq    waitq
    lock mutex
}
```

hchan 结构体存储了数据列表、等待读取的协程列表、等待发送的协程列表等。通道内部每个字段的含义如图 16-2 所示。

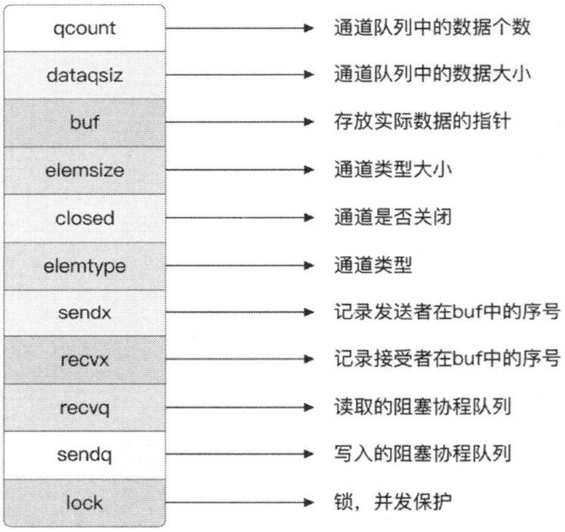

图 16-2　通道内部每个字段的含义

对于有缓存的通道，存储在 buf 中的数据虽然是线性的数组，但是用数组和序号 recvx、recvq 模拟了一个环形队列，如图 16-3 所示。recvx 可以找到从 buf 哪个位置获取通道中的元素，而 sendx 能够找到写入时放入 buf 的位置，这样做主要是为了重用已经使用过的空间。recvx 到 sendx 的距离代表通道队列中的元素数量。

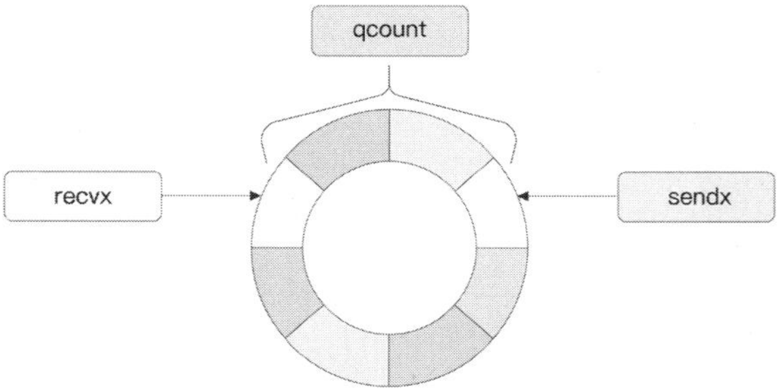

图 16-3　通道循环队列结构

当到达循环队列的末尾时，sendx 会置为 0，以防止其下一次写入 0 号位置，开始循环利用空间。这同样意味着，当前的通道中只能放入指定大小的数据。当通道中的数据满了后，再次写入数据将陷入等待，直到第 0 号位置被取出后，才能继续写入。

```
c.sendx++
if c.sendx == c.dataqsiz {
        c.sendx = 0
}
```

16.4.2　通道初始化

通道的初始化在运行时调用了 makechan 函数，第 1 个参数代表通道的类型，第 2 个参数代表通道中元素的大小。makechan 会判断元素的大小、对齐等。最重要的是，它会在内存中分配元素大小。

```
func makechan(t *chantype, size int) *hchan {}
switch {
    case mem == 0:
        c = (*hchan)(mallocgc(hchanSize, nil, true))
        c.buf = c.raceaddr()
    case elem.ptrdata == 0:
        c = (*hchan)(mallocgc(hchanSize+mem, nil, true))
        c.buf = add(unsafe.Pointer(c), hchanSize)
    default:
        c = new(hchan)
        c.buf = mallocgc(mem, elem, true)
    }
```

当分配的大小为 0 时，只用在内存中分配 hchan 结构体的大小即可。

当通道的元素中不包含指针时，连续分配 hchan 结构体大小+size 元素大小。

当通道的元素中包含指针时，需要单独分配内存空间，因为当元素中包含指针时，需要单独分配空间才能正常进行垃圾回收。

16.4.3　通道写入原理

当执行 c ← 5 通道写入操作时，运行时调用了 chansend 执行。

```
// runtime/chan.go
func chansend(c *hchan, ep unsafe.Pointer, block bool, callerpc uintptr) bool
```

```
{
    // 通道为空，陷入休眠
    if c == nil {
        gopark(nil, nil, waitReasonChanSendNilChan, traceEvGoStop, 2)
    }
    // 有正在等待的读取协程
    if sg := c.recvq.dequeue(); sg != nil {
        send(c, sg, ep, func() { unlock(&c.lock) }, 3)
    }
    // 缓冲区有空余
    if c.qcount < c.dataqsiz {
        qp := chanbuf(c, c.sendx)
        typedmemmove(c.elemtype, qp, ep)
    }
    // 放入链表，并休眠
    c.sendq.enqueue(mysg)
    gopark(chanparkcommit, unsafe.Pointer(&c.lock), waitReasonChanSend,
traceEvGoBlockSend, 2)
}
```

写入元素时，分成了 3 种不同的情况，以下将分别进行分析。

1. 有正在等待的读取协程

通道 hchan 结构中的 recvq 字段存储了正在等待的协程链表，每个协程对应一个 sudog 结构，它是对协程的封装，包含了准备获取的协程中的元素指针等。如图 16-4 所示，当有读取的协程正在等待时，直接从等待的读取协程链表中获取第 1 个协程，并将元素直接复制到对应的协程中，再唤醒被堵塞的协程。

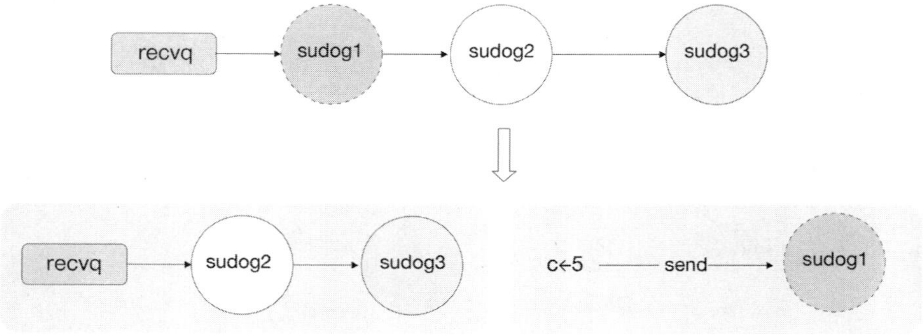

图 16-4 通道直接写入原理

2. 缓冲区有空余

如果队列中没有正在等待的协程，但是该通道是带缓冲区的，并且当前缓冲区没有满，则向当前缓冲区中写入当前元素，如图 16-5 所示。

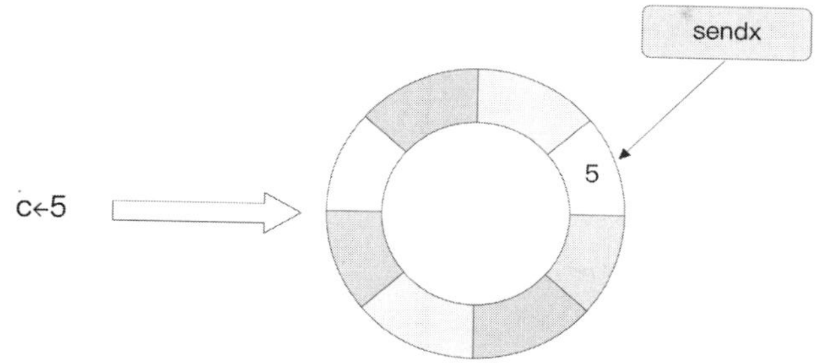

图 16-5 通道写入缓冲区原理

3. 缓冲区无空余

如果当前通道无缓冲区或者当前缓冲区已经满了，则代表当前协程的 sudog 结构需要放入 sendq 链表末尾中，并且当前协程陷入休眠状态，等待被唤醒重新执行，如图 16-6 所示。

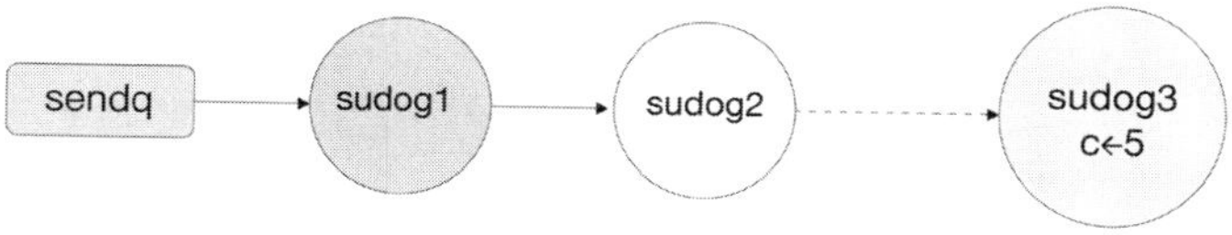

图 16-6 通道写入休眠原理

16.4.4 通道读取原理

读取通道和写入通道的原理非常相似，在运行时调用了 chanrecv 函数。

```
func chanrecv(c *hchan, ep unsafe.Pointer, block bool) (selected, received bool)
{

if c == nil {
        if !block {
            return
        }
        gopark(nil, nil, waitReasonChanReceiveNilChan, traceEvGoStop, 2)
        throw("unreachable")
    }
```

```
}
```

下面仍然分 3 种不同的情况进行说明。

1. 有正在等待的写入协程

当有正在等待的写入协程时，直接从等待的写入协程链表中获取第 1 个协程，并将写入的元素直接复制到当前协程中，再唤醒被堵塞的写入协程。这样，当前协程将不需要陷入休眠，如图 16-7 所示。

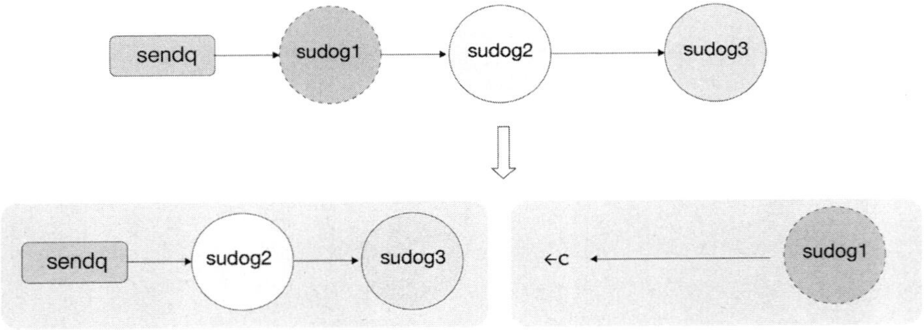

图 16-7　通道直接读取原理

2. 缓冲区有元素

如果队列中没有正在等待的写入协程，但是该通道是带缓冲区的，并且当前缓冲区中有数据，则读取该缓冲区中的数据，并写入当前的读取协程中，如图 16-8 所示。

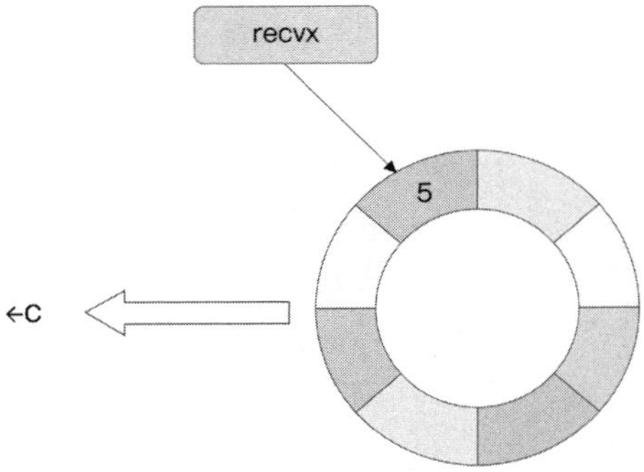

图 16-8　通道读取缓冲区原理

3. 缓冲区无元素

如果当前通道无缓冲区或者当前缓冲区已经空了，则代表当前协程的 sudog 结构需要放入 recvq 链表末尾，并且当前协程陷入休眠状态，等待被唤醒重新执行，如图 16-9 所示。

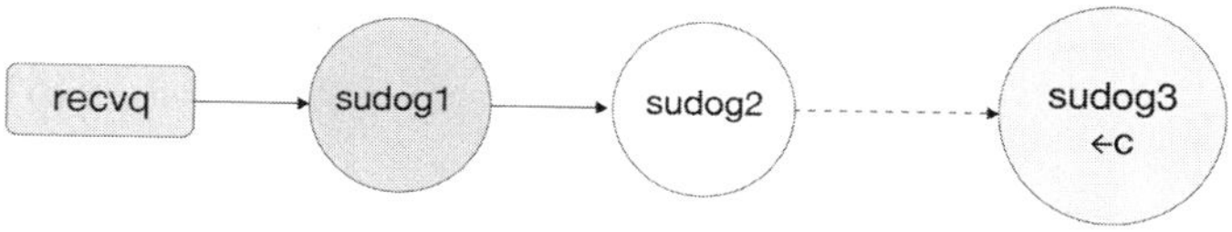

图 16-9 通道读取休眠原理

16.5 select 底层原理

为了管理多个通道，select 的原理要相对复杂很多。能够想到，当 select 足够简单时，编译器将对其进行优化。例如，当 select 中只有一个控制通道的 case 语句时，和普通的通道操作是等价的。

```
// 改写前
select {
case v := <-ch:
    ...
}

// 改写后
v:= <-ch
..
```

在这里，笔者将更多介绍一般性的 select 语句的实现原理，在这种情形中，select 语句拥有多个控制通道的 case 语句。

select 语句在运行时会调用核心函数 selectgo。

```
func selectgo(cas0 *scase, order0 *uint16, ncases int) (int, bool) {
   pollorder := order1[:ncases:ncases]
   lockorder := order1[ncases:][:ncases:ncases]
   for i := 1; i < ncases; i++ {
          j := fastrandn(uint32(i + 1))
          pollorder[i] = pollorder[j]
          pollorder[j] = uint16(i)
      }
```

```
    ...
}
```

如图 16-10 所示，select 中的每个 case 在运行时都是一个 scase 结构体，存放了通道和通道中的元素类型等信息。

```
type scase struct {
    c           *hchan
    elem        unsafe.Pointer
    kind        uint16
    ...
}
```

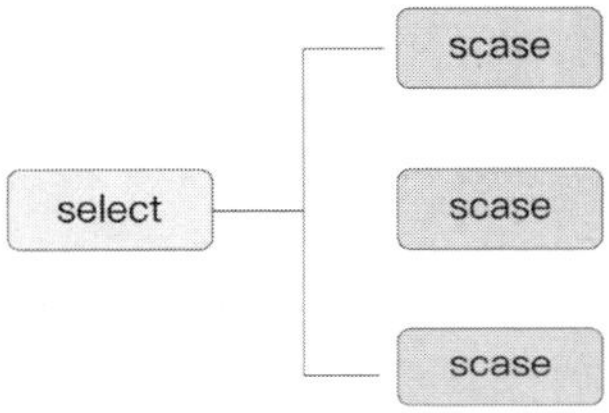

图 16-10　select 对应多个 scase 结构体

scase 结构中的 kind 代表 scase 的类型。scase 一共有 4 种具体的类型，分别为 caseNil、caseRecv、caseSend 及 caseDefault，如图 16-10 所示。caseNil 代表当前分支中的通道为 nil，caseRecv 代表当前分支从通道接收消息，caseSend 代表当前分支发送消息到通道，caseDefault 代表当前分支为 default 分支。每一种具体的类型最后都会对应不同的行为。

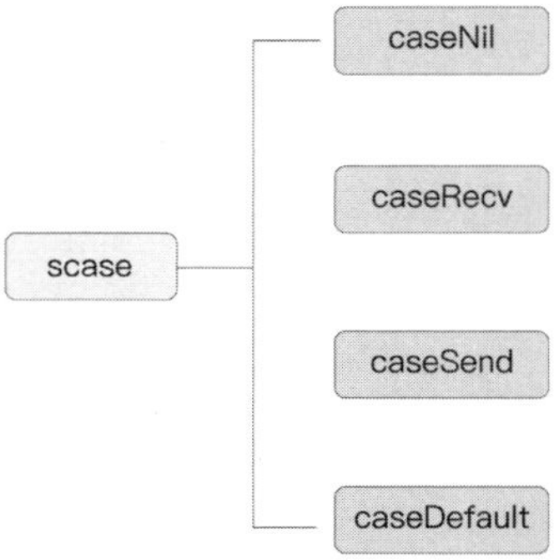

图 16-11　scase 对应的不同类型

在 selectgo 函数中，有两个关键的序列，分别是 pollorder 和 lockorder。pollorder 代表乱序

后的 scase 序列，如下所示，这是一种类似洗牌算法的方式，将序列打散。pollorder 通过引入随机数的方式给序列带来了随机性。

```
    for i := 1; i < ncases; i++ {
            j := fastrandn(uint32(i + 1))
            pollorder[i] = pollorder[j]
            pollorder[j] = uint16(i)
    }
```

lockorder 是按照大小对通道地址排序的算法，对所有的 scase 按照其通道在堆区的地址大小，使用了大根堆排序算法进行排序。selectgo 会按照该序列依次对 select 中所有的通道加锁。而按照地址排序的目的是避免多个协程并发加锁时带来的死锁问题。

```
func sellock(scases []scase, lockorder []uint16) {
    var c *hchan
    for _, o := range lockorder {
        c0 := scases[o].c
        if c0 != nil && c0 != c {
            c = c0
            lock(&c.lock)
        }
    }
}
```

16.5.1　select 一轮循环

当对所有 scase 中的通道加锁完毕后，selectgo 开始了一轮对于所有 scase 的循环。循环的目的是找到当前准备好的通道。如果 scase 的类型为 caseNil，则会被忽略。如果 scase 的类型为 caseRecv，则和普通的通道接收一样，先判断是否有正在等待写入当前通道的协程，如果有则直接跳转到对应的 recv 分支。接着判断缓冲区是否有元素，如果有则直接跳转到 bufrecv 分支执行。如果 scase 的类型为 caseSend，则和普通的通道发送一样，先判断是否有正在等待读取当前通道的协程，如果有，则跳转到 send 分支执行，接着判断缓冲区是否有空余，如果有，则跳转到 bufsend 分支执行。如果 scase 的类型为 caseDefault，则会记录下来，并在循环完毕发现没有已经准备好的通道后，判断是否存在 caseDefault 类型，如果有，则跳转到 retc 分支执行，如图 16-12 所示。

可以发现，一轮循环主要是找出是否有准备好的分支，如果有，则根据具体的情况执行不同的分支。这些分支和普通的通道很类似，主要是将元素写入或读取到当前的协程中，解锁所有的通道，并立即返回。

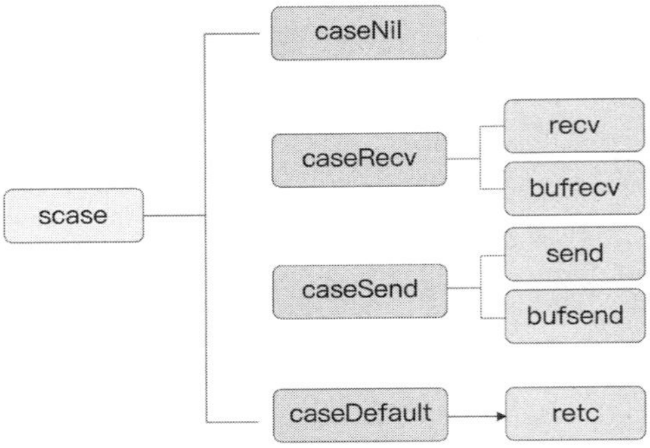

图 16-12　select 一轮循环

16.5.2　select 二轮循环

当 select 完成一轮循环不能直接退出时，意味着当前的协程需要进入休眠状态并等待 select 中至少有一个通道被唤醒。不管是读取通道还是写入通道都需要创建一个新的 sudog 并将其放入指定通道的等待队列，之后当前协程将进入休眠状态。读取和写入等待队列的示意图见图 16-6 与图 16-9。

```
for _, casei := range lockorder {
    sg := acquireSudog()
  sg.g = gp
  sg.isSelect = true
  sg.elem = cas.elem
  sg.c = c
  switch cas.kind {
  case caseRecv:
    c.recvq.enqueue(sg)

  case caseSend:
    c.sendq.enqueue(sg)
  }
}

// 休眠
gopark(selparkcommit, nil, waitReasonSelect,traceEvGoBlockSelect, 1)
```

当 select case 中的任意一个通道不再阻塞时，当前协程将被唤醒。要注意的是，最后需要将 sudog 结构体在其他通道的等待队列中出栈，因为当前协程已经能够正常运行，不再需要被其他通道唤醒。

16.6 总结

Go 语言采用了 CSP 并发编程思想，将通道作为协程之间交流的原语，屏蔽了传统多线程编程中底层实现的诸多细节。通道不仅有形象的语法，而且产生了很多经典的富有表现力的并发模型（如 ping-pong、fan-in、fan-out、pipeline）。

通道的实现并不是像许多人认为的那样是无锁的，通道底层是用锁实现的环形队列，在读取和写入时如果不能直接操作则会被放入等待队列中陷入休眠状态。借助 Go 运行时的调度器，通道不会堵塞程序的执行，并且协程能够在需要时被快速唤醒。

在实际中，一个协程时常会处理多个通道。我们当然不希望由于一个通道的读写陷入堵塞，影响其他通道的正常读写。因此在实际中，更多会使用 select 多路复用的机制同时监听多个通道是否准备就绪。select 在底层会锁住所有的通道并采取随机的方式保证公平地遍历所有通道。

第 17 章 并发控制

数据争用是并发系统中最常见且最难调试的错误类型之一。

——Go 官方文档

Data races are among the most common and hardest to debug types of bugs in concurrent systems[1].

——Go Documentation

Go 语言在高并发场景下涉及协程之间的交流与并发控制，上一章的通道只是并发控制的一种手段。本章还将介绍 Go 语言中重要的并发控制手段，其中包括处理协程优雅退出的 context、检查并发数据争用的 race 工具，以及传统的同步原语——锁。

17.1 context

在 Go 程序中可能同时存在许多协程，这些协程被动态地创建和销毁。例如，在典型的 http 服务器中，每个新建立的连接都可能新建一个协程。当请求完成后，协程也随之被销毁。但是，请求可能临时终止也可能超时，这个时候我们希望安全并及时地停止协程，而不必一直占用系统的资源。因此，需要一种能够优雅控制协程退出的手段。在 Go 1.7 之后，Go 官方引入了 context 管理类似场景的协程退出。

17.1.1 为什么需要 context

有一句关于 Go 语言的名言——如果你不知道如何退出一个协程，那么就不要创建这个协程。在 context 之前，要管理协程退出需要借助通道 close 的机制，该机制会唤醒所有监听该通道的协程，并触发相应的退出逻辑。类似的写法如下：

```
select {
  case <-c:
        // 业务逻辑
    case <-done:
        fmt.Println("退出协程")
}
```

这种做法在每个项目中都需要存在，而不同的项目之间，在命名及处理方式上都会有所不同，例如有的使用了 done，有的使用了 closed，有的采取了函数包裹的形式←g.dnoe()。如果有一套统一的规范，那么语义将会更加清晰，例如引入了 context 之后的规范写法，←ctx.Done() 代表将要退出协程。

```
func Stream(ctx context.Context, out chan<- Value) error {
    for {
        v, err := DoSomething(ctx)
        if err != nil {
            return err
        }
        select {
        case <-ctx.Done():
            return ctx.Err()
        case out <- v:
        }
    }
}
```

使用 context 更重要的一点是协程之间时常存在着级联关系，退出需要具有传递性。如图 17-1 所示，一个 http 请求在处理过程中可能新建一个协程 G，而协程 G 可能通过执行 RPC 远程调用了其他服务的接口，这个时候假如程序临时退出、超时或远程服务长时间没有响应，那么需要协程 A、子协程 G 以及调用链上的所有协程都退出。

为了能够优雅地管理协程的退出，特别是多个协程甚至网络服务之间的退出，Go 引入了 context 包。

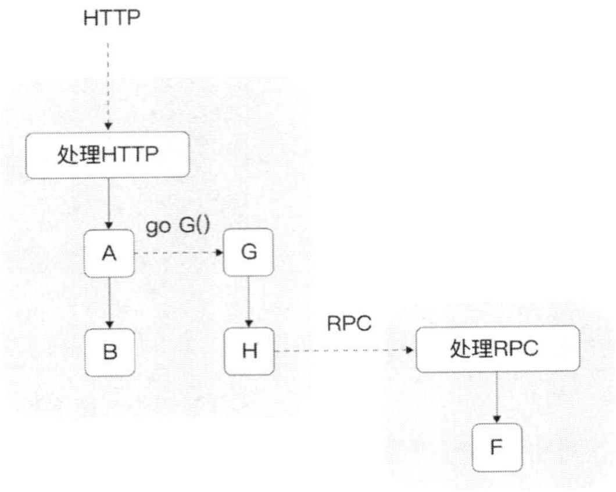

图 17-1 调用链可能位于不同协程和服务之间

17.1.2 context 使用方式

context 是使用频率非常高的包，不仅 Go 源码中经常使用，很多 Go 编写的第三方包也使用了它。context 一般作为接口的第一个参数传递超时信息。在 Go 源码中，net/http、net、 sql 包的使用方法如下：

```
// net/http
func (r *Request) WithContext(ctx context.Context) *Request
// sql
func (db *DB) BeginTx(ctx context.Context, opts *TxOptions) (*Tx, error)
// net
func (d *Dialer) DialContext(ctx context.Context, network, address string) (Conn,
error)
```

这意味着，如果我们要调用这些函数，那么从接入层开始的整个调用链中，函数的第一个参数都需要是 context。

17.1.2.1 context 接口详解

context.Context 其实是一个接口，提供了以下 4 种方法：

```
type Context interface {
   Deadline() (deadline time.Time, ok bool)
   Done() <-chan struct{}
   Err() error
```

```
    Value(key interface{}) interface{}
}
```

Deadline 方法的第一个返回值表示还有多久到期，第二个返回值表示是否到期。Done 是使用最频繁的方法，其返回一个通道，一般的做法是监听该通道的信号，如果收到信号则表示通道已经关闭，需要执行退出。如果通道已经关闭，则 Err()返回退出的原因。value 方法返回指定 key 对应的 value，这是 context 携带的值。

context 中携带值是非常少见的，其一般在跨程序的 API 中使用，并且该值的作用域在结束时终结。key 必须是访问安全的，因为可能有多个协程同时访问它。一种常见的策略是在 context 中存储授权相关的值，这些鉴权不会影响程序的核心逻辑。

下例在进行 http 处理前，获取 header 中的 Authorization 字段，可以存在一个全局常量 TokenContextKey 作为 Context 的授权 key 存储到 Context 中，这种做法的好处是不必破坏 http（w http.ResponseWriter, r *http.Request）的接口。

```
const TokenContextKey = "MyAppToken"
func WithAuth(a Authorizer, next http.Handler) http.Handler {
    return http.HandleFunc(func(w http.ResponseWriter, r *http.Request) {
        auth := r.Header.Get("Authorization")
        if auth == "" {
            next.ServeHTTP(w, r) // 没有授权
            return
        }
        token, err := a.Authorize(auth)
        if err != nil {
            http.Error(w, err.Error(), http.StatusUnauthorized)
            return
        }
        ctx := context.WithValue(r.Context(), TokenContextKey, token)
        next.ServeHTTP(w, r.WithContext(ctx))
    })
}
func Handle(w http.ResponseWriter, r *http.Request) {
    // 获取授权
    if token := r.Context().Value(TokenContextKey); token != nil {
        // 用户登录
    } else {
        // 用户未登录
    }
}
```

Value 主要用于安全凭证、分布式跟踪 ID、操作优先级、退出信号与到期时间等场景[2]。尽管如此，在使用 value 方法时也需要慎重，如果参数与函数核心处理逻辑有关，那么仍然建议显式地传递参数。

17.1.2.2 context 退出与传递

context 是一个接口，这意味着需要有具体的实现。用户可以按照接口中定义的方法，严格实现其语义。当然，一般用得最多的还是 Go 标准库的简单实现。调用 context.Background 函数或 context.TODO 函数会返回最简单的 context 实现。context.Background 函数一般作为根对象存在，其不可以退出，也不能携带值。要具体地使用 context 的功能，需要派生出新的 context，配套的使用函数如下，其中前三个函数用于处理退出。

```
func WithCancel(parent Context) (ctx Context, cancel CancelFunc)
func WithTimeout(parent Context, timeout time.Duration) (Context, CancelFunc)
func WithDeadline(parent Context, d time.Time) (Context, CancelFunc)
func WithValue(parent Context, key, val interface{}) Context
```

WithCancel 函数返回一个子 context 并且有 cancel 退出方法。子 context 在两种情况下会退出，一种情况是调用 cancel，另一种情况是当参数中的父 context 退出时，该 context 及其关联的子 context 都将退出。

WithTimeout 函数指定超时时间，当超时发生后，子 context 将退出。因此子 context 的退出有 3 种时机，一种是父 context 退出；一种是超时退出；一种是主动调用 cancel 函数退出。WithDeadline 和 WithTimeout 函数的处理方法相似，不过其参数指定的是最后到期的时间。WithValue 函数返回带 key-value 的子 context。

如下所示，在协程中，childCtx 是 preCtx 的子 context，其设置的超时时间为 300ms。但是 preCtx 的超时时间为 100 ms，因此父 context 退出后，子 context 会立即退出，实际的等待时间只有 100ms。

```
func main(){
    ctx := context.Background()
    before := time.Now()
    preCtx ,_:= context.WithTimeout(ctx,100*time.Millisecond)
    go func() {
        childCtx ,_:= context.WithTimeout(preCtx,300*time.Millisecond)
        select {
            case <-childCtx.Done():
                after:= time.Now()
```

```
            fmt.Println("child during:",after.Sub(before).Milliseconds())
        }
    }()
    select {
        case  <-preCtx.Done():
            after:= time.Now()
            fmt.Println("pre during:",after.Sub(before).Milliseconds())
        }
}
```

输出如下，父 context 与子 context 退出的时间差接近 100ms。

```
pre during: 104
child during: 104
```

当我们修改 preCtx 的超时时间为 500ms 时，

```
preCtx ,_:= context.WithTimeout(ctx,500*time.Millisecond)
```

输出如下，可以看出，子协程的退出不会影响父协程的退出。

```
child during: 304
pre during: 500
```

所以 context 退出的传播关系是父 context 的退出会导致所有子 context 的退出，而子 context 的退出不会影响父 context。

17.2 context 原理

context 在很大程度上利用了通道在 close 时会通知所有监听它的协程这一特性来实现。每个派生出的子协程都会创建一个新的退出通道，组织好 context 之间的关系即可实现继承链上退出的传递，图 17-2 所示的三个协程中，关闭通道 A 会连带关闭调用链上的通道 B、通道 C。

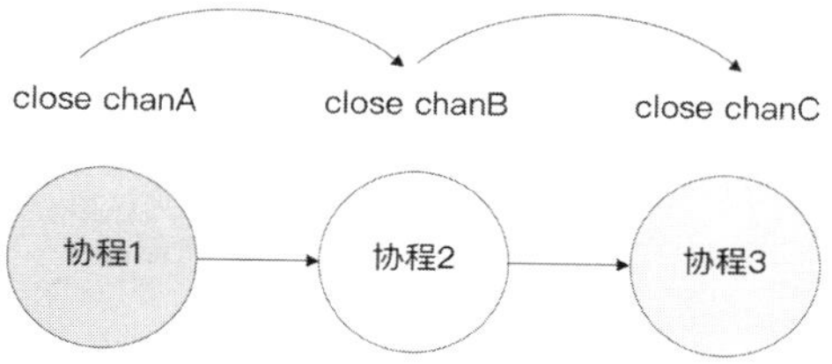

图 17-2　context 退出原理

本节将具体分析 context 的实现原理。Context.Background 函数和 Context.TODO 函数是相

似的，它们都返回一个标准库中定义好的结构体 emptyCtx。

```
type emptyCtx int
var (
    background = new(emptyCtx)
    todo       = new(emptyCtx)
)
func Background() Context {
    return background
}
func TODO() Context {
    return todo
}
```

emptyCtx 什么内容都没有，其不可以被退出，也不能携带值，一般作为最初始的根对象。

```
type emptyCtx int
func (*emptyCtx) Deadline() (deadline time.Time, ok bool) {
    return
}
func (*emptyCtx) Done() <-chan struct{} {
    return nil
}
func (*emptyCtx) Err() error {
    return nil
}
func (*emptyCtx) Value(key interface{}) interface{} {
    return nil
}
```

当调用 WithCancel 或 WithTimeout 函数时，会产生一个子 context 结构 cancelCtx，并保留了父 context 的信息。children 字段保存当前 context 之后派生的子 context 的信息，每个 context 都会有一个新的 done 通道，这保证了子 context 的退出不会影响父 context。

```
type cancelCtx struct {
    Context
    mu       sync.Mutex
    done     chan struct{}
    children map[canceler]struct{}
    err      error
}
```

WithTimeout 函数最终会调用 WithDeadline 函数，以 WithDeadline 函数为例，它先判断父

context 是否比当前设置的超时参数 d 先退出，如果是，那么子协程会随着父 context 的退出而退出，没有必要再设置定时器。然后创建一个新的 context，初始化通道。

```
func WithDeadline(parent Context, d time.Time) (Context, CancelFunc) {
    if cur, ok := parent.Deadline(); ok && cur.Before(d) {
        return WithCancel(parent)
    }
    c := &timerCtx{
        cancelCtx: newCancelCtx(parent),
        deadline:  d,
    }
    propagateCancel(parent, c)
    dur := time.Until(d)
    if dur <= 0 {
        c.cancel(true, DeadlineExceeded) // deadline has already passed
        return c, func() { c.cancel(false, Canceled) }
    }
    c.mu.Lock()
    defer c.mu.Unlock()
    if c.err == nil {
        c.timer = time.AfterFunc(dur, func() {
            c.cancel(true, DeadlineExceeded)
        })
    }
    return c, func() { c.cancel(true, Canceled) }
}
```

当使用了标准库中 context 的实现时，propagateCancel 函数会将子 context 加入父协程的 children 哈希表中，并开启一个定时器。当定时器到期时，会调用 cancel 方法关闭通道。

```
func (c *timerCtx) cancel(removeFromParent bool, err error) {
    c.cancelCtx.cancel(false, err)
    if removeFromParent {
        // 级联移除子 context
        removeChild(c.cancelCtx.Context, c)
    }
    c.mu.Lock()
    if c.timer != nil {
        c.timer.Stop()
        c.timer = nil
    }
    c.mu.Unlock()
}
```

cancel 方法会关闭自身的通道，并遍历当前 children 哈希表，调用当前所有子 context 的退出函数，因此其可以产生继承链上连锁的退出反应。

```
func (c *cancelCtx) cancel(removeFromParent bool, err error) {
    ...
    close(c.done)
    for child := range c.children {
        // NOTE: acquiring the child's lock while holding parent's lock.
        child.cancel(false, err)
    }
    c.children = nil
}
```

当一切结束后，还需要从父 context 哈希表中移除该 context。避免父 context 退出后，重复关闭子 context 通道产生错误。

17.3 数据争用检查

17.3.1 什么是数据争用

数据争用（data race）在 Go 语言中指两个协程同时访问相同的内存空间，并且至少有一个写操作的情况。这种情况常常是并发错误的根源，也是最难调试的并发错误之一。

下例中的两个协程共同访问了全局变量 count，乍看之下可能没有问题，但是该程序其实是有数据争用的，count 的结果也是不明确的。

```
var count = 0
func add() {
        count++
}
func main() {
    go add()
    go add()
}
```

count++操作看起来是一条指令，但是对 CPU 来说，需要先读取 count 的值，执行+1 操作，再将 count 的值写回内存。大部分人期望的操作可能如下： R←0 代表读取到 0，w→1 代表写入 count 为 1；协程 1 写入数据 1 后，协程 2 再写入，count 最后的值为 2。

协程 1	协程 2
R ← 0	
w→1	
	R←1
	W→2

当两个协程并行时，情况开始变得复杂。如果执行的流程如下所示，那么 count 最后的值为 1。

协程 1	协程 2
R ← 0	
	R ← 0
w→1	
	w→1

这两种情况告诉我们，当两个协程发生数据争用时，结果是不可预测的，这会导致很多奇怪的错误。

再举一例，Go 语言中的经典数据争用错误。如下伪代码所示，在 hash 表中，存储了我们希望存储到 Redis 数据库中的数据（data）。但是在 Go 语言使用 range 时，变量 k 是一个堆上地址不变的对象，该地址存储的值会随着 range 遍历而发生变化。如果此时我们将变量 k 的地址放入协程 save，以提供并发存储而不堵塞程序，那么最后的结果可能是后面的数据覆盖前面的数据，同时导致一些数据不被存储，并且每一次执行完存储的数据也是不明确的。

```
func save(g *data){
    saveToRedis(g)
}
func main() {
    var a map[int]data
    for _, k := range a{
        go save(&k)
    }
}
```

数据争用可谓是高并发程序中最难排查的问题，原因在于其结果是不明确的，而且出错可能是在特定的条件下。这导致很难复现相同的错误，在测试阶段也不一定能测试出问题。

17.3.2 数据争用检查详解

Go 1.1 后提供了强大的检查工具 race 来排查数据争用问题。race 可以使用在多个 Go 指令中，当检测器在程序中找到数据争用时，将打印报告。该报告包含发生 race 冲突的协程栈，以及此时正在运行的协程栈。

```
$ go test -race mypkg
$ go run -race mysrc.go
$ go build -race mycmd
$ go install -race mypkg
```

下例中执行的 go run -race 在运行时会直接报错，从报错后输出的栈帧信息中能看出具体发生冲突的位置。Read at 表明读取发生在 2_race.go 文件的第 5 行，而 Previous write 表明前一个写入也发生在 2_race.go 文件的第 5 行，从而非常快速地发现并定位数据争用问题。

```
 » go run -race  2_race.go
==================
WARNING: DATA RACE
Read at 0x00000115c1f8 by goroutine 7:
  main.add()
     bookcode/concurrence_control/2_race.go:5 +0x3a
Previous write at 0x00000115c1f8 by goroutine 6:
  main.add()
      bookcode/concurrence_control/2_race.go:5 +0x56
```

竞争检测的成本因程序而异，对于典型的程序，内存使用量可能增加 5~10 倍，执行时间会增加 2~20 倍[3]。同时，竞争检测器为当前每个 defer 和 recover 语句额外分配 8 字节，在 Goroutine 退出前，这些额外分配的字节不会被回收。这意味着，如果有一个长期运行的 Goroutine 并定期有 defer 和 recover 调用，则程序内存的使用量可能无限增长。这些内存分配不会显示到 runtime.ReadMemStats 或 runtime / pprof 的输出中。

17.3.3 race 工具原理

race 工具借助了 ThreadSanitizer[4]，ThreadSanitizer 是谷歌为了应对内部大量服务器端 C++ 代码的数据争用问题而开发的新一代工具，目前也被 Go 语言内部通过 CGO 的形式进行调用。从之前的数据争用问题可以看出，当不同的协程访问同一块内存区域并且其中有一个写操作时，可能触发数据争用，也可能不触发。下例如果对 count 的访问用锁进行保护，就不会触发数据争用，因为一个协程对 count 的访问必须等待另一个协程的锁释放后才能开始。

```
var count = 0
func add() {
        lock()
        count++
        unlock()
}
func main() {
    go add()
    go add()
}
```

在上例中，对 count 的访问可能出现两种情况。一种是协程 A 结束后，协程 B 继续执行。另一种是协程 B 结束后，协程 A 继续执行，如下所示。但是 A、B 不可能同时访问 count 变量，这时 A、B 之间的关系叫作 happened-before[5]，可以用符号→表示。如果 A 先发生，B 后发生，那么 A→B。

协程 A	协程 B
	R←1
	w→1
R ← 1	
w→2	

矢量时钟（Vector Clock）技术 [6]用来观察事件之间 happened-before 的顺序，该技术在分布式系统中使用广泛，用于检测和确定分布式系统中事件的因果关系，也可以用于数据争用的探测。在 Go 程序中，有 n 个协程就会有对应的 n 个逻辑时钟，而矢量时钟是所有这些逻辑时钟组成的数组，表示形式为 $t = <t_1, \ldots, t_n>$。

以图 17-3 为例，来看一看矢量时钟技术。协程 GA 和 GB 初始化时都有一个逻辑时钟数组<0,0>。为了说明方便，指定数组<0,0>中的第 1 个数字代表协程 GA，第 2 个数字代表协程 GB，每个特定的事件都会增加自己的逻辑时钟。例如，当协程 A 完成 count++操作时，实际上执行了两个事件，一个事件是读取 count 的内容，另一个事件是写入数据到 count 变量中。因此当协程 GA 结束操作时，其矢量时钟为<2,0>。

当加锁后，协程 B 能够观察到协程 A 已经释放了锁，其会更新内部对于协程 A 的逻辑时钟，并在后续的操作中，增加自己的逻辑时钟。因此，我们能够从矢量时钟的关系中看出是否有 happened-before 的关系。例如，图 17-4 中的<1,0> 一定发生在<2,1>之前。

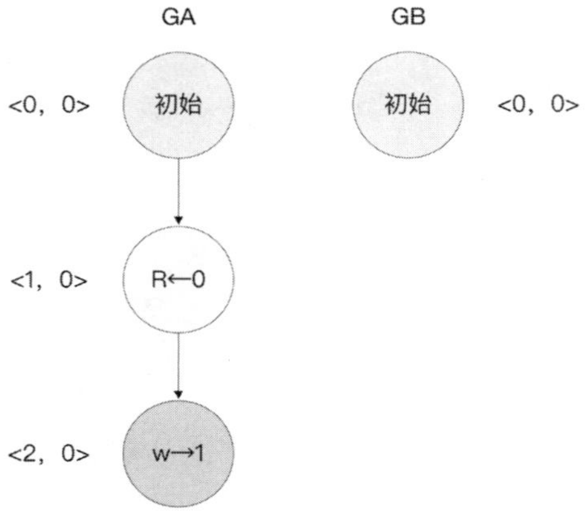

图 17-3 矢量时钟技术

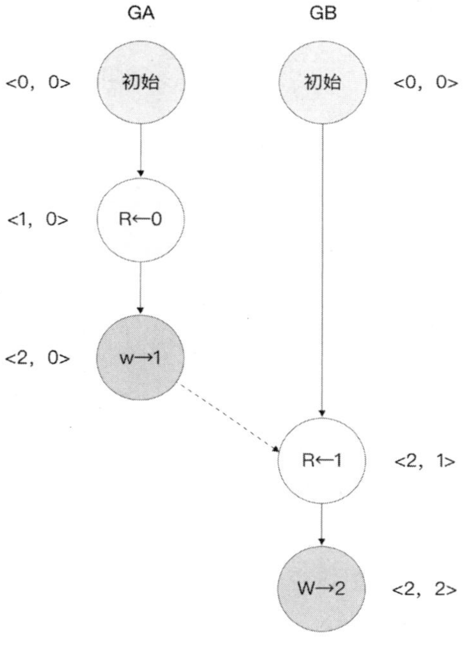

图 17-4 矢量时钟查看 happened-before 顺序

在 Go 语言中，每个协程在创建之初都会初始化矢量时钟，并在读取或写入事件时修改自己的逻辑时钟。

```
func newproc1(){
if raceenabled {
```

```
        newg.racectx = racegostart(callerpc)
    }
...
}
```

触发 race 事件主要有两种方式，一种方式是在 Go 语言运行时中大量（超过 100 处）注入触发事件，例如在数组、切片、map、通道访问时，如下为访问 map 时触发了访问 map 及当前 key 的写入事件。

```
func mapaccess1(t *maptype, h *hmap, key unsafe.Pointer) unsafe.Pointer {
    if raceenabled && h != nil {
        callerpc := getcallerpc()
        pc := funcPC(mapaccess1)
  racereadpc(unsafe.Pointer(h), callerpc, pc)
        raceReadObjectPC(t.key, key, callerpc, pc)
    }
}
```

另外一种方式是依靠编译器自动插入。当加上 race 指令后，编译器会在可能发生数据争用的地方插入 race 相关的指令。在上例中加入 race 指令并查看汇编代码，可以看到调用了 runtime.raceread 及 runtime.racewrite 函数，触发了 race 事件。

```
» go tool compile -S  -race 2_race.go
jackson@jacksondeMacBook-Pro
"".add STEXT size=124 args=0x0 locals=0x18
        0x0032 00050 (2_race.go:5)      MOVQ    AX, (SP)
        0x0036 00054 (2_race.go:5)      CALL    runtime.raceread(SB)
        0x003b 00059 (2_race.go:5)      MOVQ    "".count(SB), AX
        0x0042 00066 (2_race.go:5)      MOVQ    AX, ""..autotmp_3+8(SP)
        0x0047 00071 (2_race.go:5)      LEAQ    "".count(SB), CX
        0x004e 00078 (2_race.go:5)      MOVQ    CX, (SP)
        0x0052 00082 (2_race.go:5)      CALL    runtime.racewrite(SB)
```

这些事件将触发逻辑时钟的更新，检查是否发生了数据争用。如果当前事件并没有数据争用，那么当前的事件会是一个最新的事件，这时会存储当前事件的信息以在下一次检查时使用。保存的信息包含了协程 ID、当前协程的逻辑时钟、接触的内存区域位于当前位置偏移量，以及是写操作还是读操作。注意，为了节约内存，保存的事件信息存储的不是向量时钟数组而是逻辑时钟。

如图 17-5 所示，可以通过逻辑时钟判断是否发生数据争用。假设一开始协程 GA 先操作并写入 count 变量，那么在其保存的数据中，第 1 个变量为协程 GA 的 ID，第 2 个变量为当前协程的逻辑时钟 2，第 3 个变量为接触的内存区域，是当前位置向后 8 字节，最后的 1 代表写入操作。而另一边由于并发执行，当协程 GB 执行到读取 count 操作时，其向量时钟为<0,1>，这时需要检查其是否与前一个写入操作发生了冲突。

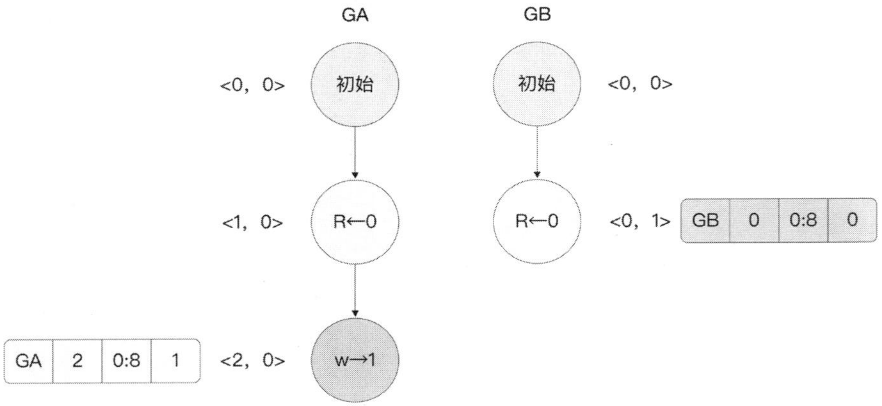

图 17-5　通过逻辑时钟判断是否发生数据争用

根据以下 4 点判断是否发生冲突：

◎　是否有一个操作是写操作

◎　是否接触了同一片内存

◎　是否是不同的协程

◎　两个事件之间是否是 happened-before 关系

前 3 个条件都比较好判断，现在重点关注一下第 4 个判断条件。当前协程 GB 的向量时钟为<0,1>，而协程 GA 只存储了逻辑时钟 2，可以看作<2,X>。现在无法确定两个事件是 happened-before 关系，因为 X 可能是任意的，当 X >1 时，GA → GB；当 X <1（例如 0）时，二者之间没有任何前后关系，因此发生了数据争用。

17.4　锁

在前一节介绍 race 工具时，我们看到了并发接触同一对象时可能带来的错误，需要有一些机制来保证某一时刻只能有一个协程执行特定操作，从而实现 happened-before，这通常是通过锁来保证的。本章我们将介绍底层的原子锁与互斥锁，以及锁的设计与实现原理。

17.4.1 原子锁

正如在数据争用中看到的，即便是简单如 count++这样的操作，在底层也经历了读取数据、更新 CPU 缓存、存入内存这一系列操作。这些操作如果并发进行，那么可能出现严重错误。像 count++这样的操作是非原子性的，有些读者可能觉得解决这样的并发问题用自定义的一个锁即可。如图 17-6 所示，定义一个 flag 标志，当 flag 为 true 时进入区域，并立即让 flag 为 false 阻止其他协程进入。但很快就会发现，这种方式仍然会面临前一节中数据争用的问题。

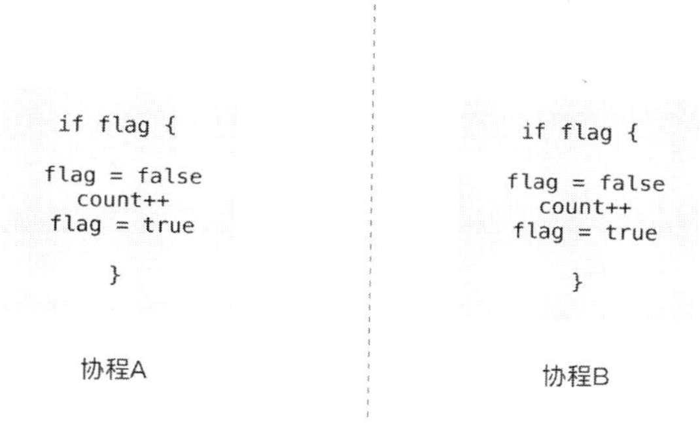

图 17-6　利用 flag 模拟锁会面临的数据争用问题

还有一些更加复杂的场景需要用到原子操作，许多编译器（在编译时）和 CPU 处理器（在运行时）通过调整指令顺序进行优化，因此指令执行顺序可能与代码中显示的不同。例如，如果已知有两个内存引用将到达同一位置，并且没有中间写入会影响该位置，那么编译器可能只使用最初获取的值。又如，在编译时，a + b + c 并不能用一条 CPU 指令执行，因此按照加法结合律可能拆分为 b+c 再+a 的形式。

```
sum = a + b + c;
=>
sum = b + c;
sum = a + sum;
```

在同一个协程中，代码在编译之后的顺序也可能发生变化。下例中的 setup 函数在代码中会修改 a 的值，并设置 done 为 true。main 函数会通过 done 的值来判断协程是否修改了 a，如果没有修改则暂时让渡执行权力。因此 main 函数中预期看到 a 的结果为 hello,world，但实际上这是不确定的。

```
func setup() {
   a = "hello, world"
   done = true
```

```
    if done {
        log.Println(len(a)) // 一定输出 12
    }
}
func main() {
    go setup()

    for !done {
        runtime.Gosched()
    }
    log.Println(a) // 希望打印 hello, world
}
```

setup 协程可能被编译器修改为如下，这意味着 main 函数最后打印的结果可能为空。在 Go 语言的内存模型中[7]，只保证了同一个协程的执行顺序，这意味着即便是编译器的重排，在同一协程执行的结果也和原始代码一致，就好像并没有发生重排（如在 setup 函数中，最后打印出长度 12）一样，但在不同协程中，观察到的写入顺序是不固定的，不同的编译器版本可能有不同的编译执行结果。

```
func setup() {
    done = true
    a = "hello, world"
    if done {
        log.Println(len(a)) // 一定输出 12
    }
}
```

在 CPU 执行过程中，不仅可能发生编译器执行顺序混乱，也可能发生和程序中执行顺序不同的内存访问。例如，许多处理器包含存储缓冲区，该缓冲区接收对内存的挂起写操作，写缓冲区基本上是<地址，数据>的队列。通常，这些写操作可以按顺序执行，但是如果随后的写操作地址已经存在于写缓冲区中，则可以将其与先前的挂起写操作组合在一起。还有一种情况涉及处理器高速缓存未命中，这时在等待该指令从主内存中获取数据时，为了最大化利用资源，许多处理器将继续执行后续指令。

需要有一种机制解决并发访问时数据冲突及内存操作乱序的问题，即提供一种原子性的操作。这通常依赖硬件的支持，例如 X86 指令集中的 LOCK 指令，对应 Go 语言中的 sync/atomic 包。下例使用了 atomic.AddInt64 函数将变量加 1，这种原子操作不会发生并发时的数据争用问题。

```
var count int64 = 0
func add() {
    atomic.AddInt64(&count,1)
}
func main() {
    go add()
    go add()
}
```

在 sync/atomic 包中还有一个重要的操作——CompareAndSwap，与元素值进行对比并替换。下例判断 flag 变量的值是否为 0，如果是，则将 flag 的值设置为 1。这一系列操作都是原子性的，不会发生数据争用，也不会出现内存操作乱序问题。通过 sync/atomic 包中的原子操作，我们能构建起一种自旋锁，只有获取该锁，才能执行区域中的代码。如下所示，使用一个 for 循环不断轮询原子操作，直到原子操作成功才获取该锁。

```
var flag int64 = 0
var count int64 = 0
func add() {
    for {
        if atomic.CompareAndSwapInt64(&flag, 0, 1) {
            count++
            atomic.StoreInt64(&flag, 0)
            return
        }
    }
}
func main() {
    go add()
    go add()
}
```

这种自旋锁的形式在 Go 源代码中随处可见，原子操作是底层最基础的同步保证，通过原子操作可以构建起许多同步原语，例如自旋锁、信号量、互斥锁等。

17.4.2 互斥锁

通过原子操作构建起的互斥锁，虽然高效而且简单，但是其并不是万能的。例如，当某一个协程长时间霸占锁，其他协程抢占锁时将无意义地消耗 CPU 资源。同时当有许多正在获取锁的协程时，可能有协程一直抢占不到锁。为了解决这种问题，操作系统的锁接口提供了终止与唤醒的机制，例如 Linux 中的 pthread mutex，避免了频繁自旋造成的浪费。在操作系统内部会构建起锁的等待队列，以便之后依次被唤醒。调用操作系统级别的锁会锁住整个线程使之无法运行，另外锁的抢占还会涉及线程之间的上下文切换。Go 语言拥有比线程更加轻量级的协程，在协程的基础上实现了一种比传统操作系统级别的锁更加轻量级的互斥锁，其使用方式如下所示。

```
var count int64  = 0
var m sync.Mutex
func add() {
   m.Lock()
   count++
   m.Unlock()
}

func main() {
   go add()
   go add()
}
```

sync.Mutex 构建起了互斥锁，在同一时刻，只会有一个获取锁的协程继续执行，而其他的协程将陷入等待状态，这和自旋锁的功能是类似的，但是其提供了更加复杂的机制避免自旋锁的争用问题。

17.4.3 互斥锁实现原理

互斥锁是一种混合锁，其实现方式包含了自旋锁，同时参考了操作系统锁的实现。sync.Mutex 结构比较简单，其包含了表示当前锁状态的 state 及信号量 sema。

```
type Mutex struct {
   state int32
   sema  uint32
}
```

state 通过位图的形式存储了当前锁的状态，如图 17-7 所示，其中包含锁是否为锁定状态、正在等待被锁唤醒的协程数量、两个和饥饿模式有关的标志。

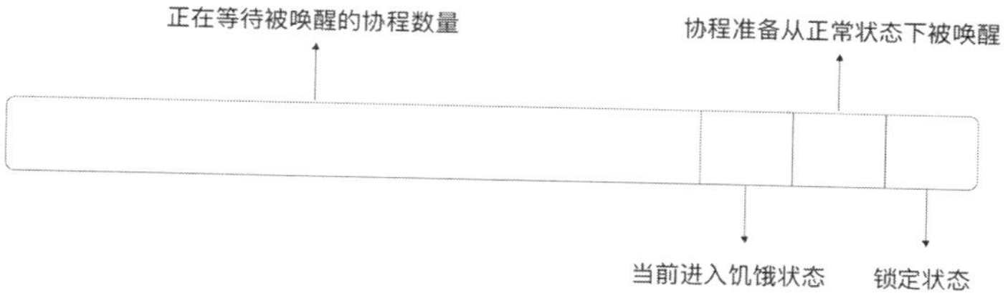

图 17-7 互斥锁位图

为了解决某一个协程可能长时间无法获取锁的问题，Go 1.9 之后使用了饥饿模式。在饥饿模式下，unlock 会唤醒最先申请加速的协程，从而保证公平。sema 是互质锁中实现的信号量，后面会详细讲解其用途。

互斥锁的第 1 个阶段是使用原子操作快速抢占锁，如果抢占成功则立即返回，如果抢占失败则调用 lockSlow 方法。

```
func (m *Mutex) Lock() {
    // 快速路径
    if atomic.CompareAndSwapInt32(&m.state, 0, mutexLocked) {
        return
    }
    // 慢路径
    m.lockSlow()
}
```

lockSlow 方法在正常情况下会自旋尝试抢占锁一段时间，而不会立即进入休眠状态，这使得互斥锁在频繁加锁与释放时也能良好工作。锁只有在正常模式下才能够进入自旋状态，runtime_canSpin 函数会判断当前是否能进入自旋状态。

```
func (m *Mutex) lockSlow() {
// 自旋阶段

 for {
        if old&(mutexLocked|mutexStarving) == mutexLocked &&
runtime_canSpin(iter) {
    // 设置 mutexWoken 标记，通知解锁时不要唤醒其他被堵塞的协程
        if !awoke && old&mutexWoken == 0 && old>>mutexWaiterShift != 0 &&
            atomic.CompareAndSwapInt32(&m.state, old, old|mutexWoken) {
            awoke = true
        }
        runtime_doSpin()
        iter++
        old = m.state
```

```
        continue
    }
```

在下面 4 种情况下，自旋状态立即终止：

（1）程序在单核 CPU 上运行。

（2）逻辑处理器 P 小于或等于 1。

（3）当前协程所在的逻辑处理器 P 的本地队列上有其他协程待运行（详见第 15 章）。

（4）自旋次数超过了设定的阈值。

进入自旋状态后，runtime_doSpin 函数调用的 procyield 函数是一段汇编代码，会执行 30 次 PAUSE 指令占用 CPU 时间。

```
func sync_runtime_doSpin() {
        procyield(active_spin_cnt)
}

TEXT runtime·procyield(SB),NOSPLIT,$0-0
    MOVL    cycles+0(FP), AX
again:
    PAUSE
    SUBL    $1, AX
    JNZ again
    RET
```

当长时间未获取到锁时，就进入互斥锁的第 2 个阶段，使用信号量进行同步。如果加锁操作进入信号量同步阶段，则信号量计数值减 1。如果解锁操作进入信号量同步阶段，则信号量计数值加 1。当信号量计数值大于 0 时，意味着有其他协程执行了解锁操作，这时加锁协程可以直接退出。当信号量计数值等于 0 时，意味着当前加锁协程需要陷入休眠状态。在互斥锁第 3 个阶段，所有锁的信息都会根据锁的地址存储在全局 semtable 哈希表中。

```
var semtable [512]struct {
   root semaRoot
   pad  [cpu.CacheLinePadSize - unsafe.Sizeof(semaRoot{})]byte
}
```

哈希函数为根据信号量地址简单取模。

```
func semroot(addr *uint32) *semaRoot {
   return &semtable[(uintptr(unsafe.Pointer(addr))>>3)%semTabSize].root
}
```

图 17-8 为互斥锁加入等待队列中的示意图，先根据哈希函数查找当前锁存储在哪一个哈希桶（bucket）中。哈希结果相同的多个锁可能存储在同一个哈希桶中，哈希桶中通过一根双向链表解决哈希冲突问题。

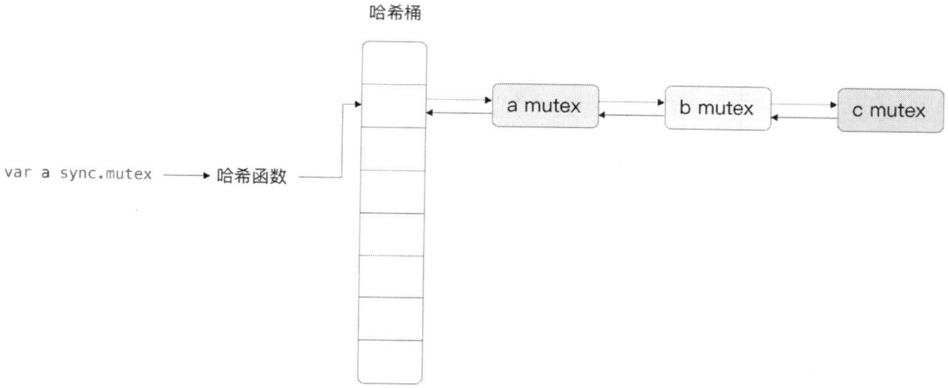

图 17-8　互斥锁加入等待队列

哈希桶中的链表还被构造成了特殊的 treap 树，如图 17-9 所示。treap 树是一种引入了随机数的二叉搜索树，其实现简单，引入的随机数及必要时的旋转保证了比较好的平衡性。

将哈希桶中锁的数据结构设计为二叉搜索树的主要目的是快速查找到当前哈希桶中是否存在已经存在过的锁，这时能够以 $\log_2 N$ 的时间复杂度进行查找。如果已经查找到存在该锁，则将当前的协程添加到等待队列的尾部。

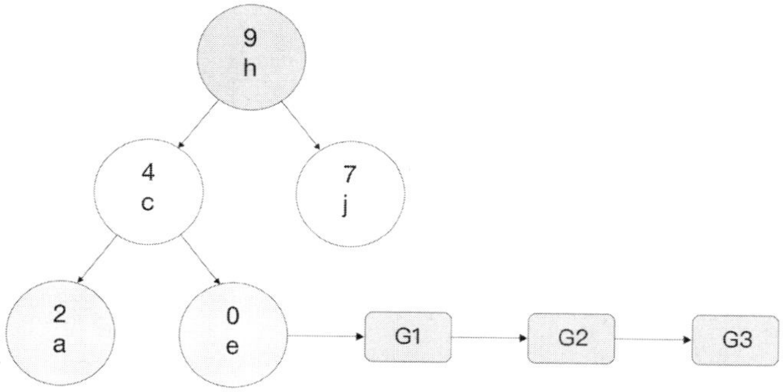

图 17-9　桶中链表以二叉搜索树的形式排列

如果不存在该锁，则需要向当前 treap 树中添加一个新的元素。值得注意的是，由于在访问哈希表时，仍然可能面临并发的数据争用，因此这里也需要加锁，但是此处的锁和互斥锁有所不同，其实现方式为先自旋一定次数，如果还没有获取到锁，则调用操作系统级别的锁，在 Linux 中为 pthread mutex 互斥锁。所以 Go 语言中的互斥锁算一种混合锁，它结合了原子操作、自旋、信号量、全局哈希表、等待队列、操作系统级别锁等多种技术，在正常情况下是基本不会进入操作系统级别的锁。

锁被放置到全局的等待队列中并等待被唤醒，唤醒的顺序为从前到后，遵循先入先出的准则，这样保证了公平性。当长时间无法获取锁时，当前的互斥锁会进入饥饿模式。在饥饿模式下，为了保证公平性，新申请锁的协程不会进入自旋状态，而是直接放入等待队列中。放入等待队列中的协程会切换自己的执行状态，让渡执行权利并进入新的调度循环，这不会暂停线程的运行。

17.4.4 互斥锁的释放

互斥锁的释放和互斥锁的锁定相对应，其步骤如下：

（1）如果当前锁处于普通的锁定状态，即没有进入饥饿状态和唤醒状态，也没有多个协程因为抢占锁陷入堵塞，则 Unlock 方法在修改 mutexLocked 状态后立即退出（快速路径）。否则，进入慢路径调用 unlockSlow 方法。

```
func (m *Mutex) Unlock() {
    // 快速路径
    new := atomic.AddInt32(&m.state, -mutexLocked)
    if new != 0 {
            m.unlockSlow(new)
        }
    }
```

（2）判断锁是否重复释放。锁不能重复释放，否则会在运行时报错。

```
if (new+mutexLocked)&mutexLocked == 0 {
  throw("sync: unlock of unlocked mutex")
}
```

（3）如果锁当前处于饥饿状态，则进入信号量同步阶段，到全局哈希表中寻找当前锁的等待队列，以先入先出的顺序唤醒指定协程。

（4）如果锁当前未处于饥饿状态且当前 mutexWoken 已设置，则表明有其他申请锁的协程准备从正常状态退出，这时锁释放后不用去当前锁的等待队列中唤醒其他协程，而是直接退出。如果唤醒了等待队列中的协程，则将唤醒的协程放入当前协程所在逻辑处理器 P 的 runnext 字段中，存储到 runnext 字段中的协程会被优先调度。如果在饥饿模式下，则当前协程会让渡自己的执行权利，让被唤醒的协程直接运行，这是通过将 runtime_Semrelease 函数第 2 个参数设置为 true 实现的。

```
func (m *Mutex) unlockSlow(new int32) {
   if (new+mutexLocked)&mutexLocked == 0 {
      throw("sync: unlock of unlocked mutex")
   }
   if new&mutexStarving == 0 {
      old := new
      for {
         // 当前没有等待被唤醒的协程或者 mutexWoken 已设置
         if old>>mutexWaiterShift == 0 ||
old&(mutexLocked|mutexWoken|mutexStarving) != 0 {
            return
         }
         // 唤醒等待中的协程
         new = (old - 1<<mutexWaiterShift) | mutexWoken
         if atomic.CompareAndSwapInt32(&m.state, old, new) {
            runtime_Semrelease(&m.sema, false, 1)
            return
         }
         old = m.state
      }
   } else {
// 在饥饿模式下唤醒协程，并立即执行
      runtime_Semrelease(&m.sema, true, 1)
   }
}
```

17.4.5 读写锁

在同一时间内只能有一个协程获取互斥锁并执行操作，在多读少写的情况下，如果长时间没有写操作，那么读取到的会是完全相同的值，完全不需要通过互斥的方式获取，这是读写锁产生的背景。读写锁通过两种锁来实现，一种为读锁，另一种为写锁。当进行读取操作时，需要加读锁，而进行写入操作时需要加写锁。多个协程可以同时获得读锁并执行。如果此时有协程申请了写锁，那么该写锁会等待所有的读锁都释放后才能获取写锁继续执行。如果当前的协程申请读锁时已经存在写锁，那么读锁会等待写锁释放后再获取锁继续执行。

总之，读锁必须能观察到上一次写锁写入的值，写锁要等待之前的读锁释放才能写入。可能有多个协程获得读锁，但只有一个协程获得写锁。举一个简单的例子，哈希表并不是并发安全的，它只能够并发读取，并发写入时会出现冲突。一种简单的规避方式如下所示，可以在获取 map 中的数据时加入 RLock 读锁，在写入数据时使用 Lock 写锁。

```
type Stat struct {
    counters map[string]int64
    mutex    sync.RWMutex
}
func (s *Stat) getCounter(name string) int64 {
    s.mutex.RLock()
    defer s.mutex.RUnlock()
    return s.counters[name]
}
func (s *Stat) SetCounter(name string){
    s.mutex.Lock()
    defer s.mutex.Unlock()
    s.counters[name]++
}
```

17.4.6 读写锁原理

读写锁位于 sync 标准库中，其结构如下。读写锁复用了互斥锁及信号量这两种机制。

```
type RWMutex struct {
        w           Mutex   // 互斥锁
    writerSem   uint32  // 信号量，写锁等待读取完成
    readerSem   uint32  // 信号量，读锁等待写入完成
    readerCount int32   // 当前正在执行的读操作的数量
    readerWait  int32   // 写操作被阻塞时等待的读操作数量
}
```

读取操作先通过原子操作将 readerCount 加 1，如果 readerCount ≥0 就直接返回，所以如果只有获取读取锁的操作，那么其成本只有一个原子操作。当 readerCount < 0 时，说明当前有写锁，当前协程将借助信号量陷入等待状态，如果获取到信号量则立即退出，没有获取到信号量时的逻辑与互斥锁的逻辑相似。

```
func (rw *RWMutex) RLock() {
    if atomic.AddInt32(&rw.readerCount, 1) < 0 {
        // A writer is pending, wait for it.
        runtime_SemacquireMutex(&rw.readerSem, false, 0)
```

```
    }
}
```

读锁解锁时，如果当前没有写锁，则其成本只有一个原子操作并直接退出。

```
func (rw *RWMutex) RUnlock() {
    if r := atomic.AddInt32(&rw.readerCount, -1); r < 0 {
        // Outlined slow-path to allow the fast-path to be inlined
        rw.rUnlockSlow(r)
    }
}
```

如果当前有写锁正在等待，则调用 rUnlockSlow 判断当前是否为最后一个被释放的读锁，如果是则需要增加信号量并唤醒写锁。

```
func (rw *RWMutex) rUnlockSlow(r int32) {
    // A writer is pending.
    if atomic.AddInt32(&rw.readerWait, -1) == 0 {
        runtime_Semrelease(&rw.writerSem, false, 1)
    }
}
```

读写锁申请写锁时要调用 Lock 方法，必须先获取互斥锁，因为它复用了互斥锁的功能。接着 readerCount 减去 rwmutexMaxReaders 阻止后续的读操作。

但获取互斥锁并不一定能直接获取写锁，如果当前已经有其他 Goroutine 持有互斥锁的读锁，那么当前协程会加入全局等待队列并进入休眠状态，当最后一个读锁被释放时，会唤醒该协程。

```
func (rw *RWMutex) Lock() {
    rw.w.Lock()
    r := atomic.AddInt32(&rw.readerCount, -rwmutexMaxReaders) +
rwmutexMaxReaders
    if r != 0 && atomic.AddInt32(&rw.readerWait, r) != 0 {
        runtime_SemacquireMutex(&rw.writerSem, false, 0)
    }
}
```

解锁时，调用 Unlock 方法。将 readerCount 加上 rwmutexMaxReaders，表示不会堵塞后续的读锁，依次唤醒所有等待中的读锁。当所有的读锁唤醒完毕后会释放互斥锁。

```
func (rw *RWMutex) Unlock() {
    r := atomic.AddInt32(&rw.readerCount, rwmutexMaxReaders)
    for i := 0; i < int(r); i++ {
```

```
        runtime_Semrelease(&rw.readerSem, false, 0)
    }
    rw.w.Unlock()
}
```

可以看出，读写锁在写操作时的性能与互斥锁类似，但是在只有读操作时效率要高很多，因为读锁可以被多个协程获取。

17.5 总结

本章介绍了 Go 语言在高并发场景下会用到的几种关键技术，包括处理协程优雅退出的 context、检查并发数据争用的 trace 工具，以及传统的同步原语——锁，并深入介绍它们的原理。其中，context 一般作为函数的第一个参数，其内部通过通道关闭的机制实现继承链上协程的退出通信，在数据库和网络库中频繁使用。

race 工具在排查高并发场景下的数据争用时是一把利器，因为数据争用问题通常是高并发场景下最困难的问题之一。

本章最后还介绍了传统的同步原语，包括原子锁、互斥锁及读写锁，Go 语言中的互斥锁算一种混合锁，结合了原子操作、自旋、信号量、全局哈希表、等待队列、操作系统级别锁等多种技术，实现相对复杂。但是 Go 语言的锁相对于操作系统级别的锁更快，因为在大部分情况下锁的争用停留在用户态。在有些场景下使用锁更简单，会比通道有更清晰的语义表达，需要结合具体的场景使用。

第 18 章

内存分配管理

程序的运行离不开在内存中存储和组织数据，存储在内存中的数据可以更快地被访问及计算。但是内存是有限的，特别是当多个进程共用内存空间时。因此，合理安排、组织、管理、释放内存是高效程序的基础。Go 语言运行时依靠细微的对象切割、极致的多级缓存、精准的位图管理实现了对内存的精细化管理。

18.1 Go 语言内存分配全局视野

18.1.1 span 与元素

Go 语言将内存分成了大大小小 67 个级别的 span，其中，0 级代表特殊的大对象，其大小是不固定的。当具体的对象需要分配内存时，并不是直接分配 span，而是分配不同级别的 span 中的元素。因此 span 的级别不是以每个 span 的大小为依据的，而是以 span 中元素的大小为依据的。各级 span 与其元素大小见表 18-1。

表 18-1 各级 span 与其元素大小

span 等级	元素大小（字节）	span 大小（字节）	元素个数
1	8	8192	1024
2	16	8192	512
3	32	8192	256
4	48	8192	170
5	64	8192	128
…	…	…	…
65	28672	57344	2
66	32768	32768	1

如表 18-1 所示，第 1 级 span 中元素的大小为 8 字节，span 的大小为 8192 字节，因此第 1 级 span 拥有的元素个数为 8192/8 = 1024。每个 span 的大小和 span 中元素的个数都不是固定的，例如第 65 级 span 的大小为 57344 字节，每个元素的大小为 28672 字节，元素个数为 2。span 的大小虽然不固定，但其是 8KB 或更大的连续内存区域。

每个具体的对象在分配时都需要对齐到指定的大小，例如分配 17 字节的对象，会对应分配到比 17 字节大并最接近它的元素级别，即第 3 级，这导致最终分配了 32 字节。因此，这种分配方式会不可避免地带来内存的浪费。

18.1.2 三级对象管理

为了能够方便地对 span 进行管理，加速 span 对象的访问和分配，Go 语言采取了三级管理结构，分别为 mcache、mcentral、mheap。

Go 语言采用了现代 TCMalloc 内存分配算法的思想，每个逻辑处理器 P 都存储了一个本地 span 缓存，称作 mcache。如果协程需要内存可以直接从 mcache 中获取，由于在同一时间只有一个协程运行在逻辑处理器 P 上，所以中间不需要加锁。mcache 包含所有大小规格的 mspan，但是每种规格大小只包含一个。除 class0 外，mcache 的 span 都来自 mcentral。

- ◎ mcentral 是被所有逻辑处理器 P 共享的。
- ◎ mcentral 对象收集所有给定规格大小的 span。每个 mcentral 都包含两个 mspan 的链表：empty mspanList 表示没有空闲对象或 span 已经被 mcache 缓存的 span 链表，nonempty mspanList 表示有空闲对象的 span 链表。

做这种区分是为了更快地分配 span 到 mcache 中。图 18-1 为三级内存对象管理的示意图。除了级别 0，每个级别的 span 都会有一个 mcentral 用于管理 span 链表。而所有级别的这些 mcentral，其实都是一个数组，由 mheap 进行管理。

```
central [numSpanClasses]struct {
      mcentral mcentral
      pad     [cpu.CacheLinePadSize -
unsafe.Sizeof(mcentral{})%cpu.CacheLinePadSize]byte
   }
```

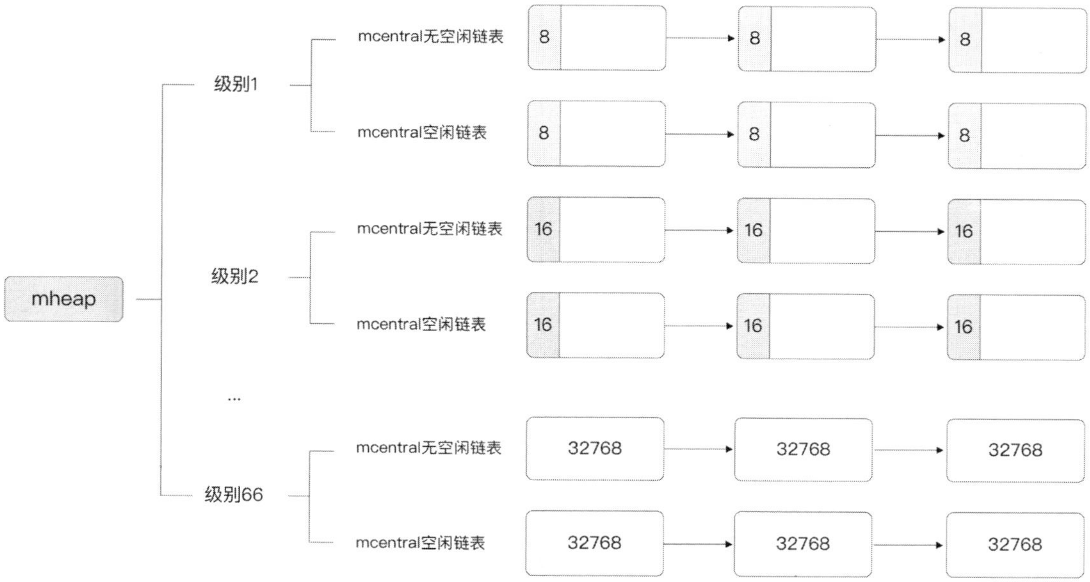

图 18-1　三级内存对象管理

mheap 的作用不只是管理 central，大对象也会直接通过 mheap 进行分配。如图 18-2 所示，mheap 实现了对虚拟内存线性地址空间的精准管理，建立了 span 与具体线性地址空间的联系，保存了分配的位图信息，是管理内存的最核心单元。后面还会看到，堆区的内存被分成了 HeapArea 大小进行管理。对 Heap 进行的操作必须全局加锁，而 mcache、mcentral 可以被看作某种形式的缓存。

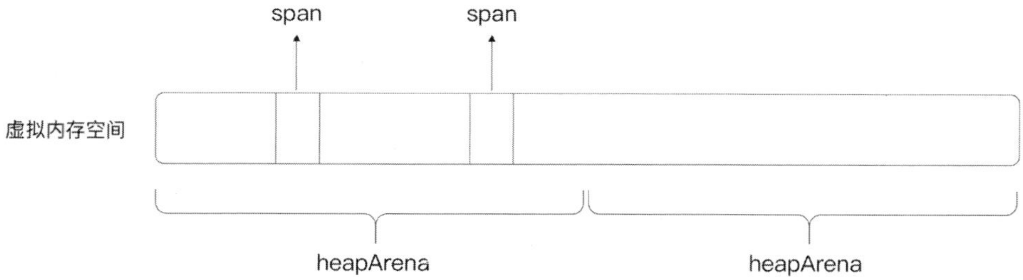

图 18-2　mheap 管理虚拟内存线性地址空间

18.1.3　四级内存块管理

根据对象的大小，Go 语言将堆内存分成了图 18-3 所示的 HeapArea、chunk、span 与 page 4

种内存块进行管理。其中，HeapArea 内存块最大，其大小与平台相关，在 UNIX 64 位操作系统中占据 64MB。chunk 占据了 512KB，span 根据级别大小的不同而不同，但必须是 page 的倍数。而 1 个 page 占据 8KB。不同的内存块用于不同的场景，便于高效地对内存进行管理。

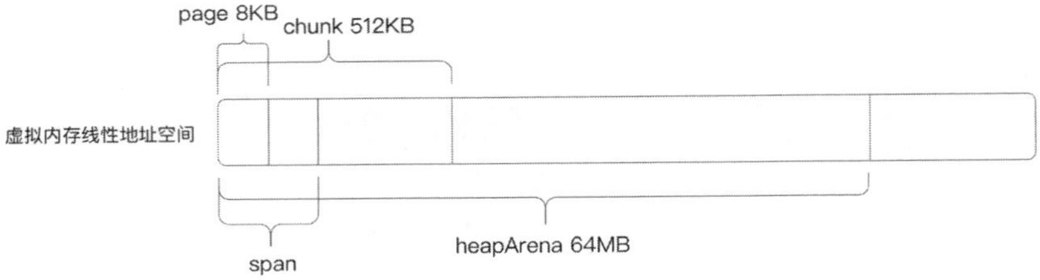

图 18-3　内存块管理结构

18.2　对象分配

正如前面介绍的，不同大小的对象会被分配到不同的 span 中，在这一小节中，将看到其分配细节。在运行时分配对象的逻辑主要位于 mallocgc 函数中，这个名字很有意思，malloc 代表分配，gc 代表垃圾回收（GC），此函数除了分配内存还会为垃圾回收做一些位图标记工作。本节主要关注内存的分配。

```
func mallocgc(size uintptr, typ *_type, needzero bool) unsafe.Pointer {
    // 判断是否为小对象，maxSmallSize 当前为 32KB
    if size <= maxSmallSize {
        if noscan && size < maxTinySize {
            // 微小对象分配
        } else {
            // 小对象分配
    }else{
        // 大对象分配
}}
```

内存分配时，将对象按照大小不同划分为微小（tiny）对象、小对象、大对象。微小对象的分配流程最长，逻辑链路最复杂。我们在介绍微小对象的分配时，其实已经包含了小对象、大对象的类似分配流程，因此，下一节将重点介绍微小对象，并对比介绍几种对象在内存分配上的不同。

18.2.1　微小对象

Go 语言将小于 16 字节的对象划分为微小对象。划分微小对象的主要目的是处理极小的字符串和独立的转义变量。对 json 的基准测试表明，使用微小对象减少了 12%的分配次数和 20%的堆大小[1]。

微小对象会被放入 class 为 2 的 span 中，我们已经知道，在 class 为 2 的 span 中元素的大小为 16 字节。首先对微小对象按照 2、4、8 的规则进行字节对齐。例如，字节为 1 的元素会被分配 2 字节，字节为 7 的元素会被分配 8 字节。

```
if size&7 == 0 {
    off = alignUp(off, 8)
} else if size&3 == 0 {
    off = alignUp(off, 4)
} else if size&1 == 0 {
    off = alignUp(off, 2)
}
```

查看之前分配的元素中是否有空余的空间，图 18-4 所示为微小对象分配示意图。如果当前对象要分配 8 字节，并且正在分配的元素可以容纳 8 字节，则返回 tiny+offset 的地址，意味着当前地址往后 8 字节都是可以被分配的。

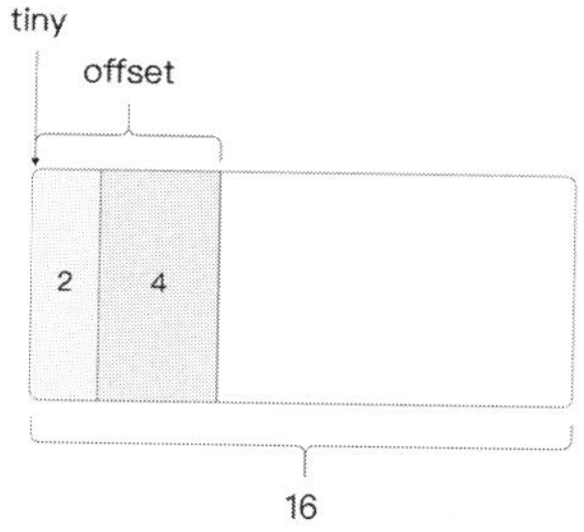

图 18-4　微小对象分配

如图 18-5 所示，分配完成后 offset 的位置也需要相应增加，为下一次分配做准备。

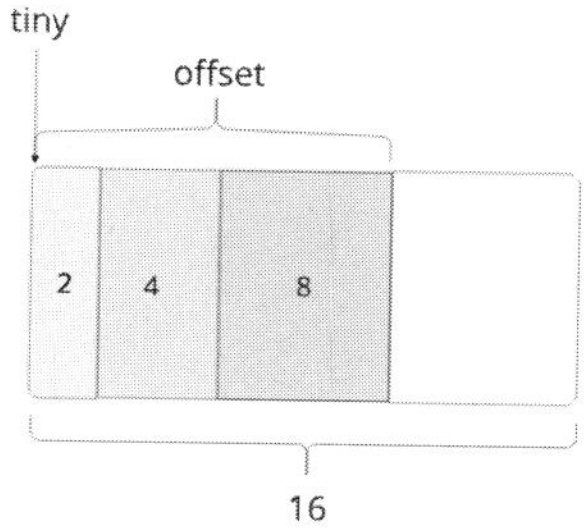

图 18-5　tiny offset 代表当前已分配内存的偏移量

如果当前要分配的元素空间不够，将尝试从 mcache 中查找 span 中下一个可用的元素。因此，tiny 分配的第一步是尝试利用分配过的前一个元素的空间，达到节约内存的目的。

```
off := c.tinyoffset
if off+size <= maxTinySize && c.tiny != 0 {
    x = unsafe.Pointer(c.tiny + off)
    c.tinyoffset = off + size
    return x
}
```

18.2.2 mcache 缓存位图

在查找空闲元素空间时，首先需要从 mcache 中找到对应级别的 mspan，mspan 中拥有 allocCache 字段，其作为一个位图，用于标记 span 中的元素是否被分配。由于 allocCache 元素为 uint64，因此其最多一次缓存 64 字节。

```
func nextFreeFast(s *mspan) gclinkptr {
    theBit := sys.Ctz64(s.allocCache)
    if theBit < 64 {
        result := s.freeindex + uintptr(theBit)
        if result < s.nelems {
            freeidx := result + 1
            if freeidx%64 == 0 && freeidx != s.nelems {
                return 0
            }
            s.allocCache >>= uint(theBit + 1)
            s.freeindex = freeidx
            s.allocCount++
            return gclinkptr(result*s.elemsize + s.base())
        }
    }
    return 0
}
```

allocCache 使用图 18-6 中的小端模式标记 span 中的元素是否被分配。allocCache 中的最后 1 bit 对应的是 span 中的第 1 个元素是否被分配。当 bit 位为 1 时代表当前对应的 span 中的元素已经被分配。

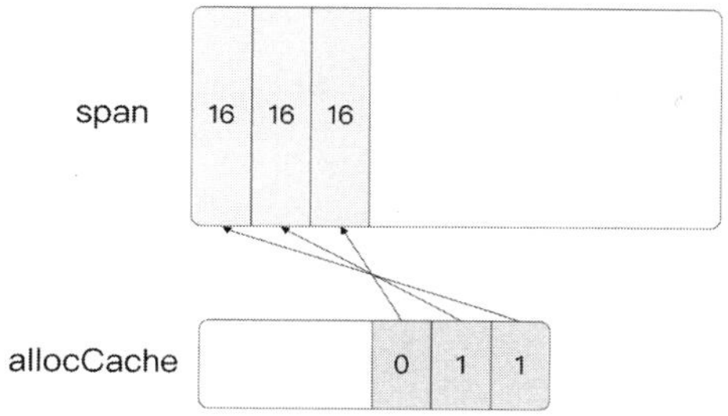

图 18-6　allocCache 位图标记 span 中的元素是否被分配

有时候，span 中元素的个数大于 64，因此需要专门有一个字段 freeindex 标识当前 span 中的元素被分配到了哪里。如图 18-7 所示，span 中小于 freeindex 序号的元素都已经被分配了，将从 freeindex 开始继续分配。

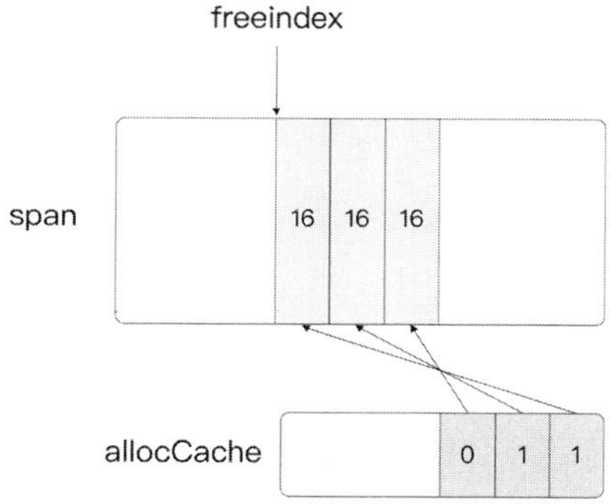

图 18-7　freeindex 之前的元素都已被分配

因此，只要从 allocCache 开始找到哪一位为 0 即可。假如 X 位为 0，那么 X + freeindex 为当前 span 中可用的元素序号。当 allocCache 中的 bit 位全部被标记为 1 后，需要移动 freeindex，并更新 allocCache，一直到 span 中元素的末尾为止。

18.2.3　mcentral 遍历 span

如果当前的 span 中没有可以使用的元素，这时就需要从 mcentral 中加锁查找。之前介绍过，mcentral 中有两种类型的 span 链表，分别是有空闲元素的 nonempty 链表和没有空闲元素的 empty 链表。在 mcentral 查找时，会分别遍历这两个链表，查找是否有可用的 span。

有些读者可能有疑问，既然是没有空闲元素的 empty 链表，为什么还需要遍历呢？这是由于可能有些 span 虽然被垃圾回收器标记为空闲了，但是还没有来得及清理，这些 span 在清扫后仍然是可以使用的，因此需要遍历。

```
func (c *mcentral) cacheSpan() *mspan {
    var s *mspan
    for s = c.nonempty.first; s != nil; s = s.next {
        c.nonempty.remove(s)
        c.empty.insertBack(s)
        unlock(&c.lock)
        goto havespan
    }
    //
    for s = c.empty.first; s != nil; s = s.next {
        ...
    }
```

图 18-8 为查找 mcentral 中可用 span 并分配到 mcache 中的示意图。如果在 mcentral 中查找到有空闲元素的 span，则将其赋值到 mcache 中，并更新 allocCache，同时需要将 span 添加到 mcentral 的 empty 链表中去。

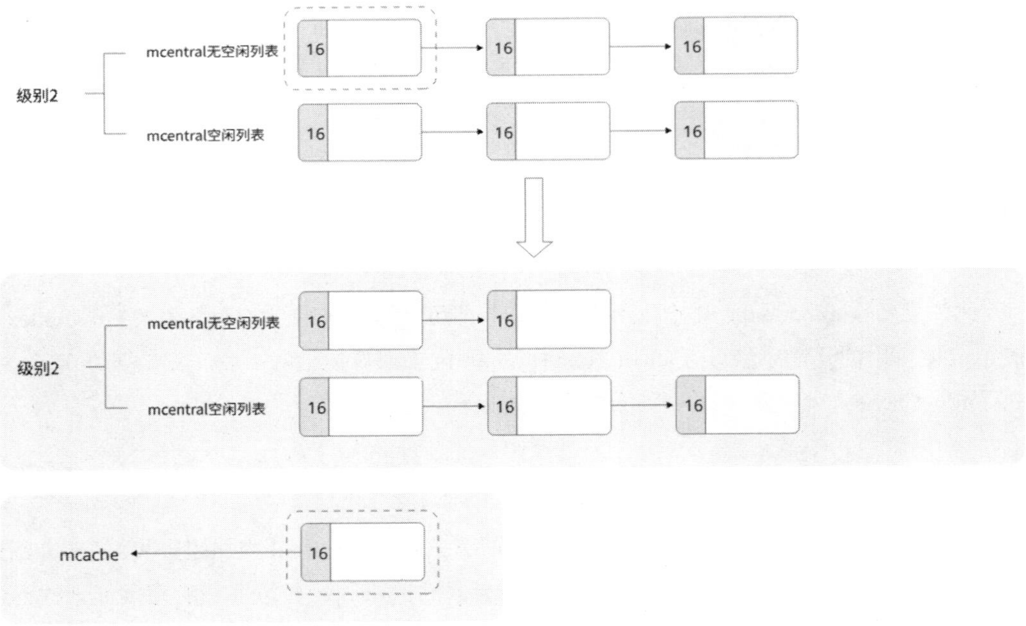

图 18-8　查找 mcentral 中的可用 span 并分配到 mcache 中

18.2.4　mheap 缓存查找

如果在 mcentral 中找不到可以使用的 span，就需要在 mheap 中查找。Go 1.12 采用 treap 结构进行内存管理，treap 是一种引入了随机数的二叉搜索树，其实现简单，引入的随机数及必要时的旋转保证了比较好的平衡性。Michael Knyszek 提出，这种方式有扩展性的问题[2]，由于这棵树是 mheap 管理的，所以在操作它时需要维持一个 lock。这在密集的对象分配及逻辑处理器 P 过多时，会导致更长的等待时间。Michael Knyszek 提出用 bitmap 来管理内存页，因此在 Go 1.14 之后，我们会看到每个逻辑处理器 P 中都维护了一份 page cache，这就是现在 Go 语言实现的方式。

```
type pageCache struct {
    base  uintptr
    cache uint64
    scav  uint64
}
```

mheap 会首先查找每个逻辑处理器 P 中 pageCache 字段的 cache。如图 18-9 所示，cache 也是一个位图，每一位都代表了一个 page（8 KB）。由于 cache 为 uint64，因此一共可以提供 64×8=512KB 的连续虚拟内存。在 cache 中，1 代表未分配的内存，0 代表已分配的内存。base 代表该虚拟内存的基地址。当需要分配的内存小于 512/4=128KB 时，需要首先从 cache 中分配。

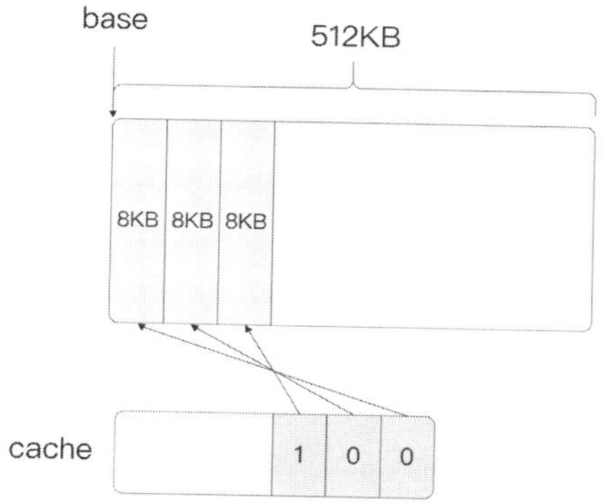

图 18-9　cache 位图标记内存缓存页是否分配

例如要分配 *n* pages，就需要查找 cache 中是否有连续 *n* 个为 1 的位。如果存在，则说明在缓存中查找到了合适的内存，用于构建 span。

18.2.5　mheap 基数树查找

如果要分配的 page 过大或者在逻辑处理器 P 的 cache 中没有找到可用的 page，就需要对

mheap 加锁，并在整个 mheap 管理的虚拟地址空间的位图中查找是否有可用的 page，这涉及 Go 语言对线性地址空间的位图管理。

管理线性地址空间的位图结构叫作基数树（radix tree），其结构如图 18-10 所示。该结构和一般的基数树结构不太一样，会有这个名字很大一部分是由于父节点包含了子节点的若干信息。

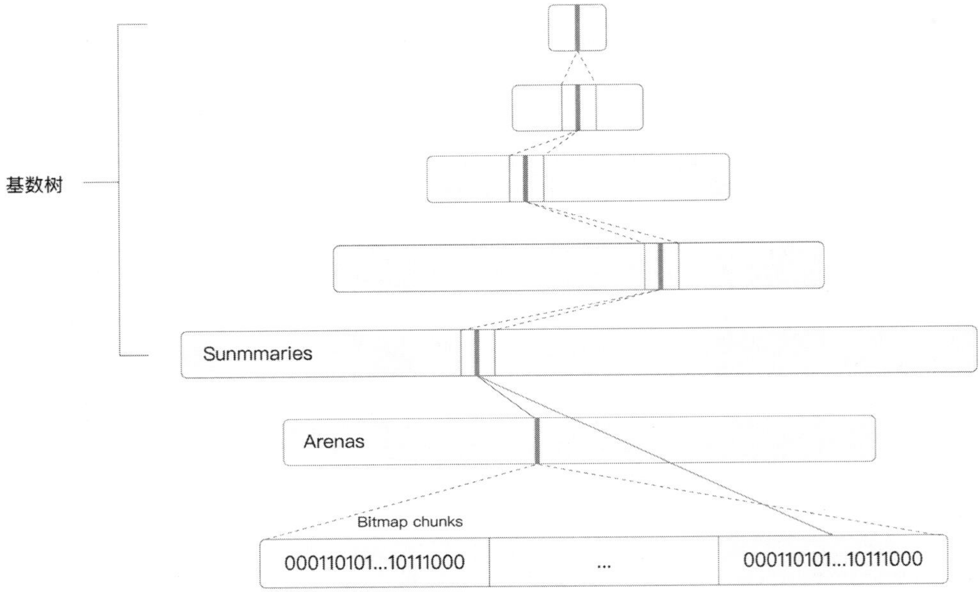

图 18-10　内存管理基数树结构

该树中的每个节点都对应一个 pallocSum，最底层的叶子节点对应的 pallocSum 包含一个 chunk 的信息（512×8KB），除叶子节点外的节点都包含连续 8 个子节点的内存信息。例如，倒数第 2 层的节点包含连续 8 个叶子节点（即 8×chunk）的内存信息。因此，越上层的节点对应的内存越多。

```
type pallocSum uint64
func (p pallocSum) start() uint {
   return uint(uint64(p) & (maxPackedValue - 1))
}
// max extracts the max value from a packed sum.
func (p pallocSum) max() uint {
   return uint((uint64(p) >> logMaxPackedValue) & (maxPackedValue - 1))
}
```

```
// end extracts the end value from a packed sum.
func (p pallocSum) end() uint {
    return uint((uint64(p) >> (2 * logMaxPackedValue)) & (maxPackedValue - 1))
}
```

pallocSum 是一个简单的 uint64，分为开头（start）、中间（max）、末尾（end）3 部分，其结构如图 18-11 所示。pallocSum 的开头与末尾部分各占 21bit，中间部分占 22bit，它们分别包含了这个区域中连续空闲内存页的信息，包括开头有多少连续内存页，最多有多少连续内存页，末尾有多少连续内存页。对于最顶层的节点，由于其 max 位为 22bit，因此一棵完整的基数树最多代表 2^{21} pages=16GB 内存。

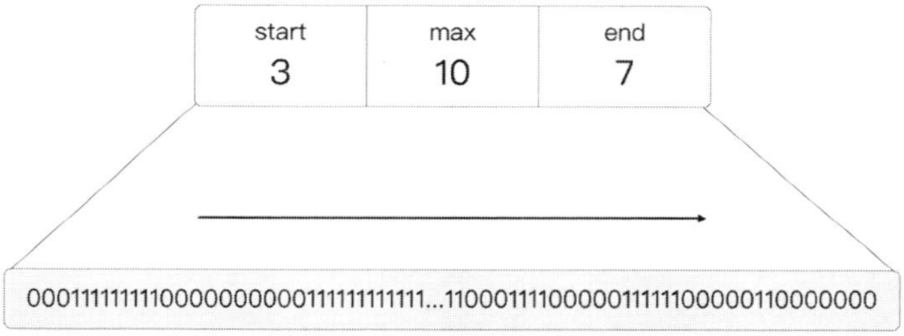

图 18-11 pallocSum 的内部结构

不需要每一次查找都从根节点开始。在 Go 语言中，存储了一个特别的字段 searchAddr，顾名思义是用于搜索可用内存的。如图 18-12 所示，利用 searchAddr 可以加速内存查找。searchAddr 有一个重要的设定是它前面的地址一定是已经分配过的，因此在查找时，只需要向 searchAddr 地址的后方查找即可跳过已经查找的节点，减少查找的时间。

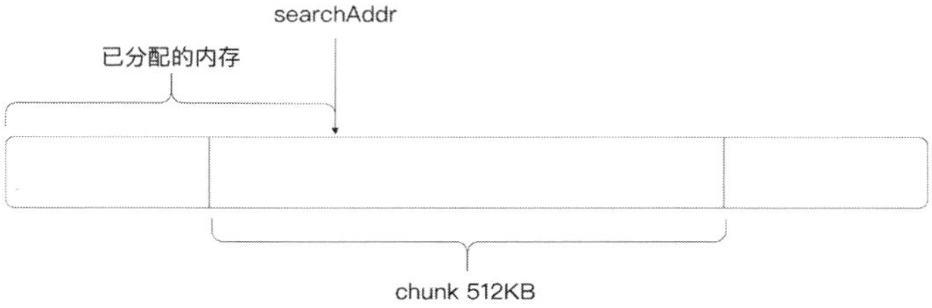

图 18-12 利用 searchAddr 加速内存查找

在第 1 次查找时，会从当前 searchAddr 的 chunk 块中查找是否有对应大小的连续空间，这种优化主要针对比较小的内存（至少小于 512KB）分配。Go 语言对于内存有非常精细的管理，chunk 块的每个 page（8 KB）都有位图表明其是否已经被分配。

每个 chunk 都有一个 pallocData 结构，其中 pallocBits 管理其分配的位图。pallocBits 是 uint64，有 8 字节，由于其每一位对应一个 page，因此 pallocBits 一共对应 64×8=512KB，恰好是一个 chunk 块的大小。位图的对应方式和之前是一样的。

```
type pallocData struct {
  pallocBits
  scavenged pageBits
}
type pallocBits [8]uint64
```

而所有的 chunk pallocData 都在 pageAlloc 结构中进行管理。

```
type pageAlloc struct {
   chunks [1 << pallocChunksL1Bits]*[1 << pallocChunksL2Bits]pallocData
}
```

当内存分配过大或者当前 chunk 块没有连续的 *n*pages 空间时，需要到基数树中从上到下进行查找。基数树有一个特性——要分配的内存越大，它能够越快地查找到当前的基数树中是否有连续的满足需求的空间。

在查找基数树的过程中，需要从上到下、从左到右地查找每个节点是否符合要求。先计算 pallocSum 的开头有多少连续的内存空间，如果大于或等于 *n*pages，则说明找到了可用的空间和地址。如果小于 *n*pages，则会计算 pallocSum 字段的 max，即中间有多少连续的内存空间。如果 max 大于或等于 *n*pages，那么需要继续向基数树当前节点对应的下一级查找，原因在于，max 大于 *n*pages，表明当前一定有连续的空间大于或等于 *n*pages，但是并不知道具体在哪一个位置，必须查找下一级才能找到可用的地址。如果 max 也不满足，那么是不是就不满足了呢？不一定，如图 18-13 所示，有可能两个节点可以合并起来组成一个更大的连续空间。因此还需要将当前 pallocSum 计算的 end 与后一个节点的 start 加起来查看是否能够组合成大于 *n*pages 的连续空间。

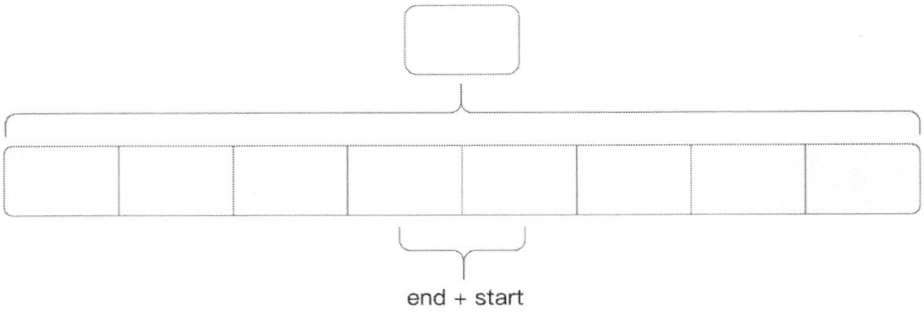

图 18-13　更大的可用内存可能跨越了多个 pallocSum

每一次从基数树中查找到内存，或者事后从操作系统分配到内存时，都需要更新基数树中每个节点的 pallocSum。

18.2.6 操作系统内存申请

当在基数树中查找不到可用的连续内存时，需要从操作系统中获取内存。从操作系统获取内存的代码是平台独立的，例如在 UNIX 操作系统中，最终使用了 mmap 系统调用向操作系统申请内存。

```
func sysReserve(v unsafe.Pointer, n uintptr) unsafe.Pointer {
    p, err := mmap(v, n, _PROT_NONE, _MAP_ANON|_MAP_PRIVATE, -1, 0)
    if err != 0 {
        return nil
    }
    return p
}
```

Go 语言规定，每一次向操作系统申请的内存大小必须为 heapArena 的倍数。heapArena 是和平台有关的内存大小，在 64 位 UNIX 操作系统中，其大小为 64MB。这意味着即便需要的内存很小，最终也至少要向操作系统申请 64MB 内存。多申请的内存可以用于下次分配。

Go 语言中对于 heapArena 有精准的管理，精准到每个指针大小的内存信息，每个 page 对应的 mspan 信息都有记录。

```
type heapArena struct {
    // heapArena 中的 bitmap 用每两个 bit 记录一个指针（8byte）的内存信息，主要用于 gc
    bitmap [heapArenaBitmapBytes]byte
    // spans 将 pageID 对应到 arena 里的 mspan
    spans [pagesPerArena]*mspan
    ...
}
```

18.2.7 小对象分配

当对象不属于微小对象时，在内存分配时会继续判断其是否为小对象，小对象指小于 32KB 的对象。Go 语言会计算小对象对应哪一个等级的 span，并在指定等级的 span 中查找。

此后和微小对象的分配一样，小对象分配经历 mcache→mcentral→mheap 位图查找→mheap 基数树查找→操作系统分配的过程。

18.2.8 大对象分配

大对象指大于 32KB 的对象，内存分配时不与 mcache 和 mcentral 沟通，直接通过 mheap 进行分配。大对象分配经历 mheap 基数树查找→操作系统分配的过程。每个大对象都是一个特殊的 span，其 class 为 0。

18.3 总结

内存分配是一门古老的学问，有很多优秀的分配算法，这些算法各有优劣。Go 语言采用现代内存分配 TCMalloc 算法的思想来进行内存分配，将对象分为微小对象、小对象、大对象，使用三级管理结构 mcache、mcentral、mheap 用于管理、缓存加速 span 对象的访问和分配，使用精准的位图管理已分配的和未分配的对象及对象的大小。

Go 语言运行时依靠细微的对象切割、极致的多级缓存、精准的位图管理实现了对内存的精细化管理以及快速的内存访问，同时减少了内存的碎片。

第 19 章
垃圾回收初探

在计算机科学中，垃圾回收（Garbage Collection，GC）是自动内存管理的一种形式，通常由垃圾收集器收集并适时回收或重用不再被对象占用的内存。垃圾回收作为内存管理的一部分，包含 3 个重要的功能：分配和管理新对象、识别正在使用的对象、清除不再使用的对象。垃圾回收让开发变得更加简单，屏蔽了复杂而且容易犯错的操作。如图 19-1 所示，现代的高级语言几乎都具有垃圾回收的功能，例如 Python、Java，当然也包括了 Go 语言。

ACTIONSCRIPT (2000)	ALGOL-68 (1965)	APL (1964)
AppleScript (1993)	AspectJ (2001)	Awk (1977)
Beta (1983)	C# (1999)	Cyclone (2006)
Managed C++ (2002)	Cecil (1992)	Cedar (1983)
Clean (1984)	CLU (1974)	D (2007)
Dart (2011)	Dylan (1992)	Dynace (1993)
E (1997)	Eiffel (1986)	Elasti-C (1997)
Emerald (1988)	Erlang (1990)	Euphoria (1993)
F# (2005)	Fortress (2006)	Green (1998)
Go (2010)	Groovy (2004)	Haskell (1990)
Hope (1978)	Icon (1977)	Java (1994)
JavaScript (1994)	Liana (1991)	Limbo (1996)
Lingo (1991)	Lisp (1958)	LotusScript (1995)
Lua (1994)	Mathematica (1987)	MATLAB (1970s)
Mercury (1993)	Miranda (1985)	ML (1990)
Modula-3 (1988)	Oberon (1985)	Objective-C (2007–)
Obliq (1993)	Perl (1986)	Pike (1996)
PHP (1995)	Pliant (1999)	POP-2 (1970)
PostScript (1982)	Prolog (1972)	Python (1991)
R (1993)	Rexx (1979)	Ruby (1993)
Sather (1990)	Scala (2003)	Scheme (1975)
Self (1986)	SETL (1969)	Simula (1964)
SISAL (1983)	Smalltalk (1972)	SNOBOL (1962)
Squeak (1996)	Tcl (1990)	Theta (1994)
VB.NET (2001)	VBScript (1996)	Visual Basic (1991)
VHDL (1987)	X10 (2004)	YAFL (1993)

图 19-1　具有垃圾回收功能的语言[1]

19.1 为什么需要垃圾回收

19.1.1 减少错误和复杂性

传统的没有垃圾回收功能的语言，例如 C、C++，需要手动分配、释放内存。不管是内存泄漏还是野指针都是让开发者非常头疼的问题。虽然垃圾回收不保证完全不产生内存泄漏，但是其提供了重要的保障，即不再被引用的对象最终将被收集。这种设定同样避免了悬空指针、多次释放等手动管理内存时会出现的问题。具有垃圾回收功能的语言屏蔽了内存管理的复杂性，开发者可以更好地关注核心的业务逻辑。

19.1.2 解耦

现代软件工程设计的核心思想之一是以模块化的方式进行组合，而模块与模块之间只提供少量的接口进行交互。减少模块之间的耦合意味着一个模块的行为不依赖另一个模块的实现。当两个模块同时维护一个内存时，释放内存将会变得非常小心。手动分配的问题在于难以在本地模块内做出全局的决定，而具有垃圾回收功能的语言将垃圾收集的工作托管给了具有全局视野的运行时代码。开发者编写的业务模块将真正实现解耦，从而有利于开发、调试，并开发出更大规模的、高并发的项目。

垃圾回收并不是在任何场景下都适用的，因为垃圾回收带来了额外的成本，需要保存内存的状态信息（例如是否使用、是否包含指针）并扫描内存，很多时候还需要中断整个程序来处理垃圾回收。因此，垃圾回收对于要求极致的速度时和内存要求极小的场景（例如嵌入式、系统级程序）并不适用，却是开发大规模、分布式、微服务集群的极佳选择。

内存管理与垃圾回收都属于 Go 语言最复杂的模块。永远不可能有最好的垃圾回收算法，因为每个应用程序的硬件条件、工作负载、性能要求都是不同的，理论上，可以为单独的应用程序设计最佳的内存分配方案。通用的具有垃圾回收的编程语言会提供通用的垃圾回收算法，并且每一种语言侧重的垃圾回收目标不尽相同。垃圾回收的常见指标包括程序暂停时间、空间开销、回收的及时性等，根据设计目标的侧重点不同有不同的垃圾回收算法。

19.2 垃圾回收的 5 种经典算法

19.2.1 标记-清扫

标记-清扫（Mark-Sweep）算法是历史最悠久的垃圾回收算法，其最早可以追溯到 1960 年，由约翰・麦卡锡（John・McCarthy）提出，用于 LISP 语言的自动内存管理。标记-清扫算法顾名思义分为两个主要阶段，第 1 阶段是扫描并标记当前活着的对象，第 2 阶段是清扫没有被标记的垃圾对象。因此，标记-清扫算法是一种间接的垃圾回收算法，它不直接查找垃圾对象，而是通过活着的对象推断出垃圾对象。

扫描一般从栈上的根对象开始，只要对象引用了其他堆对象，就会一直向下扫描，因此可以采取深度优先搜索或者广度优先搜索的方式进行扫描。

在扫描阶段，为了有效管理扫描对象的状态，可以通过颜色对对象的状态进行抽象，比较经典的抽象方式是 Dijkstra 于 1976 年左右提出的三色抽象，如图 19-2 所示，其通过将对象标记为黑色（已经被扫描）、灰色（暂时还没有被扫描，扫描之后会转换为黑色）、白色（暂时还没有被扫描，可能有垃圾对象，如果被灰色对象扫描引用并扫描到，则会标记为灰色）来对对象进行区分。

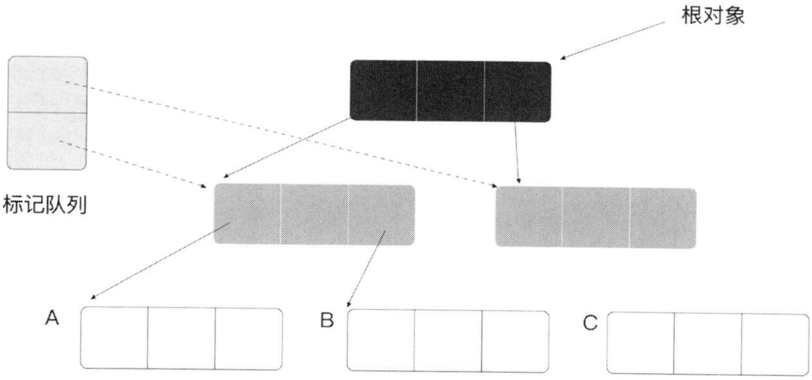

图 19-2　三色抽象

有些垃圾回收算法将对象进行了更多颜色的抽象，后面会看到，在 Go 语言中，使用了经典的三色标记算法。

标记-清扫算法的主要缺点在于可能产生内存碎片或空洞，这会导致新对象分配失败。想象一下，如果中间的区域已经被分配，留下了两端各 20MB 空闲的内存空间，那么该程序将由于没有连续的区域而不能够分配 30MB 的内存，如图 19-3 所示。

图 19-3 内存空洞

19.2.2 标记-压缩

标记-压缩（Mark-Compact）算法通过将分散的、活着的对象移动到更紧密的空间来解决内存碎片问题。标记-压缩算法分为标记与压缩两个阶段。如图 19-4 所示，与标记过程和标记-清扫算法类似，在压缩阶段，需要扫描活着的对象并将其压缩到空闲的区域，这可以保证压缩后的空间更紧凑，从而解决内存碎片问题。同时，压缩后的空间能以更快的速度查找到空闲的内存区域（在已经使用内存的后方）。

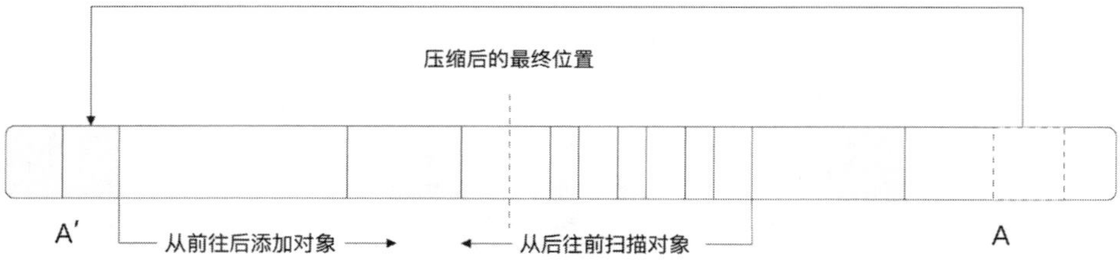

图 19-4 标记-压缩算法

标记-压缩算法的缺点在于内存对象在内存的位置是随机的，这常常会破坏缓存的局部性，并且时常需要一些额外的空间来标记当前对象已经移动到了其他地方。在压缩阶段，如果 B 对象发生了转移，那么必须更新所有引用了 B 对象的 A 对象的指针，这无疑增加了实现的复杂性。

19.2.3 半空间复制

半空间复制（Semispace Copy）是一种用空间换时间的算法。经典的半空间复制算法只能使用一半的内存空间，保留另一半的内存空间用于快速压缩内存，因此得名。

半空间复制的压缩性消除了内存碎片问题，同时，其压缩时间比标记-压缩算法更短。半空间复制不分阶段，在扫描根对象时就可以直接压缩，每个扫描到的对象都会从 fromspace 的空间复制到 tospace 的空间。因此，一旦扫描完成，就得到了一个压缩后的副本。

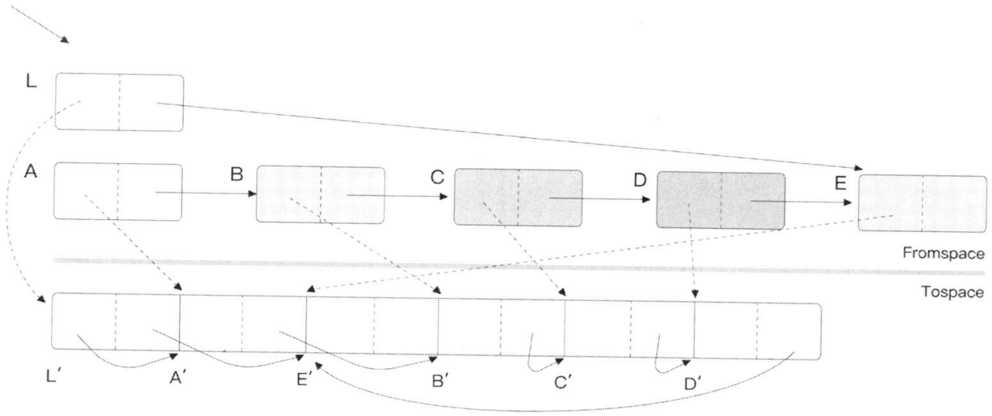

图 19-5　半空间复制算法

19.2.4　引用计数

一种直接简单的识别垃圾对象的算法是引用计数（Reference Counting），如图 19-6 所示，每个对象都包含一个引用计数，每当其他对象引用了此对象时，引用计数就会增加。反之，取消引用后，引用计数就会减少。一旦引用计数为 0，就表明该对象为垃圾对象，需要被回收。引用计数算法简单高效，在垃圾回收阶段不需要额外占用大量内存，即便垃圾回收系统的一部分出现异常，也能有一部分对象被正常回收。但这种朴素的算法也有一些致命的缺点：一些没有破坏性的操作，如只读操作、循环迭代操作也需要更新引用计数，栈上的内存操作或寄存器操作更新引用计数是难以接受的。同时，引用计数必须原子更新，并发操作同一个对象会导致引用计数难以处理自引用的对象。

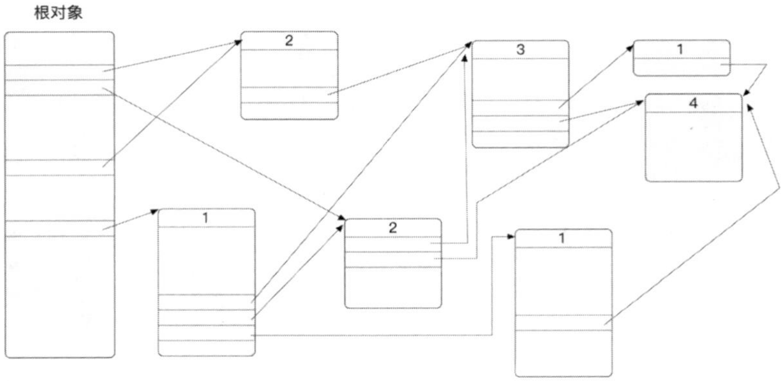

图 19-6　引用计数算法

19.2.5　分代 GC

分代 GC 指将对象按照存活时间进行划分。这种算法的重要前提是：死去的对象一般都是新创建不久的，因此，没有必要反复地扫描旧对象，这大概率会加快垃圾回收的速度，提高处理能力和吞吐量，减少程序暂停的时间，如图 19-7 所示。但是分代 GC 也不是没有成本的，这种算法没有办法及时回收老一代的对象，并且需要额外开销引用和区分新老对象，特别是在有多代对象的时候。

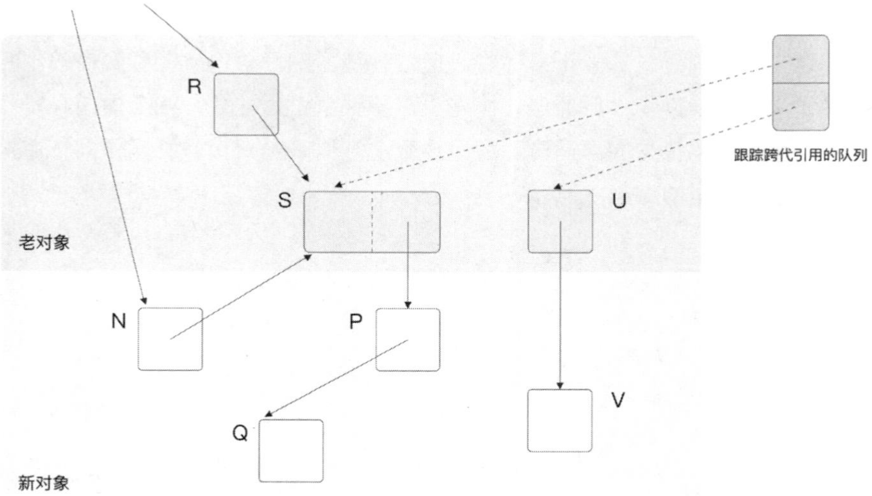

图 19-7　分代 GC 算法

需要注意的是，上面每一种算法在实践中都有许多微妙的变化，例如分代 GC 可以不止有两代，而有多代；需要考虑如何定义老对象等。当这些策略混合起来使用，并且考虑到并发或并行的场景时，会更加复杂。

19.3 Go 语言中的垃圾回收

Go 语言采用了并发三色标记算法进行垃圾回收。三色标记是最简单的垃圾回收算法，其实现也很简单。引用计数由于其固有的缺陷在并发时很少使用，不适合 Go 这样的高并发语言，真正值得探讨的是为什么不选择压缩 GC 与分代 GC。

19.3.1 为什么不选择压缩 GC？

压缩算法的主要优势是减少碎片并且快速分配。Go 语言使用了现代内存分配算法 TCmalloc，虽然没有压缩算法那样极致，但它已经很好地解决了内存碎片的问题。并且，由于需要加锁，压缩算法并不适合在并发程序中使用。另外，在 Go 语言设计初期，由于时间紧迫，设计团队放弃了考虑更加复杂的压缩算法，转而使用了更简单的三色标记算法[2]。

19.3.2 为什么不选择分代 GC？

Go 语言并不是没有尝试过分代 GC。分代 GC 的主要假设是大部分变成垃圾的对象都是新创建的，但是由于编译器的优化，Go 语言通过内存逃逸的机制将会继续使用的对象转移到了堆中，大部分生命周期很短的对象会在栈中分配，这和其他使用分代 GC 的编程语言有显著的不同，减弱了使用分代 GC 的优势。同时，分代 GC 需要额外的写屏障来保护并发垃圾回收时对象的隔代性，会减慢 GC 的速度。因此，分代 GC 是被尝试过并抛弃的方案[2]。

19.4 Go 垃圾回收演进

Go 语言的垃圾回收算法叫作并发三色标记，Go 语言的垃圾回收算法经历了一系列的演进才有了现在的高性能。图 19-8 为 Go 1.0 的单协程垃圾回收，在垃圾回收开始阶段需要停止所有的用户协程，并且在垃圾回收阶段只有一个协程执行垃圾回收。

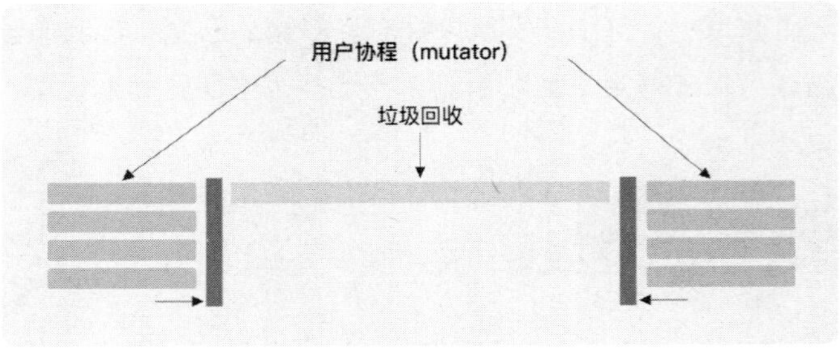

图 19-8　Go 1.0 单协程垃圾回收

在 Go 1.1 之后，垃圾回收由多个协程并行执行，大大加快了垃圾回收的速度，但是这个阶段仍然不允许用户协程执行，如图 19-9 所示。

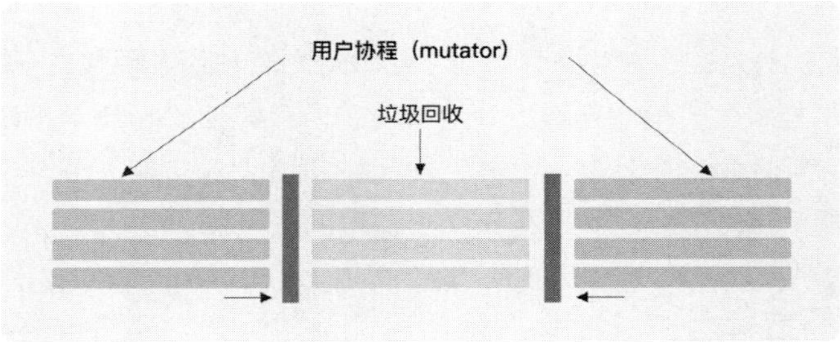

图 19-9　Go 1.1 多协程垃圾回收

Go 1.5 对垃圾回收进行了重大更新，该版本允许用户协程与后台的垃圾回收同时执行，大大降低了用户协程暂停的时间（从 300ms 左右降低到 40ms 左右），如图 19-10 所示。

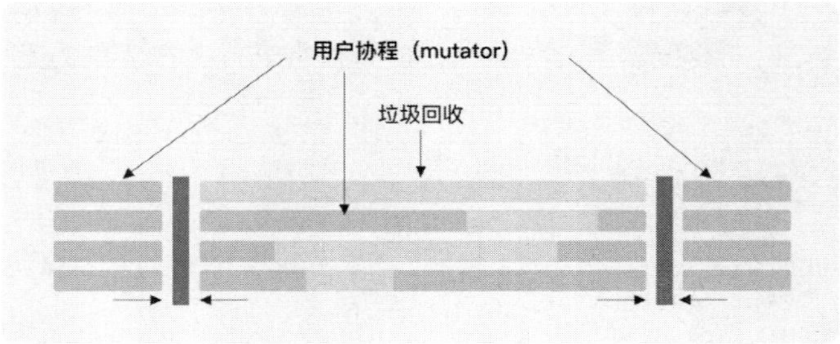

图 19-10　Go 1.5 并行垃圾回收

在 Go 1.5 发布半年后，Go 1.6 大幅度减少了在 STW（Stop The World）期间的任务，使得用户协程暂停的时间从 40ms 左右降到 5ms 左右。

Go 1.8 使用了混合写屏障技术消除了栈重新扫描的时间，将用户协程暂停的时间降低到 0.5ms 左右，如图 19-11 所示。

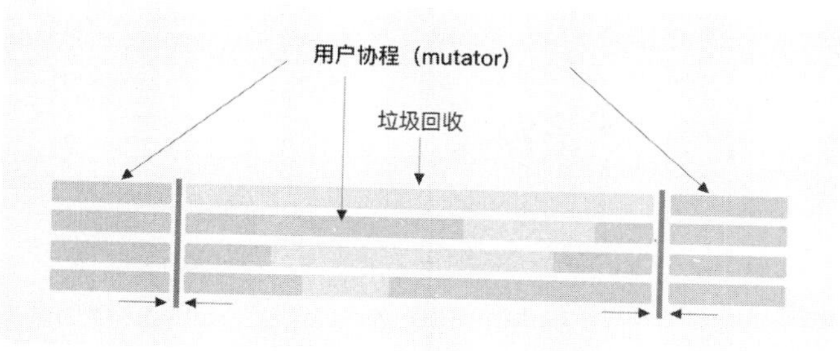

图 19-11　Go 1.8 引入混合写屏障技术

19.5　总结

垃圾回收是一门古老的学问，由于垃圾回收具有减少复杂性及解耦的性质，现代高级语言基本都具有垃圾回收这样的自动内存管理功能。Go 语言的垃圾回收算法经历了复杂的演进过程，从最初的单协程垃圾回收到最后实现了并发的三色抽象标记算法，在演进的过程中大大减少了 STW 的时间，从最初的几百毫秒降到了现在的微秒级别，对于绝大部分场景来说几乎是无感知的。

垃圾回收是 Go 语言中最复杂的模块，其贯穿于程序的整个生命周期，涉及编译器、调度器、内存分配、栈扫描、位图等技术。可以说，掌握了垃圾回收，就基本掌握了 Go 语言的运行时。下一章将深入介绍 Go 语言垃圾回收的整个周期。

第 20 章
深入垃圾回收全流程

垃圾回收贯穿于程序的整个生命周期，运行时将循环不断地检测当前程序的内存使用状态并选择在合适的时机执行垃圾回收。本章将深入介绍 Go 语言运行时执行垃圾回收的阶段，这有助于读者进行高级别的性能调优和问题排查。理解垃圾回收的实现细节也是深入掌握 Go 语言运行时的必经之路。

20.1 垃圾回收循环

Go 语言的垃圾回收循环大致会经历如图 20-1 所示的几个阶段。当内存到达了垃圾回收的阈值后，将触发新一轮的垃圾回收。之后会先后经历标记准备阶段、并行标记阶段、标记终止阶段及垃圾清扫阶段。在并行标记阶段引入了辅助标记技术，在垃圾清扫阶段还引入了辅助清扫、系统驻留内存清除技术。

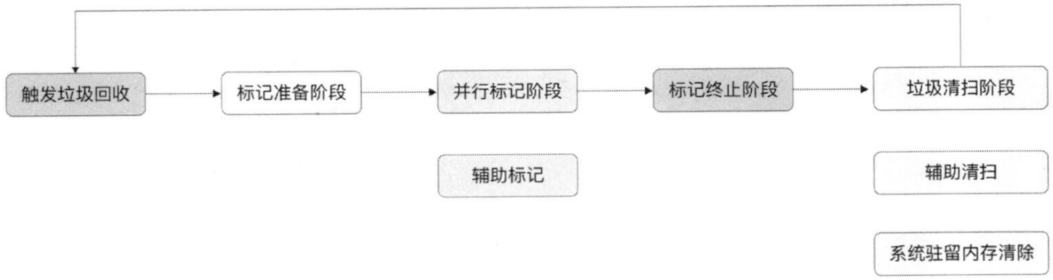

图 20-1 垃圾回收循环

每个阶段都有许多细节，还有要达到的目标及要解决的困难，其中最复杂和困难的阶段是并行标记阶段。本章将详细介绍每个阶段的具体操作。由于触发垃圾回收阶段涉及后面阶段的一些知识，因此笔者将从触发垃圾回收后的第 1 个阶段——标记准备阶段入手进行讲解。

20.2 标记准备阶段

标记准备阶段最重要的任务是清扫上一阶段 GC 遗留的需要清扫的对象，因为使用了懒清扫算法，所以当执行下一次 GC 时，可能还有垃圾对象没有被清扫。同时，标记准备阶段会重置各种状态和统计指标、启动专门用于标记的协程、统计需要扫描的任务数量、开启写屏障、启动标记协程等。总之，标记准备阶段是初始阶段，执行轻量级的任务。在标记准备阶段，上面大部分重要的步骤需要在 STW（Stop The World）时进行。关于写屏障、清扫与懒清扫将在后面的小节中介绍。

标记准备阶段会为每个逻辑处理器 P 启动一个标记协程，但并不是所有的标记协程都有执行的机会，因为在标记阶段，标记协程与正常执行用户代码的协程需要并行，以减少 GC 给用户程序带来的影响。在这里，需要关注标记准备阶段两个重要的问题——如何决定需要多少标记协程以及如何调度标记协程。

20.2.1 计算标记协程的数量

在标记准备阶段，会计算当前后台需要开启多少标记协程。目前，Go 语言规定后台标记协程消耗的 CPU 应该接近 25%，其核心代码位于 startCycle 函数中。

```
func (c *gcControllerState) startCycle() {
    ...
    totalUtilizationGoal := float64(gomaxprocs) * 0.25
    c.dedicatedMarkWorkersNeeded = int64(totalUtilizationGoal + 0.5)
    utilError := float64(c.dedicatedMarkWorkersNeeded)/totalUtilizationGoal -
1
    const maxUtilError = 0.3
    if utilError < -maxUtilError || utilError > maxUtilError {
        if float64(c.dedicatedMarkWorkersNeeded) > totalUtilizationGoal {
            c.dedicatedMarkWorkersNeeded--
        }
        c.fractionalUtilizationGoal = (totalUtilizationGoal -
float64(c.dedicatedMarkWorkersNeeded)) / float64(gomaxprocs)
    } else {
        c.fractionalUtilizationGoal = 0
    }
    ...
}
```

一种简单的想法是根据当前逻辑处理器 P 的数量来计算，开启的协程数量应该为 0.25P。

为什么 startCycle 函数的计算过程如此复杂呢？这是因为需要处理当协程数量过小（例如 P≤3）、不为整数（0.25P）的情况。

图 20-2 为计算后台标记协程 25%目标的示意图，dedicatedMarkWorkersNeeded 代表执行完整的后台标记协程的数量，例如当 P=4 时，dedicatedMarkWorkersNeeded = 1 。

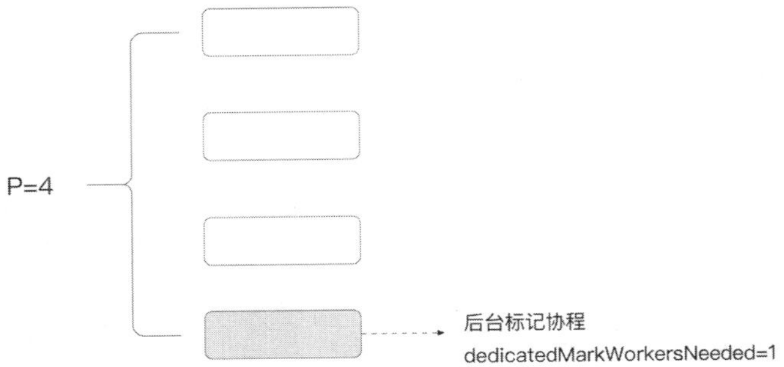

图 20-2 后台标记协程的 25%目标

而 fractionalUtilizationGoal 是一个附加的参数，其小于 1。例如当 P=2 时，其值为 0.25。代表每个 P 在标记阶段需要花 25%的时间执行后台标记协程。

fractionalUtilizationGoal 是专门为 P 为 1、2、3、6 时而设计的，例如当 P=2 时，2×0.25 = 0.5，即只能花 0.5 个 P 来执行标记任务，但如果用一个 P 来执行后台任务，这时标记的 CPU 使用量就变为了 1/2 =50%，这和 25%的 CPU 使用率的设计目标差距太大。

所以，当 P=2 时，fractionalUtilizationGoal 的计算结果为 0.25。如图 20-3 所示，它表示在总的标记周期 t 内，每个 P 都需要花 25%的时间来执行后台标记工作。这是一种基于时间的调度。当超出时间后，当前的后台标记协程可以被抢占，从而执行其他的协程。

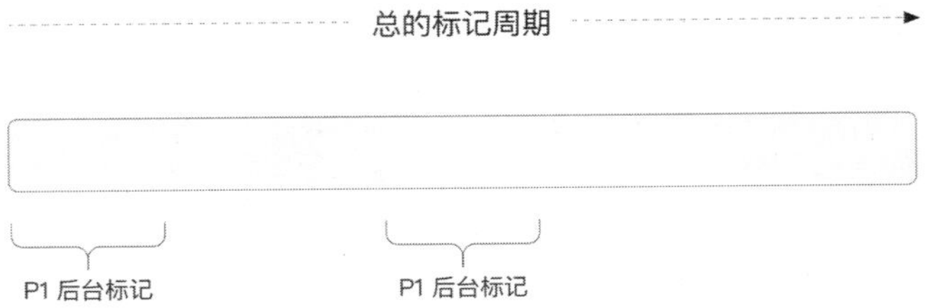

图 20-3 特殊数量逻辑处理器下的 25%时间调度

20.2.2　切换到后台标记协程

标记准备阶段的第 2 个问题是如何调度标记协程。在标记准备阶段执行了 STW，此时暂停了所有协程。可以预料到，当关闭 STW 准备再次启动所有协程时，每个逻辑处理器 P 都会进入一轮新的调度循环（详见第 17 章），在调度循环开始时，调度器会判断程序是否处于 GC 阶段，如果是，则尝试判断当前 P 是否需要执行后台标记任务如下所示。

```
func schedule() {
// 正在 GC，后台标记协程
    if gp == nil && gcBlackenEnabled != 0 {
        gp = gcController.findRunnableGCWorker(_g_.m.p.ptr())
        tryWakeP = tryWakeP || gp != nil
    }
}
```

在 findRunnableGCWorker 函数中，如果代表执行完整的后台标记协程的字段 dedicatedMarkWorkersNeeded 大于 0，则当前协程立即执行后台标记任务。如果参数 fractionalUtilizationGoal 大于 0，并且当前逻辑处理器 P 执行标记任务的时间小于 fractionalUtilizationGoal×当前标记周期的时间，则仍然会执行后台标记任务，但是并不会在整个标记周期内一直执行。此时，后台标记协程的运行模式会切换为 gcMarkWorkerFractionalMode，如下所示。

```
if decIfPositive(&c.dedicatedMarkWorkersNeeded) {
        _p_.gcMarkWorkerMode = gcMarkWorkerDedicatedMode
    } else if c.fractionalUtilizationGoal == 0 {
        return nil
    } else {
        delta := nanotime() - gcController.markStartTime
        if delta > 0 && float64(_p_.gcFractionalMarkTime)/float64(delta) >
c.fractionalUtilizationGoal {
            return nil
        }
        _p_.gcMarkWorkerMode = gcMarkWorkerFractionalMode
    }
```

20.3　并发标记阶段

在并发标记阶段，后台标记协程可以与执行用户代码的协程并行。Go 语言的目标是后台标记协程占用 CPU 的时间为 25%，以最大限度地避免因执行 GC 而中断或减慢用户协程的执行。

如图 20-4 所示，后台标记任务有 3 种不同的模式。

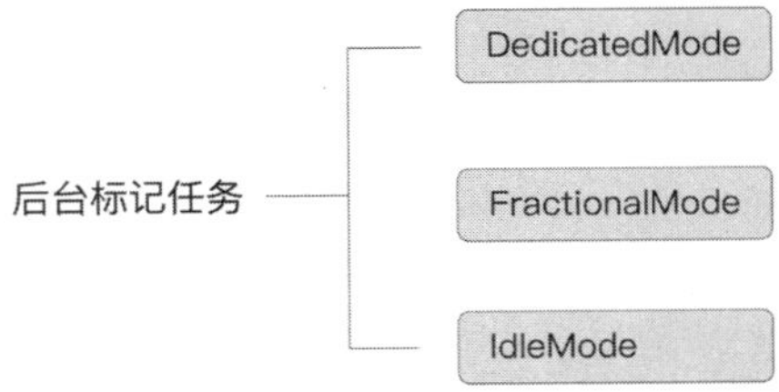

图 20-4 后台标记任务的模式

DedicatedMode 代表处理器专门负责标记对象，不会被调度器抢占。

FractionalMode 代表协助后台标记，在标记阶段到达目标时间后，会自动退出。

IdleMode 代表当处理器没有查找到可以执行的协程时，执行垃圾收集的标记任务，直到被抢占。标记阶段的核心逻辑位于 gcDrain 函数，其中第 2 个参数为后台标记 flag，大部分 flag 和后台标记协程 3 种不同的模式有关。

```
func gcDrain(gcw *gcWork, flags gcDrainFlags)
```

后台标记 flag 有 4 种，用于指定后台标记协程的不同行为，如图 20-5 所示。gcDrainUntilPreempt 标记代表当前标记协程处于可以被抢占的状态。gcDrainFlushBgCredit 标记会计算后台完成的标记任务量以减少并行标记期间用户协程执行辅助垃圾收集的工作量，后面还会详细介绍。gcDrainIdle 标记对应 IdleMode 模式，表示当处理器上包含其他待执行的协程时标记协程退出。gcDrainFractional 标记对应 FractionalMode 模式，表示后台标记协程到达目标时间后退出。

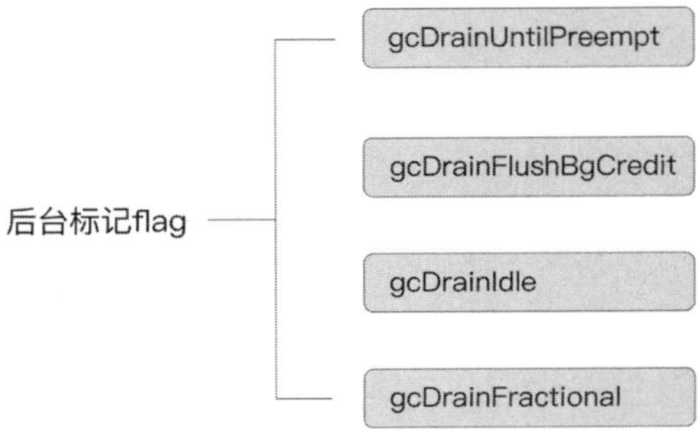

图 20-5 4 种后台标记 flag

在 DedicatedMode 下，会一直执行后台标记任务，这意味着当前逻辑处理器 P 本地队列中的协程将一直得不到执行，这是不能接受的。所以 Go 语言的做法是先执行可以被抢占的后台标记任务，如果标记协程已经被其他协程抢占，那么当前的逻辑处理器 P 并不会执行其他协程，而是将其他协程转移到全局队列中，并取消 gcDrainUntilPreempt 标志，进入不能被抢占的模式。

```
case gcMarkWorkerDedicatedMode:
    gcDrain(&_p_.gcw, gcDrainUntilPreempt|gcDrainFlushBgCredit)
    if gp.preempt {
        lock(&sched.lock)
        for {
            gp, _ := runqget(_p_)
            if gp == nil {
                break
            }
            globrunqput(gp)
        }
        unlock(&sched.lock)
    }
    gcDrain(&_p_.gcw, gcDrainFlushBgCredit)
case gcMarkWorkerFractionalMode:
    gcDrain(&_p_.gcw, gcDrainFractional|gcDrainUntilPreempt|gcDrainFlushBgCredit)
case gcMarkWorkerIdleMode:
    gcDrain(&_p_.gcw, gcDrainIdle|gcDrainUntilPreempt|gcDrainFlushBgCredit)
}
```

FractionalMode 模式和 IdleMode 模式都允许被抢占。除此之外，FractionalMode 模式加上了 gcDrainFractional 标记表明当前标记协程会在到达目标时间后退出，IdleMode 模式加上了 gcDrainIdle 标记表明在发现有其他协程可以运行时退出当前标记协程。三种模式都加上了 gcDrainFlushBgCredit 标志，用于计算后台完成的标记任务量，并唤醒之前由于分配内存太频繁而陷入等待的用户协程（关于辅助标记，将在后面介绍）。

20.3.1　根对象扫描

扫描的第一阶段是扫描根对象。在最开始的标记准备阶段会统计这次 GC 一共要扫描多少对象，每个具体的序号都对应着要扫描的对象，如下所示。

```
job := atomic.Xadd(&work.markrootNext, +1) - 1
```

work.markrootNext 必须原子增加。这是因为可能出现图 20-6 中多个后台标记协程同时访问该变量的情况，这种机制保证了多个后台标记协程能够并发执行不同的任务。

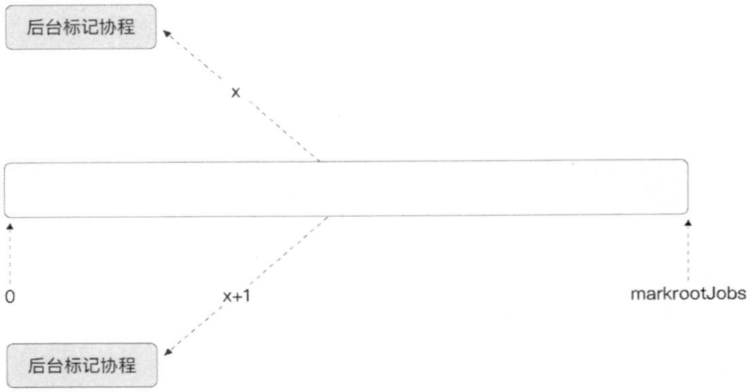

图 20-6　根对象的并行扫描机制

那么何为根对象呢？根对象是最基本的对象，从根对象出发，可以找到所有的引用对象（即活着的对象）。在 Go 语言中，根对象包括全局变量（在.bss 和.data 段内存中）、span 中 finalizer 的任务数量，以及所有的协程栈。finalizer 是 Go 语言中对象绑定的析构器，当对象的内存释放后，需要调用析构器函数，从而完整释放资源。例如，os.File 对象使用析构器函数关闭操作系统文件描述符，即便用户忘记了调用 close 方法也会释放操作系统资源。

20.3.2　全局变量扫描

扫描全局变量需要编译时与运行时的共同努力。只有在运行时才能确定全局变量被分配到虚拟内存的哪一个区域，另外，如果全局变量有指针，那么在运行时其指针指向的内存可能变化。而在编译时，可以确定全局变量中哪些位置包含指针，如图 20-7 所示，信息位于位图 ptrmask 字段中。ptrmask 的每个 bit 位都对应了.data 段中一个指针的大小（8byte），bit 位为 1 代表当前位置是一个指针，这时，需要求出当前的指针在堆区的哪一个对象上，并将当前对象标记为灰色。

有些读者可能觉得不可思议，如何通过指针找到指针对应的对象位置呢？这靠的是 Go 语言对内存的精细化管理。如图 20-8 所示，可以先找到指针在哪一个 heapArena 中，heapArena 是内存分配时每一次向操作系统申请的最小 64MB 的区域。

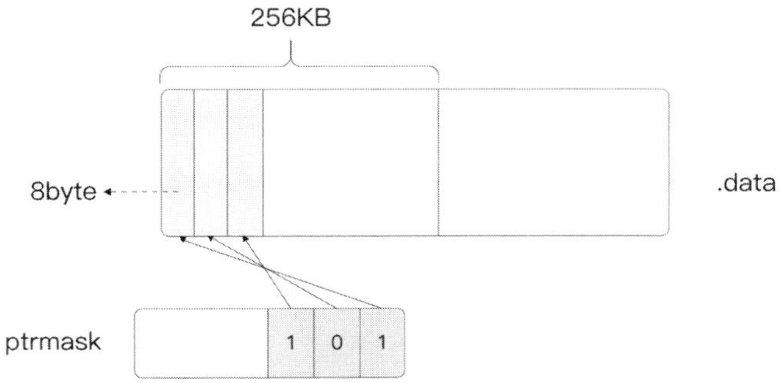

图 20-7　编译时确定的指针位图

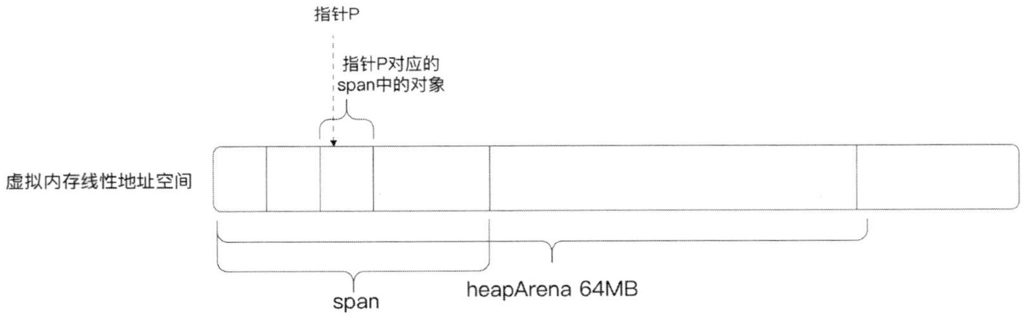

图 20-8　通过指针查找到对象在 span 中的位置

```
type mheap struct {
   arenas [1 << arenaL1Bits]*[1 << arenaL2Bits]*heapArena
}
```

heapArena 存储了许多元数据，其中包括每个 page（8 KB）对应的 mspan。

```
spans [pagesPerArena]*mspan
```

所以，可以进一步通过指针的位置找到其对应的 mspan，进而找到其位于 mspan 中第几个元素中。当找到此元素后，会将 gcmarkBits 位图对应元素的 bit 设置为 1，表明其已经被标记，同时将该元素（对象）放入标记队列中。

在 span 中，位图 gcmarkBits 中的每个元素都有标志位表明当前元素中的对象是否被标记，如图 20-9 所示。

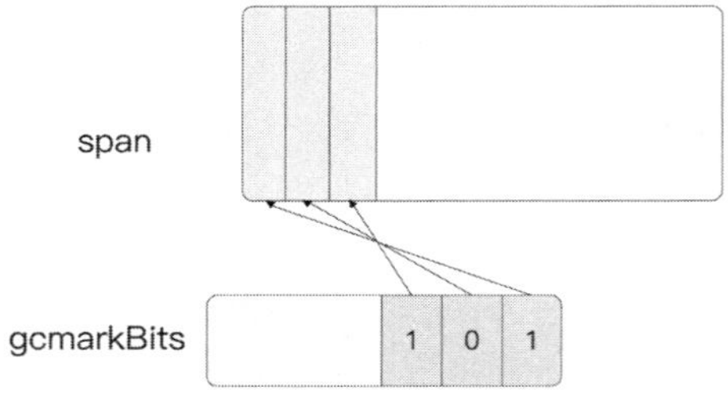

图 20-9 span 中表明对象是否被标记的位图

20.3.3 finalizer

之前提到 finalizer 是特殊的对象，其是在对象释放后会被调用的析构器，用于资源释放。析构器不会被栈上或全局变量引用，需要单独处理。

如下所示，在标记期间，后台标记协程会遍历 mspan 中的 specials 链表，扫描 finalizer 所位于的元素（对象），并扫描当前元素（对象），扫描对象的详细过程将在下一节介绍。注意在这里，并不能把 finalizer 所位于的 span 中的对象加入根对象中，否则我们将失去回收该对象的机会。同时需要扫描析构器字段 fn，因为 fn 可能指向了堆中的内存，并可能被回收。

```
for sp := s.specials; sp != nil; sp = sp.next {
    if sp.kind != _KindSpecialFinalizer {
        continue
    }
    ...
    scanobject(p, gcw)
    scanblock(uintptr(unsafe.Pointer(&spf.fn)), sys.PtrSize,
        &oneptrmask[0], gcw, nil)
}
```

使用 finalizer 可以实现一些有趣的功能，例如 Go 语言的文件描述符使用了 finalizer，这样在文件描述符不再被使用时，即便用户忘记了手动关闭文件描述符，在垃圾回收时也可以自动调用 finalizer 关闭文件描述符。

另外，finalizer 可以将资源的释放托管给垃圾回收，这一点在一些高级的场景（例如 CGO）中非常有用。在 Go 语言调用 C 函数时，C 函数分配的内存不受 Go 垃圾回收的管理，这时我们常常借助 defer 在函数调用结束时手动释放内存。如下所示，在 defer 释放 C 结构体中的指针。

```
package main
// #include <stdio.h>
// typedef struct {
// char *msg;
// } myStruct;
// void myFunc(myStruct *strct) {
// printf("Hello %s!\n", strct->msg);
// }
import "C"
func main() {
    msg := C.myStruct{C.CString("world")}
    defer C.free(msg.msg)
    C.myFunc(&msg)

        }
```

将其修改为 finalizer 的形式如下，其中 runtime.KeepAlive 保证了 finalizer 的调用只能发生在该函数之后。另外，finalizer 函数并不一定要执行实际的内存释放，可以将当前指针存储起来，由单独的协程定时释放。

```
import "C"
func main() {
    msg := C.myStruct{C.CString("world")}
    runtime.SetFinalizer(&msg, func(t *C.myStruct) {
        C.free(unsafe.Pointer(t.msg))
    })
    C.myFunc(msg.msg)
    runtime.KeepAlive(&msg)
}
```

20.3.4　栈扫描

栈扫描是根对象扫描中最重要的部分，因为在一个程序中，可能有成千上万个协程栈。栈扫描需要编译时与运行时的共同努力，运行时能够计算出当前协程栈的所有栈帧信息，而编译时能够得知栈上有哪些指针，以及对象中的哪一部分包含了指针。运行时首先计算出栈帧布局，每个栈帧都代表一个函数，运行时可以得知当前栈帧的函数参数、函数本地变量、寄存器 SP、BP 等一系列信息。

每个栈帧函数的参数和局部变量，都需要进行扫描，确认该对象是否仍然在使用，如果在使用则需要扫描位图判断对象中是否包含指针。

```
func scanframeworker(frame *stkframe, state *stackScanState, gcw *gcWork) {
   // 扫描局部变量
   if locals.n > 0 {
```

```
            size := uintptr(locals.n) * sys.PtrSize
            scanblock(frame.varp-size, size, locals.bytedata, gcw, state)
        }
    // 扫描函数参数
        if args.n > 0 {
            scanblock(frame.argp, uintptr(args.n)*sys.PtrSize, args.bytedata,
gcw, state)
        }
}
```

什么情况下对象可能没有被使用呢？如下所示，当 foo 函数执行到调用 bar 函数时，局部对象 t 就已经没有被使用了，所以即便对象中有指针，位图中仍然全为 0，因为一个不再被使用的对象，不需要再被扫描。

```
func  foo(){
     t := T{}
     t.a = 2
     bar()
}
```

20.3.5 栈对象

Go 语言早期就是通过上述方式对协程栈中的对象进行扫描的。但是这种方法在有些情况下会出现问题，例如在如下函数中，对象 t 首先被变量 p 引用，但是在之后的程序中，变量 p 的值发生了变化，这意味着对象 t 其实并没有被使用。但是由于编译器难以知道变量 p 在何时会重新赋值导致对象 t 不再被引用，因此会采取保守的算法认为对象 t 仍然存在，此时如果对象 t 中有指针指向了堆内存，就会造成内存泄漏，因为这部分内存本应该被释放。

```
t := T{...}
p := &t
for {
    if … {
        p = …
    }
}
```

为了解决内存泄漏问题，Go 语言引进了栈对象（stack object）的概念[1]。栈对象是在栈上能够被寻址的对象。例如上例中的对象 t，由于其能够被&t 的形式寻址，所以其一定在栈上有地址，这样的对象 t 就被叫作栈对象。不是所有的变量都会存储在栈上，例如存储在寄存器中的变量就是不能被寻址的。

编译器会在编译时将所有的栈对象都记录下来，同时，编译器将追踪栈中所有可能指向栈对象的指针。在垃圾回收期间，所有的栈对象都会存储到一棵二叉搜索树中。

如图 20-10 所示，假设 F 为一个局部变量指针，其引用了栈帧上的栈对象 E→C→D→A，那么说明栈对象 E、C、D、A 都是存活的，需要被扫描。相反，如果栈对象 B 没有被引用，并且接下来在 foo 函数中没有使用到 B 对象，那么 B 对象将不会被扫描，从而解决了内存泄漏问题。

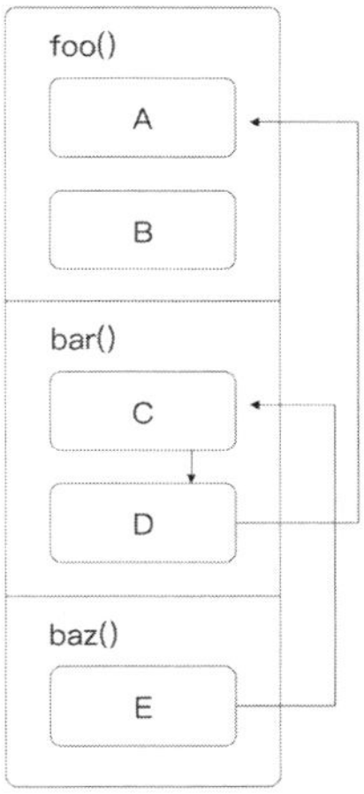

图 20-10　栈对象扫描

20.3.6　扫描灰色对象

从根对象的收集来看，全局变量、析构器、所有协程的栈都会被扫描，从而标记目前还在使用的内存对象。下一步是从这些被标记为灰色的内存对象出发，进一步标记整个堆内存中活着的对象。

如图 20-11 所示，在进行根对象扫描时，会将标记的对象放入本地队列中，如果本地队列放不下，则放入全局队列中。这种设计最大限度地避免了使用锁，在本地缓存的队列可以被逻辑处理器 P 无锁访问。

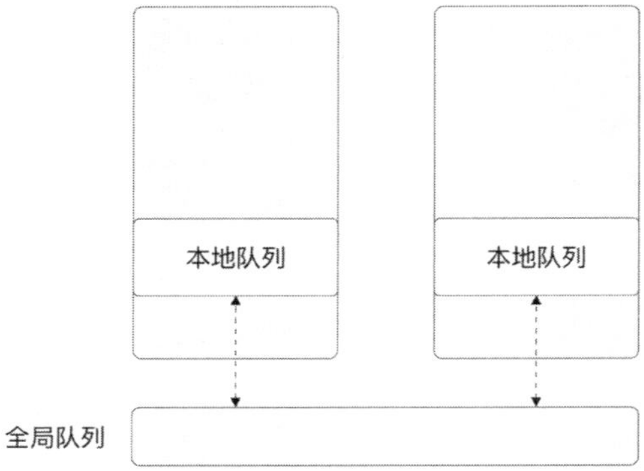

图 20-11 局部队列扫描避免使用锁

在进行扫描时，使用相同的原理，先消费本地队列中找到的标记对象，如果本地队列为空，则加锁获取全局队列中存储的对象。

在标记期间、会循环往复地从本地标记队列获取灰色对象，灰色对象扫描到的白色对象仍然会被放入标记队列中，如果扫描到已经被标记的对象则忽略，一直到队列中的任务为空为止。

```
for !(preemptible && gp.preempt) {
        // 从本地标记队列中获取对象，获取不到则从全局标记队列中获取
        b := gcw.tryGetFast()
        if b == 0 {
            // 阻塞获取
            b = gcw.tryGet()
        }
        // 扫描获取的对象
        scanobject(b, gcw)
        ...
}
```

对象的扫描过程位于 scanobject 函数中。之前介绍过，堆上的任意一个指针都能找到其对象所在 span 中的位置，并且可以通过 gcmarkBits 位图检查对象是否被扫描。但现在面对的问题是需要对所有对象的内存逐个进行扫描，查看对象内存中是否含有指针，如果对象中没有存储指针，则根本不需要花时间进行检查。为了实现更快的查找，Go 语言在内存分配时记录了对象中是否包含指针等元信息。

之前介绍过，heapArena 包含整个 64MB 的 Arena 元数据。

```
arenas [1 << arenaL1Bits]*[1 << arenaL2Bits]*heapArena
```

其中有一个重要的 bitmap 字段（bitmap [heapArenaBitmapBytes]byte）用位图的形式记录了每个指针大小（8byte）的内存中的信息。每个指针大小的内存都会有 2 个 bit 分别表示当前内存是否应该继续扫描及是否包含指针。

如图 20-12 所示，bitmap 位图记录了内存是否需要被扫描以及是否包含指针。bitmap 中 1 个 byte 大小的空间对应了虚拟内存中 4 个指针大小的空间。bitmap 中的前 4 位为扫描位，后 4 位为指针位。分别对应指定的指针大小的空间是否需要继续进行扫描及是否包含指针。

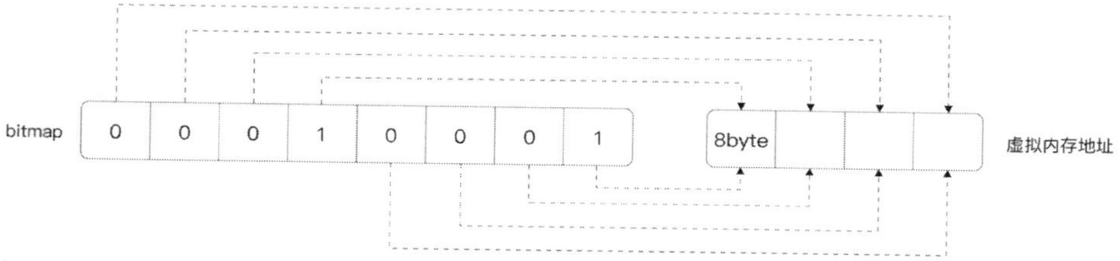

图 20-12 位图记录内存是否需要被扫描及是否包含指针

例如，对于一个结构体 obj，当我们知道其前 2 个字段为指针，后面的字段不包含指针时，后面的字段就不再需要被扫描。因此，扫描位可以加速对象的扫描，避免扫描无用的字段。

```
type obj struct{
    *int a
    *T b
    int c
    float d
}
```

当需要继续扫描并且发现了当前有指针时，就需要取出指针的值，并对其进行扫描，图 20-13 为通过指针查找到的对应的 span 中对象的示意图。与之前介绍的全局变量相似，可以根据指针查找到 span 中的对象，如果发现引用的是堆中的白色对象（即还没有被标记），则标记该对象（标记为灰色）并将该对象放入本地任务队列中。

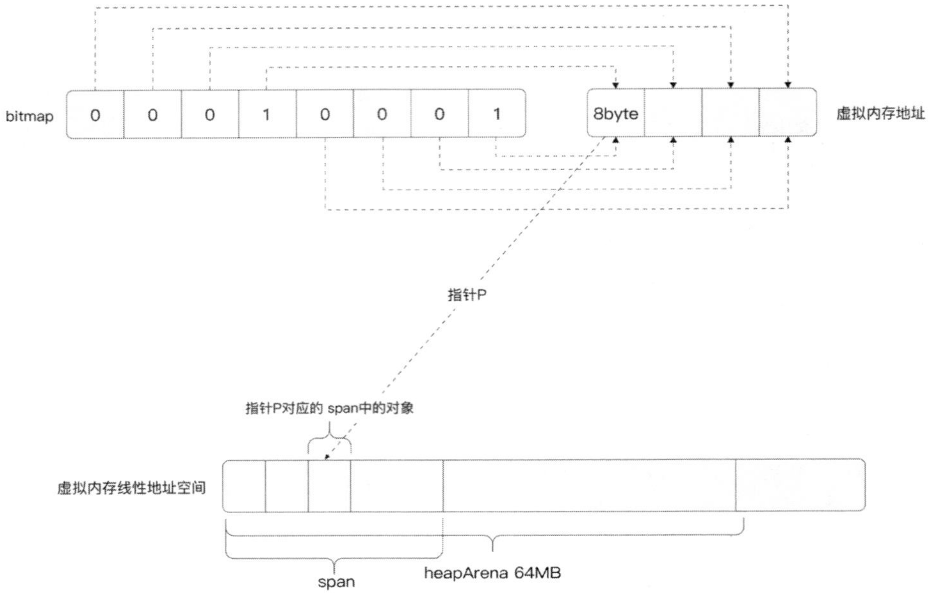

图 20-13 指针最终查找到 span 中对应的对象

20.4 标记终止阶段

完成并发标记阶段所有灰色对象的扫描和标记后进入标记终止阶段，标记终止阶段主要完成一些指标，例如统计用时、统计强制开始 GC 的次数、更新下一次触发 GC 需要达到的堆目标、关闭写屏障等，并唤醒后台清扫的协程，开始下一阶段的清扫工作。标记终止阶段会再次进入 STW。

标记终止阶段的重要任务是计算下一次触发 GC 时需要达到的堆目标，这叫作垃圾回收的调步算法。调步算法是 Go 1.5 提出的算法，由于从 Go 1.5 开始使用并发的三色标记，在 GC 开始到结束的过程中，用户协程可能被分配了大量的内存，所以在 GC 的过程中，程序占用的内存（后简称占用内存）的大小实际上超过了我们设定的触发 GC 的目标。为了解决这样的问题，需要对程序进行估计，从而在达到内存占用量目标（后简称目标内存）之前就启动 GC，并保证在 GC 结束之后，占用内存的大小刚好在目标内存附近，如图 20-14 所示。

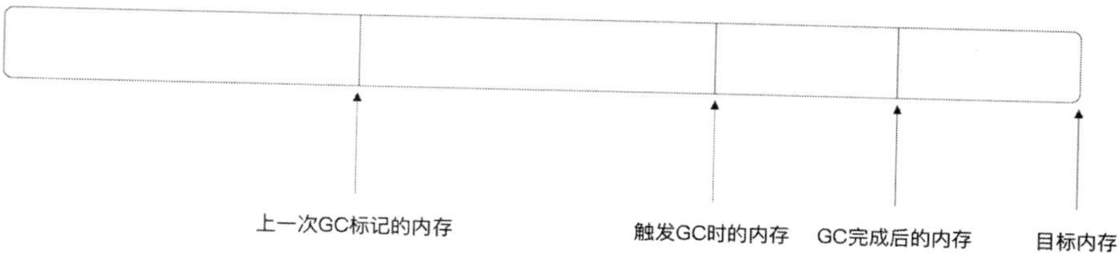

图 20-14 调步算法中的重要指标

因此，调步算法最重要的任务是估计出下一次触发 GC 的最佳时机，而这依赖本次 GC 的阶段差额——GC 完成后占用内存与目标内存之间的差距。如果 GC 完成后占用内存远小于目标内存，则意味着触发 GC 的时间过早。如果 GC 完成后占用内存远大于目标内存，则意味着触发 GC 的时间太迟。因此调度算法的第 1 个目标是 min(|目标占用内存−GC 完成后的占用内存|)。除此之外，调步算法还有第 2 个目标，即预计执行标记的 CPU 占用率接近 25%。结合之前提到的 25%的后台标记协程，这个要求是满足的，在正常情况下，只有 25%的 CPU 会执行后台标记任务。但如果用户工作协程执行了辅助标记（将在下节介绍），那么这一前提将不再成立。如果用户协程执行了过多的辅助标记，则会导致 GC 完成后的占用内存偏小，因为用户协程将本来应该用来分配内存的时间用来了执行辅助标记。算法将先计算目标内存与 GC 完成后的占用内存的偏差，

偏差率= (目标增长率−触发率)−(实际增长率−触发率)，

其中，

◎ 目标增长率=目标内存/上一次 GC 完成后的标记内存−1
◎ 触发率=触发 GC 时的占用内存/上一次 GC 完成后的标记内存−1
◎ 实际增长率=GC 完成后的内存/上一次 GC 完成后的标记内存−1

这其实是

偏差=(目标内存−触发 GC 时的占用内存)−(GC 完成后的占用内存−触发 GC 时的占用内存)

的变形。为了修复辅助标记带来的偏差，计算辅助标记所用的时间，从而调整(GC 完成后的占用内存-触发 GC 时的占用内存)的大小。因此最终的偏差率调整为

偏差率= (目标增长率-触发率)−调整率×(实际增长率−触发率)

其中，调整率 = GC 标记阶段的 CPU 占用率 / 目标 CPU 占用率

实际代码如下：

```
func (c *gcControllerState) endCycle() float64 {
    utilization := gcBackgroundUtilization
    if assistDuration > 0 {
        utilization += float64(c.assistTime) /
float64(assistDuration*int64(gomaxprocs))
    }
    triggerError := goalGrowthRatio - memstats.triggerRatio -
utilization/gcGoalUtilization*(actualGrowthRatio-memstats.triggerRatio)
    triggerRatio := memstats.triggerRatio + triggerGain*triggerError
}
```

从公式中可以看出，实际增长率和辅助标记的时长都会影响最终的偏差率。目标内存与 GC 完成后的占用内存偏离越大偏差率越大。这时，下一次 GC 的触发率会渐进调整，即每次只调整偏差的一半，公式如下：

下次 GC 触发率=上次 GC 触发率+ 1/2×偏差率

计算出下次 GC 触发率后，需要计算出目标内存大小，这是在标记终止阶段的 gcSetTriggerRatio 函数中完成的，目标内存的计算如下：

```
goal := ^uint64(0)
if gcpercent >= 0 {
  goal = memstats.heap_marked + memstats.heap_marked*uint64(gcpercent)/100
}
```

goal 为下次 GC 完成后的目标内存，其大小取决于本次 GC 扫描后的占用内存及 gcpercent 的大小。gcpercent 可以由用户动态设置，调用标准库的 SetGCPercent 函数，可以修改 gcpercent 的大小。

```
func SetGCPercent(percent int) int
```

gcpercent 的默认值为 100，代表目标内存是上一次 GC 目标内存的 2 倍。当 gcpercent 的值小于 0 时，将禁用 Go 的垃圾回收。

另外，也可以通过在编译或运行时添加 GOGC 环境变量的方式修改 gcpercent 的大小，其核心逻辑是在程序初始化时调用 readgogc 函数实现的。例如，GOGC=off ./main 将关闭 GC。

```
func readgogc() int32 {
  p := gogetenv("GOGC")
  if p == "off" {
    return -1
  }
  if n, ok := atoi32(p); ok {
    return n
```

```
    }
    return 100
}
```

明确了目标内存后，触发内存的大小可以简单定义如下：

触发内存=触发率×目标内存，

其中，触发率不能大于 0.95，也不能小于 0.6。

20.5 辅助标记

Go 1.5 引入了并发标记后，带来了许多新的问题。例如，在并发标记阶段，扫描内存的同时用户协程也不断被分配内存，当用户协程的内存分配速度快到后台标记协程来不及扫描时，GC 标记阶段将永远不会结束，从而无法完成完整的 GC 周期，造成内存泄漏。

为了解决这样的问题，引入辅助标记算法。辅助标记必须在垃圾回收的标记阶段进行，由于用户协程被分配了超过限度的内存而不得不将其暂停并切换到辅助标记工作。所以一个简单的策略是让 X=M，其中，X 为后台标记协程需要多扫描的内存，M 为新分配的内存。即在并发标记期间，一旦新分配了内存 M，就必须完成 M 的扫描工作。我们之前看到过，对于 obj 这样的对象，并不需要扫描对象中所有的内存。

```
type obj struct{
    *int a
    *T b
    intc
    float d
}
```

因此扫描策略可以调整为 X= assistWorkPerByte×M

其中，assistWorkPerByte < 1 ，代表每字节需要完成多少扫描工作，并且真实需要扫描的内存会少于实际的内存。

在 GC 并发标记阶段，当用户协程分配内存时，会先检查是否已经完成了指定的扫描工作。当前协程中的 gcAssistBytes 字段代表当前协程可以被分配的内存大小，类似资产池。当本地的资产池不足时（即 gcAssistBytes<0），会尝试从全局的资产池中获取。用户协程一开始是没有资产的，所有的资产都来自后台标记协程。

```
// gcBlackenEnabled 在 GC 的标记阶段会开启
   if gcBlackenEnabled != 0 {
      assistG = getg()
      assistG.gcAssistBytes -= int64(size)
      // 需要辅助标记
      if assistG.gcAssistBytes < 0 {
         // 尝试从全局资产池获取资产
         gcAssistAlloc(assistG)
      }
   }
```

从图 20-15 中可以看出全局资产池与本地资产池的协调过程，用户协程中的本地资产来自后台标记协程的扫描工作。后台标记协程的扫描工作会增加全局资产池的大小。之前提到，X= assistWorkPerByte×M。反过来，如果标记协程已经扫描完成的内存为 X，那么意味着全局资产池可以容忍用户协程分配的内存数量为 M= X/assistWorkPerByte。这种机制保证了在 GC 并发标记时，工作协程分配的内存数量不至于过多，也不会太少。

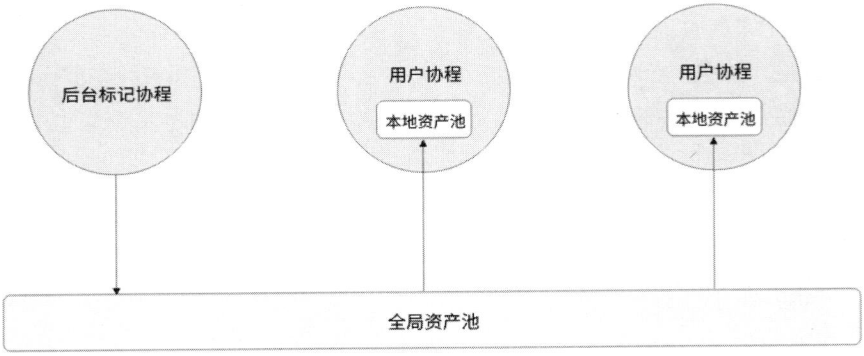

图 20-15　全局资产池与本地资产池的协调

如果工作协程在分配内存时，既无法从本地资产池也无法从全局资产池获取资产，那么需要停止工作协程，并执行辅助标记协程。辅助标记协程需要额外扫描的内存大小为 assistWorkPerByte×M，当扫描完成指定工作或被抢占时会退出。当辅助标记完成后，如果本地仍然没有足够的资产，则可能是因为当前协程被抢占，也可能是因为当前逻辑处理器的工作池中没有多余的标记工作。当协程被抢占时，会调用 Gosched 函数让渡当前辅助标记的执行权利，而如果当前逻辑处理器的工作池中没有多余的标记工作可做，则会陷入休眠状态，当后台标记协程扫描了足够的任务后，会刷新全局资产池并将等待中的协程唤醒，如图 20-16 所示。

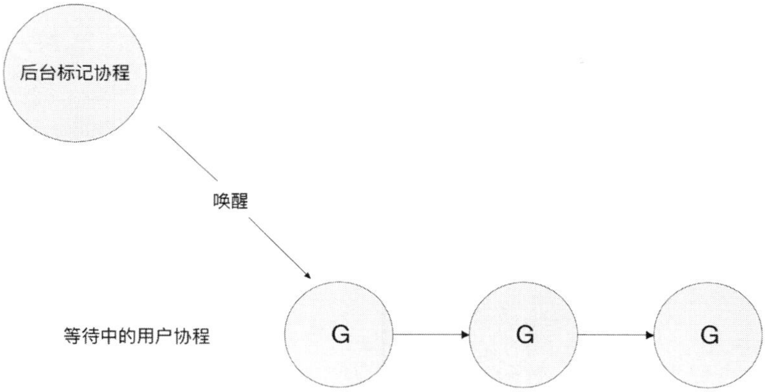

图 20-16 唤醒等待中的用户协程

20.6 屏障技术

在并发标记中，标记协程与用户协程共同工作的模式带来了很多难题。如果说辅助标记解决的是垃圾回收正常结束与循环的问题，那么屏障技术将解决更棘手的问题——准确性。如图 20-17 所示，假设在垃圾回收已经扫描完根对象（此时根对象为黑色）并继续扫描期间，白色对象 Z 正被一个灰色对象引用，但此时工作协程在执行过程中，让黑色的根对象指向了白色的对象 Z。由于黑色的对象不会被扫描，这将导致白色对象 Z 被视为垃圾对象最终被回收。

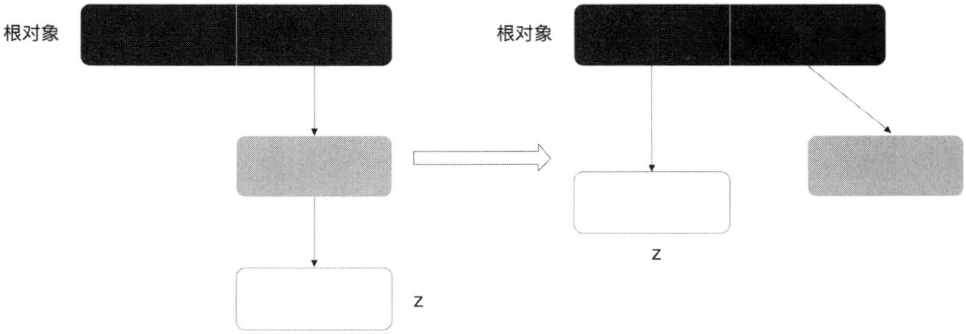

图 20-17 并发标记的准确性问题

那么是不是黑色对象一定不能指向白色对象呢？其实也不一定。如图 20-18 所示，即便黑色对象引用了白色对象，但只要白色对象中有一条路径始终被灰色对象引用了，此白色对象就一定能被扫描到。

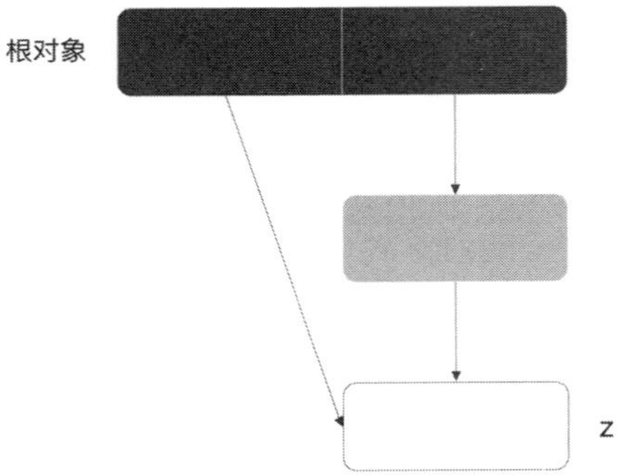

图 20-18　只要白色对象始终被灰色对象引用就能被扫描

这其实引出了保证并发标记准确性需要遵守的原则，即强、弱三色不变性。强三色不变性指所有白色对象都不能被黑色对象引用，这是一种比较严格的要求。与之对应的是弱三色不变性，弱三色不变性允许白色对象被黑色对象引用，但是白色对象必须有一条路径始终是被灰色对象引用的，这保证了该对象最终能被扫描到。

在并发标记写入和删除对象时，可能破坏三色不变性，因此必须有一种机制能够维护三色不变性，这就是屏障技术。屏障技术的原则是在写入或者删除对象时将可能活着的对象标记为灰色。上例如果能够在对象写入时将 Z 对象设置为灰色，那么 Z 对象最终将被扫描到，如图 20-19 所示。

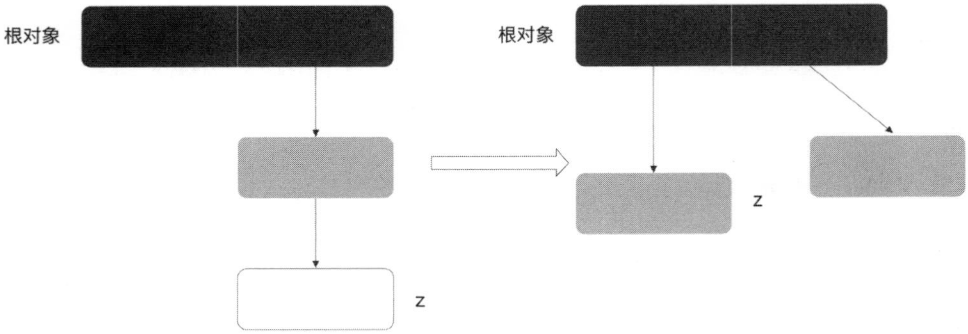

图 20-19　屏障技术保证准确性

上图提到的这种简单的屏障技术是 Dijkstra 风格的插入屏障，其实现形式如下，如果目标对象 src 为黑色，则将新引用的对象标记为灰色。

```
Write(src, i, ref):
    src[i] ← ref
```

```
  if isBlack(src)
    shade(ref)
```

还有一种常见的策略是在删除引用时做文章，如图 20-20 所示，Yuasa 删除写屏障在对象被解除引用后，会立即将原引用对象标记为灰色。

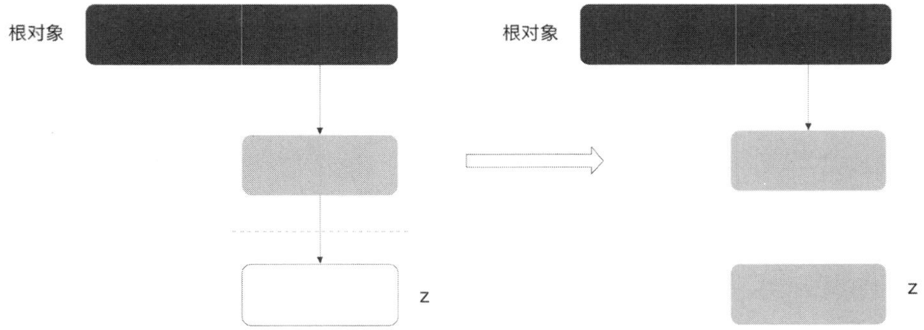

图 20-20　删除屏障在取消引用时变为灰色

这样即便没有写屏障，在插入操作时也不会破坏三色不变性，如图 20-21 所示，但是 Z 对象可能是垃圾对象。

插入屏障与删除屏障通过在写入和删除时重新标记颜色保证了三色不变性，解决了并发标记期间的准确性问题，但是它们都存在浮动垃圾的问题。插入屏障在删除引用时，可能标记一个已经变成垃圾的对象。而删除屏障在删除引用时可能把一个垃圾对象标记为灰色。这些是垃圾回收的精度问题，不会影响其准确性，因为浮动垃圾会在下一次垃圾回收中被回收。

插入屏障与删除屏障独立存在并能良好工作的前提是并发标记期间所有的写入操作都应用了屏障技术，但现实情况不会如此。大多数垃圾回收语言不会对栈上的操作或寄存器上的操作应用屏障技术，这是因为栈上操作是最频繁的，如果每个写入或删除操作都应用屏障技术则会大大减慢程序的速度。在 Go 1.8 之前，尽管使用了插入屏障，但是仍然需要在标记终止期间 STW 阶段重新扫描根对象，来保证三色标记的一致性。为了解决重复扫描的问题，Go 1.8 之后使用了混合写屏障技术，结合了 Dijkstra 与 Yuasa 两种风格。

为了了解使用混合写屏障技术的原因，我们先来看一看单纯地插入屏障和删除屏障在现实中面临的困境。假设栈上初始状态如图 20-22 所示，栈上变量 p 指向堆区内存，如果现在垃圾回收扫描完了根对象，那么 old 变量是不会被扫描的。

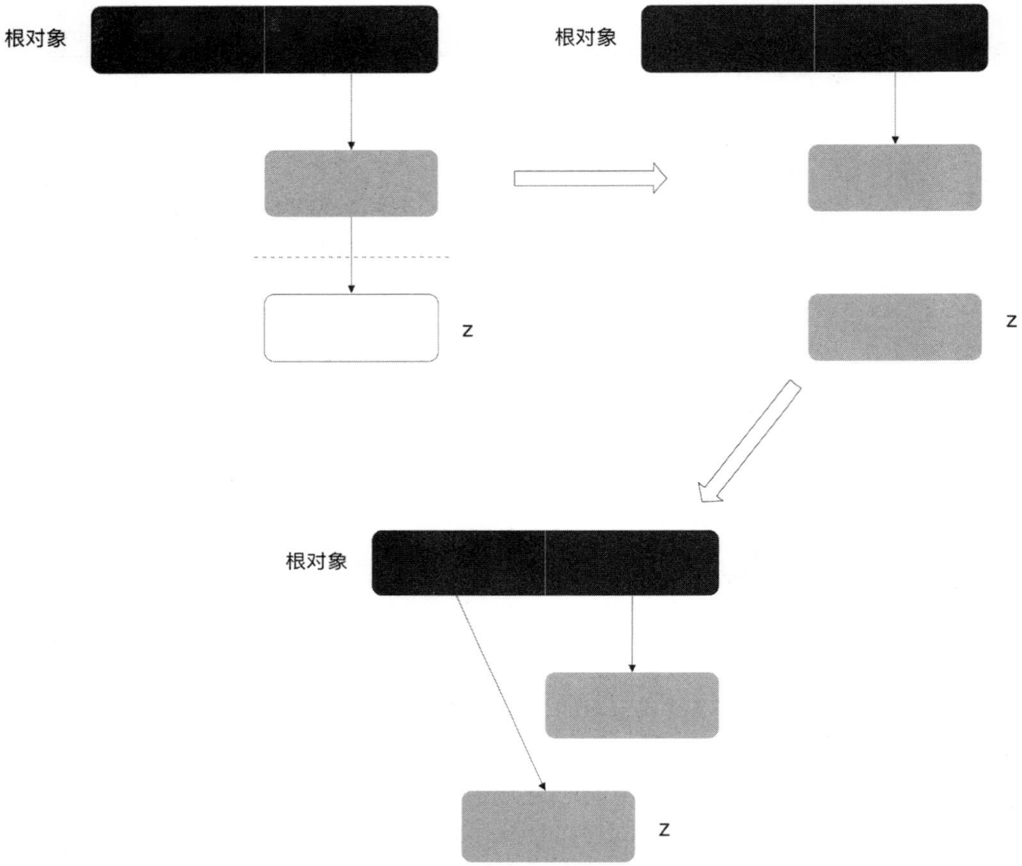

图 20-21　删除屏障能够保证插入时的准确性

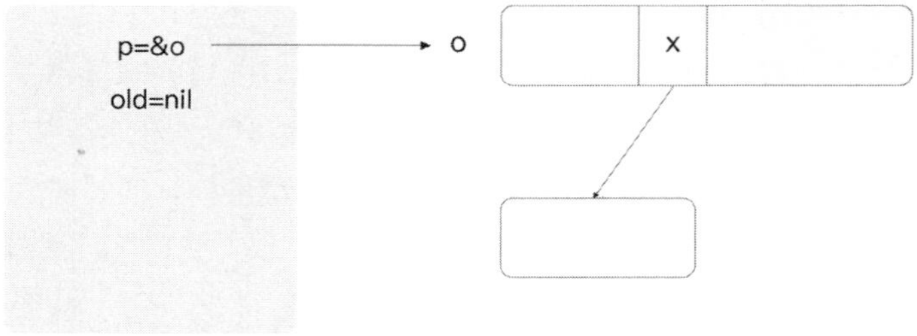

图 20-22　插入屏障案例——栈上初始状态的对象引用情况

进入到并发标记阶段之后，假设并发标记阶段如图 20-23 所示，old 对象引用了 p.x，但是赋值给栈上的变量不会经过写屏障。如果下一步 p.x 引用了一个新的内存对象 k，并把 k 标记为灰色，但是并不把原始对象标记为灰色，那么这时原始对象即便被栈上的对象 old 标记也无法被扫描到。所以，必须在 p.x=&k 时应用删除屏障，在取消引用时，将 p.x 的原值标记为灰色。

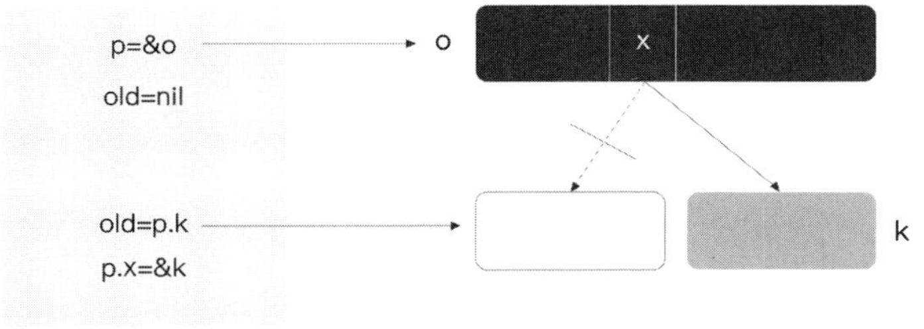

图 20-23　插入屏障案例——并发标记阶段的对象引用情况

如果只有删除屏障而没有写屏障，那么也会面临问题。假设根对象未开始扫描，对象全为白色，栈上变量 p 引用堆区对象 o，栈上变量 a 引用堆区对象 k，在并发标记期间，扫描完变量 p 还未扫描变量 a 时的情形如图 20-24 所示。

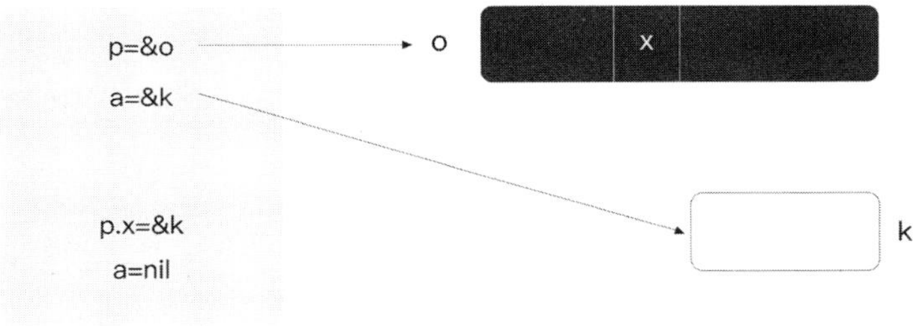

图 20-24　删除屏障案例——栈上初始状态的对象引用情况

此时，工作协程将变量 a 置为 nil，p.x = &k 将对象 p 指向了 k。如果只存在删除屏障而不启用写屏障（不标记新的 k 值），那么会违背三色不变性，让黑色对象引用白色对象。导致 k 无法被标记，如图 20-25 所示。

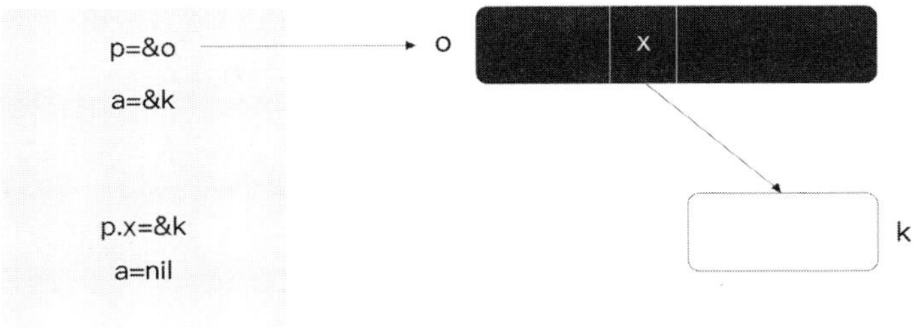

图 20-25　单独的删除屏障违背三色不变性

因此，要想在标记终止阶段不用重新扫描根对象，需要使用写屏障与删除屏障混合的屏障技术，其伪代码如下：

```
writePointer(slot, ptr):
    shade(*slot)
    shade(ptr)
    *slot = ptr
```

在 Go 语言中，混合写屏障技术的实现依赖编译时与运行时的共同努力。在标记准备阶段的 STW 阶段会打开写屏障，具体做法是将全局变量 writeBarrier.enabled 设置为 true。

```
var writeBarrier struct {
    enabled bool
    pad     [3]byte
    needed  bool
    cgo     bool
    alignme uint64
}
```

编译器会在所有堆写入或删除操作前判断当前是否为垃圾回收标记阶段，如果是则会执行对应的混合写屏障标记对象。在汇编代码中表示如下，其中，gcWriteBarrier 是与平台相关的汇编代码，执行标记逻辑。

```
CMPL    runtime.writeBarrier(SB), $0
CALL    runtime.gcWriteBarrier(SB)
```

Go 语言中构建了如图 20-26 所示的写屏障指针缓存池，gcWriteBarrier 先将所有被标记的指针放入缓存池中，并在容量满后，一次性全部刷新到扫描任务池中。最终这些被标记的指针都将被扫描。

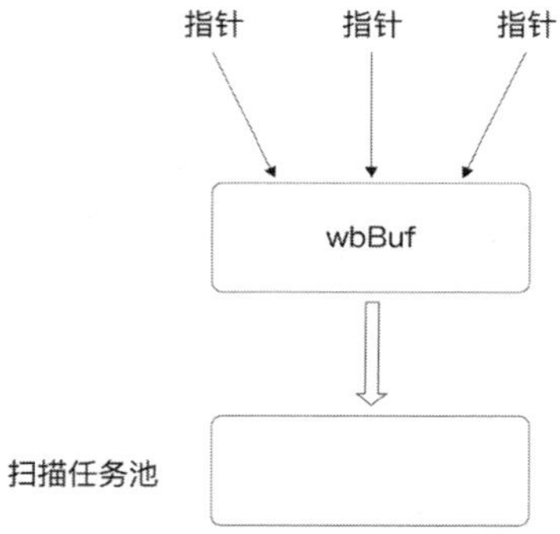

图 20-26　写屏障指针缓存池

20.7 垃圾清扫

垃圾标记工作完成意味着已经追踪到内存中所有活着的对象（虽然可能有一些浮动垃圾），之后进入垃圾清扫阶段，将垃圾对象的内存回收重用或返还给操作系统。

在标记结束阶段会调用 gcSweep 函数，该函数会将 sweep.g 清扫协程的状态变为 running，在结束 STW 阶段并开始重新调度循环时优先清扫协程。

```
func gcSweep(mode gcMode) {
    if gcphase != _GCoff {
        throw("gcSweep being done but phase is not GCoff")
    }
    ...
    lock(&sweep.lock)
    if sweep.parked {
        sweep.parked = false
        ready(sweep.g, 0, true)
    }
    unlock(&sweep.lock)
}
```

清扫阶段在程序启动时调用的 gcenable 函数中启动。注意，程序中只有一个垃圾清扫协程，并在清扫阶段与用户协程同时运行。

```
func gcenable() {
    // 启动后台清扫器，与用户态代码并发被调度，归还从内存分配器中申请的内存
    go bgsweep(c)
    // 启动后台清扫器，与用户态代码并发被调度，归还从操作系统中申请的内存
    go bgscavenge(c)
}
```

当清扫协程被唤醒后，会开始垃圾清扫。垃圾清扫采取了懒清扫的策略，即执行少量清扫工作后，通过 Gosched 函数让渡自己的执行权利，不需要一直执行。因此当触发下一阶段的垃圾回收后，可能有没有被清理的内存，需要先将它们清理完。

```
func bgsweep(c chan int) {
    // 等待唤醒
    for {
        // 清扫一个 span，然后进入调度（一次只做少量工作）
        for sweepone() != ^uintptr(0) {
            sweep.nbgsweep++
            Gosched()
```

```
        }
        // 可抢占地释放一些 workbufs 到堆中
        // 释放一些未使用的标记队列缓冲区到 heap
        for freeSomeWbufs(true) {
            Gosched()
        }
        if !isSweepDone() {
            continue
        }
        // 休眠
        goparkunlock(&sweep.lock, waitReasonGCSweepWait, traceEvGoBlock, 1)
    }
}
```

20.7.1 懒清扫逻辑

清扫是以 span 为单位进行的，sweepone 函数的作用是找到一个 span 并进行相应的清扫工作。先从 mheap 中的 sweepSpans 队列中取出需要清扫的 span。

```
s = mheap.sweepSpans[1-sg/2%2].pop()
```

sweepSpans 数组的长度为 2，sweepSpans[sweepgen/2%2]保存当前正在使用的 span 列表，sweepSpans[1-sweepgen/2%2]保存等待清扫的 span 列表，由于 sweepgen 每次清扫时加 2。

```
func gcSweep(mode gcMode) {
  …
  // 增加 sweepgen，这样 sweepSpans 中两个队列角色会交换
  lock(&mheap_.lock)
  mheap_.sweepgen += 2
```

因此 sweepSpans [0]、sweepSpans [1]每次清扫时互相交换身份，即本次正在使用的 span 列表将是下一次 GC 待清扫的列表。

在清扫 span 期间，最重要的一步是将 gcmarkBits 位图赋值给 allocBits 位图，如图 20-27 所示。

```
s.allocBits = s.gcmarkBits
s.gcmarkBits = newMarkBits(s.nelems)
```

当前 gcmarkBits 是 GC 标记后最新的对象位图，当 gcmarkBits 中的 bit 位为 1 时，代表当前对象是活着的。所以，当 gcmarkBits 中的某一个 bit 位为 1，但是对应的 allocBits 位图中的 bit 位为 0 时，代表这个对象是会被回收的垃圾对象。完成这一切换后，就可以通过位图使用已

经是垃圾对象的内存了。

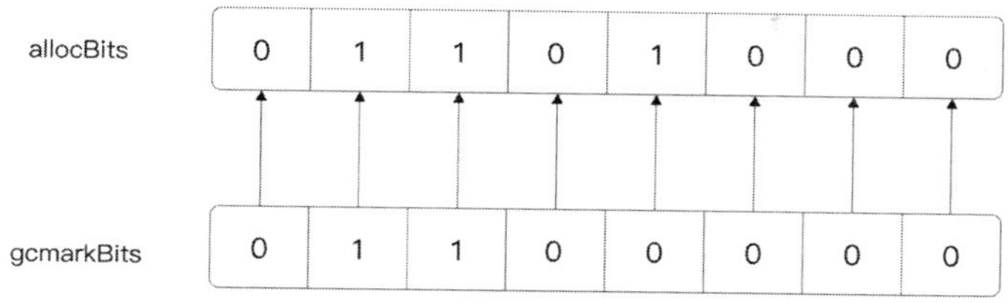

图 20-27 将 gcmarkBits 位图赋值给 allocBits 位图

如果 GC 后 gcmarkBits 的全部 bit 位都为 0，那么意味着当前所有 span 中的对象都不会再被其他对象引用（大对象比较特殊，因为其 span 内部只有一个对象）。

这时，整个 span 将会被 mheap 回收，并更新整个基数树（参考第 18 章），表明当前 span 的整个空间都可以被程序再次使用。如果当前 span 的整个空间并不完全为空，那么 span 会被重新放入 sweepSpans 正在使用的 span 列表中。

```
mheap_.sweepSpans[sweepgen/2%2].push(s)
```

可以看出，这种回收方式并没有直接将内存释放到操作系统中，而是再次组织内存以便能在下次内存分配时利用已经被回收的内存。

20.7.2 辅助清扫

我们已经知道，清扫是通过懒清扫的形式进行的，因此，在下次触发 GC 时，必须将上一次 GC 未清扫的 span 全部扫描。如果剩余的未清扫 span 太多，那么将大大拖后下一次 GC 开始的时间。为了规避这一问题，Go 语言使用了辅助清扫的手段，这是在 Go 1.5 之后，和并发 GC 同时推出的。

辅助清扫即工作协程必须在适当的时机执行辅助清扫工作，以避免下一次 GC 发生时还有大量的未清扫 span。判断是否需要清扫的最好时机是在工作协程分配内存时。

目前 Go 语言会在两个时机判断是否需要辅助扫描。一个是在需要向 mcentrel 申请内存时，一个在是大对象分配时。在这两个时间会判断当前已经清扫的 page 数大于清理的目标 page 数这个条件是否成立，如果不成立则会进行辅助清扫直到条件成立。sweepPagesPerByte 是一个重要的参数，其代表了工作协程每分配 1 byte 需要辅助清扫的 page 数，是一个比率。

```
newHeapLive :=
uintptr(atomic.Load64(&memstats.heap_live)-mheap_.sweepHeapLiveBasis) +
spanBytes
    pagesTarget := int64(mheap_.sweepPagesPerByte*float64(newHeapLive)) -
int64(callerSweepPages)
    for pagesTarget > int64(atomic.Load64(&mheap_.pagesSwept)-sweptBasis) {
        if sweepone() == ^uintptr(0) {
            mheap_.sweepPagesPerByte = 0
            break
        }
        if atomic.Load64(&mheap_.pagesSweptBasis) != sweptBasis {
            goto retry
        }
    }
        // 未清扫的页数 = 使用中的页数 - 已清扫的页数
        sweepDistancePages := int64(pagesInUse) - int64(pagesSwept)
        mheap_.sweepPagesPerByte = float64(sweepDistancePages) /
float64(heapDistance)
        mheap_.sweepHeapLiveBasis = heapLiveBasis
```

可以看出，辅助标记策略会尽可能地保证在下次触发GC时，已经扫描了所有待扫描的span。

20.8 系统驻留内存清除

驻留内存（RSS）是主内存（RAM）保留的进程占用的内存部分，是从操作系统中分配的内存。

为了将系统分配的内存保持在适当的大小，同时回收不再被使用的内存，Go 语言使用了单独的后台清扫协程来清除内存。后台清扫协程目前是在程序开始时启动的，并且只启动一个。

```
func gcenable() {
    // 启动后台清扫协程，与用户态代码并发被调度，归还从内存分配器中申请的内存
    go bgsweep(c)
    // 启动后台清除协程，与用户态代码并发被调度，归还从操作系统中申请的内存
    go bgscavenge(c)
}
```

清除策略占用当前线程 CPU 1%的时间进行清除，因此，在大部分时间里，该协程处于休眠状态。bgscavenge 花了很大的精力来计算和调整时间，以保证实现 1%CPU 执行时间的目标。因此如果清除花费的时间太多，那么休眠的时间也必须相应增加。该函数的伪代码如下：

```
func bgscavenge(c){
    for {
        if 当前操作系统分配内存>目标内存{
                // 执行清除
                mheap_.pages.scavengeOne(physPageSize, false)
            }
            // 休眠
    }
}
```

从伪代码中能看出一次只清除一个物理页。scavengeOne 包含清扫的核心逻辑，其基本思路是在基数树中找到连续的没有被操作系统回收的内存，我们在介绍内存分配时提到过，基数树的叶子节点管理了一个 chunk 块大小的内存。

对于每个 chunk，都会有位图 pallocBits 管理其中每个 page 的内存分配。之前没有提到的是，scavenged 是一个额外的位图，每一位与 page 的对应方式和分配位图 pallocBits 相似，但是含义不同。当 bit 位为 1 时，代表当前 page 已经被操作系统回收，因此当 pallocBits 中的某一位为 1 时，其对应的 scavenged 位必定为 0。同时，只有当 pallocBits 与 scavenged 对应的位同时为 0 时，才表明其对应的 page 可以被清扫。

```
type pallocData struct {
   pallocBits
   scavenged pageBits
}
```

位图中每个 bit 位管理的 page 是固定的 8KB，但是释放回操作系统中的内存至少为一个物理页大小。因此，实际可能需要释放 *n* 个 page，即需要找到位图中连续可用的 *n* 个 bit 位。和分配时辅助查找的 searchAddr 字段一样，有一个辅助清扫的 scavAddr 字段，在系统驻留内存清扫时会从 scavAddr 之后进行搜索，而忽视掉 scavAddr 之前的地址，如图 20-28 所示。

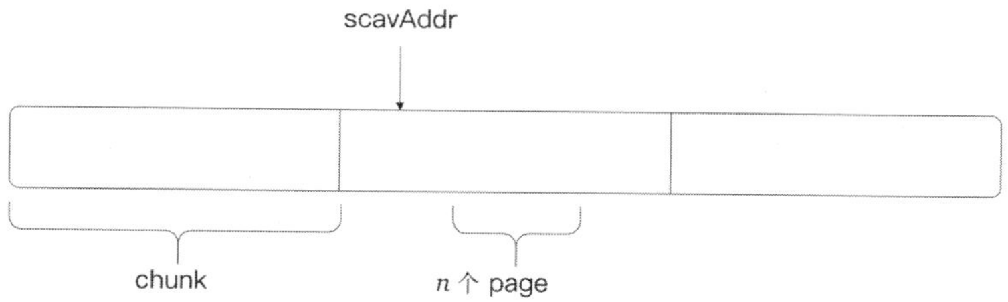

图 20-28 scavAddr 用于辅助系统驻留内存清除

在开始清除搜索时，会查找 searchAddr 所在的 chunk 块中是否存在即空闲又没有被清除的连续空间，如果查找不到，则通过基数树从上到下进行扫描，找到符合要求的区域。

当查找到满足要求的连续空间后，就将 scavenged 位图的相应位置设置为 1，更新 scavAddr 地址，将内存归还给操作系统，并更新相应的统计。

```
func (s *pageAlloc) scavengeRangeLocked(ci chunkIdx, base, npages uint) {
    s.chunkOf(ci).scavenged.setRange(base, npages)
    addr := chunkBase(ci) + uintptr(base)*pageSize
    s.scavAddr = addr - 1
    sysUnused(unsafe.Pointer(addr), uintptr(npages)*pageSize)
    mSysStatInc(&memstats.heap_released, uintptr(npages)*pageSize)
}
```

从位图中快速查找符合要求的区域的核心代码位于 fillAligned，假如没有连续的空间，那么 fillAligned 全为 1，如此即可快速判断是否找到该区域。这涉及位运算中的一些复杂数学运算，笔者就不详述了，想深入学习的读者可以参考 Go 代码中的注释及引用的文章[2]。

20.9 实战：垃圾回收产生的性能问题

本节将分析一个由于垃圾回收（GC）造成程序效率损失的例子。在排查内存泄露的过程中，使用了 trace 工具（关于 trace 工具的详细说明见第 21 章）查看程序的内存在某段时间内的增长情况。

```
    curl -o trace.out http://ip:6060/debug/pprof/trace?seconds=30

    go tool trace trace.out
```

如图 20-29 所示，通过查看 trace 可视化结果，发现 GC 在 30s 内执行了 43 次，每次 GC 的时间大约为 1ms，这种频繁的垃圾回收会带来一定的性能损失。同时，查看堆内存的变化情况，发现内存的分布呈锯齿状，表明在 GC 时释放了大量临时垃圾内存。

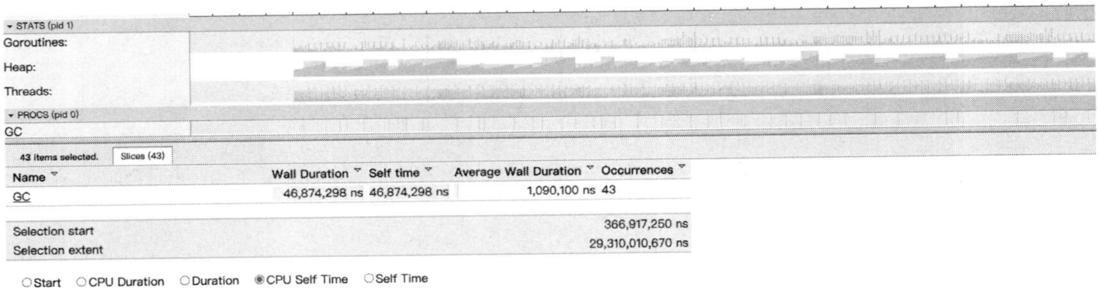

图 20-29　使用 trace 工具发现频繁触发 GC

为了探究发生如此频繁的垃圾回收的原因，可以查看每一次 GC 发生时的堆栈信息，这仍然是依靠强大的 trace 工具实现的。从概率的角度来看，如果我们在堆栈信息中查看到在相同的函数处多次触发了 GC，那么该函数大概率是有问题的。如图 20-30 所示，在堆栈信息中可以查看到 saveFaceToRedis 函数出现了多次，其调用了 makeslice 函数分配内存。可以通过显示函数所在的位置，在对应的代码中查看是否出现了问题。

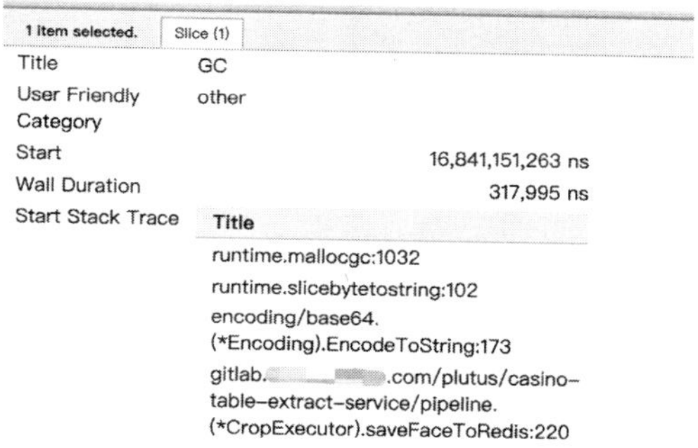

图 20-30　查看触发 GC 的函数的堆栈信息

一般来讲，这样的问题是由于临时分配的内存过多而没有合理复用内存导致的。这种问题在短时间需要分配大量内存的场景（例如为处理的图片分配内存、序列化与反序列化）中比较常见。在本例中，通过查看代码发现，多次分配过大的内存导致了垃圾回收频繁发生。通过修改代码，借助标准库中 sync.pool 复用产生的内存，可以轻松解决该问题。如图 20-31 所示，再次通过 trace 工具查看程序的变化，发现 30s 内只执行了两次 GC，证明 GC 触发频率恢复正常。

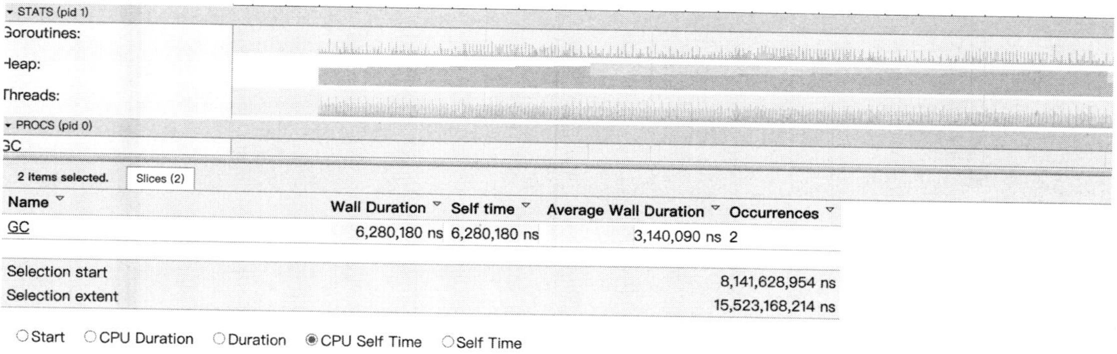

图 20-31　修复问题后内存与 GC 状况恢复正常

20.10 总结

垃圾回收是 Go 语言运行时最复杂的模块，Go 语言采取了并发三色标记的垃圾回收策略，从根对象（协程栈、全局对象）出发查找所有被引用的对象。

为了解决并发垃圾回收带来的问题，Go 语言分别引入了辅助标记、辅助清扫、系统驻留内存清除、混合写屏障等策略保证能够快速地执行垃圾回收而且尽可能不影响用户协程。在默认情况下，当占用内存达到上一次 GC 标记内存的 2 倍后将触发垃圾回收，在并发阶段，Go 语言的目标是消耗 25%的 CPU 执行后台标记协程。在清扫阶段，Go 语言采取了懒清扫的策略，并且有专门的后台协程花费 CPU 1%的时间执行系统驻留内存清除。

Go 运行时暴露了一些 API 用于改变和查看垃圾回收的行为，例如 runtime.GC 函数、debug.SetGCPercent 函数，以及第 21 章要介绍的 pprof 与 trace 工具。

第 21 章

调试利器：特征分析与事件追踪

Go 语言原生支持对于程序运行时重要指标或特征的分析，这种支持体现在：

◎ 根据程序编译参数与运行参数的不同，可以进行不同类型和水平的调试。

◎ 官方提供了许多调试库，可用于程序的调试。

◎ 运行时可以保留重要的特征指标和状态，有许多工具可以分析甚至可视化程序运行的状态和过程。

Go 语言中的 pprof 指对于指标或特征的分析（Profiling），通过分析不仅可以查找到程序中的错误（内存泄漏、race 冲突、协程泄漏），也能对程序进行优化（例如 CPU 利用率不足）。由于 Go 语言运行时的指标不对外暴露，因此有标准库 net/http/pprof 和 runtime/pprof 用于与外界交互。其中 net/http/pprof 提供了一种通过 http 访问的便利方式，用于用户调试和获取样本特征数据。对特征文件进行分析要依赖谷歌推出的分析工具 pprof[1]，该工具在 Go 安装时即存在。

21.1 pprof 的使用方式

在通过 pprof 进行特征分析时，需要执行两个步骤：收集样本和分析样本。

收集样本有两种方式：一种是引用 net/http/pprof 并在程序中开启 http 服务器，net/http/pprof 会在初始化 init 函数时注册路由。

```
import _ "net/http/pprof"
if err := http.ListenAndServe(":6060", nil); err != nil {
    log.Fatal(err)
}
```

通过 http 收集样本是在实践中最常见的方式，但有时可能不太适合，例如对于一个测试程序或只跑一次的定时任务。另一种方式是直接在代码中需要分析的位置嵌入分析函数，如下例中调用 runtime/pprof 的 StartCPUProfile 函数，这样，在程序调用 StopCPUProfile 函数停止之后，即可指定特征文件保存的位置。

```
func main(){
    f, err := os.Create(*cpuProfile)
    if err := pprof.StartCPUProfile(f); err != nil {
        log.Fatal("could not start CPU profile: ", err)
    }
    defer pprof.StopCPUProfile()
    busyLoop()
}
```

接下来，笔者将主要以第 1 种，即通过 http 获取文件的方式为例进行分析。Go 语言提供了多种特征分析手段，如下所示，获取不同类型的特征文件需要调用不同的 http 接口，例如要获取程序在 30s 内占用 CPU 的情况，需要调用：

```
http://localhost:6060/debug/pprof/profile?seconds=30
```

获取所有的协程堆栈信息需要调用：

```
http://localhost:6060/debug/pprof/goroutine
```

获取堆内存使用情况需要调用：

```
http://localhost:6060/debug/pprof/heap
```

其他特征文件的获取方式以此类推。

其中，cmdline 类型请求比较特殊，它仅打印程序启动时的启动参数，例如`./main`，并不会生成特征文件。而获取内存对象分配的 alloc 类型可以在分析时直接通过 heap 类型的分析间接获取特征文件，因此在实践中大多选择使用 heap 来分析。block、threadcreate、mutex 这三种类型在实践中很少使用，一般用于特定的场景分析。最常用的 4 种 pprof 类型包括了堆分析 heap、协程栈分析 goroutine、CPU 占用分析 profile、程序运行跟踪信息 trace，在后面的章节中，我们将逐一分析。

获取特征文件后开始具体的分析，需要使用工具 go tool pprof 将特征文件保存到 heap.out 并分析，如下所示。

```
curl -o heap.out  http://localhost:6060/debug/pprof/heap
go tool pprof heap.out
```

也可以直接采用如下形式，通过 http 获取到的特征文件存储在临时目录中。

```
go tool pprof http://localhost:6060/debug/pprof/heap
```

下面以堆内存特征分析为例，讲解 proof 的使用方法。

21.1.1　堆内存特征分析

当执行 pprof 分析堆内存的特征文件时，默认的类型为 inuse_space，代表分析程序正在使用的内存，最后一行会出现等待进行交互的命令。

```
Saved profile in
/Users/jackson/pprof/pprof.alloc_objects.alloc_space.inuse_objects.inuse_spa
ce.021.pb.gz
Type: inuse_space
Time: Oct 28, 2020 at 8:38pm (CST)
Entering interactive mode (type "help" for commands, "o" for options)
(pprof)
```

交互命令有许多，可以通过 help 指令查看，下面笔者介绍比较常用的几种。top 会列出以 flat 列从大到小排序的序列。其中 flat 代表当前函数统计的值，不同的类型有不同的含义。这里是 heap inuse_space 模式，展示了当前函数分配的堆区正在使用的内存大小。cum 是一个累积的概念，指当前函数及其调用的一系列函数 flat 的和。flat 只包含当前函数的栈帧信息，不包括其调用函数的栈帧信息。cum 字段正好弥补了这一点，flat%和 cum%分别表示 flat 和 cum 字段占总字段的百分比。

在排查问题时，我们可以将程序看作一个黑箱，不一定需要原始的代码信息。从输出的信息中可以看出，main 包中的 Run 函数被分配了 8MB 内存，main 包中的 Run2 函数也被分配了 8MB 内存。

```
(pprof) top
Showing nodes accounting for 16MB, 100% of 16MB total
      flat  flat%   sum%        cum   cum%
       8MB 50.00% 50.00%       16MB   100%  main.(*stu).Run (inline)
       8MB 50.00%   100%        8MB 50.00%  main.(*stu).Run2 (inline)
         0     0%   100%       16MB   100%  main.main.func2
```

如果要根据 cum 进行排序，那么可以使用 top -cum，从中可以看出差别，Run 函数的 cum 为 16MB，Run2 函数的 cum 为 8MB，原因何在呢？

```
(pprof) top -cum
Showing nodes accounting for 16MB, 100% of 16MB total
      flat  flat%   sum%        cum   cum%
       8MB 50.00% 50.00%       16MB   100%  main.(*stu).Run (inline)
       8MB 50.00%   100%        8MB 50.00%  main.(*stu).Run2 (inline)
```

可以使用 list Run 列出函数的信息，从中可以看出，虽然 Run 与 Run2 函数都被分配了 8MB 内存，但是由于 Run 函数调用了 Run2 函数，因此在统计 cum 时，Run 函数的内存还包括其调用的子函数的内存。这种方式精准地显示了具体的内存分配发生在哪一行。

```
(pprof) list Run
Total: 16MB
ROUTINE ======================== main.(*stu).Run in
/Users/jackson/career/debug-go/main.go
       8MB       16MB (flat, cum)   100% of Total
         .          .     81:   slice []byte
         .          .     82:   slice2 []byte
         .          .     83:}
         .          .     84:
         .          .     85:func (s *stu)  Run() {
       8MB        8MB     86:   s.slice = make([]byte, 8 * Mi)
         .        8MB     87:   s.Run2()
         .          .     88:}
         .          .     89:
         .          .     90:func (s *stu) Run2() {
         .          .     91:   s.slice = make([]byte, 8 * Mi)
         .          .     92:}
```

还有一种比较常用的 tree 指令，用于打印函数的调用链，能够得到函数调用的堆栈信息。

```
(pprof) tree
Showing nodes accounting for 16MB, 100% of 16MB total
----------------------------------------------------------+-------------
      flat  flat%   sum%        cum   cum%   calls calls% + context
----------------------------------------------------------+-------------
                                              16MB   100% |   main.main.func2 (inline)
       8MB 50.00% 50.00%       16MB   100%                | main.(*stu).Run
                                               8MB 50.00% |   main.(*stu).Run2 (inline)
----------------------------------------------------------+-------------
                                               8MB   100% |   main.(*stu).Run (inline)
       8MB 50.00%   100%        8MB 50.00%                | main.(*stu).Run2
----------------------------------------------------------+-------------
         0     0%   100%       16MB   100%                | main.main.func2
```

```
                                   16MB   100% |   main.(*stu).Run (inline)
---------------------------------------------------------------+-------------
```

之前曾提到， alloc 这一 pprof 类型很少被使用，因为可以用 heap 代替它。在 heap 中，可以显示 4 种不同的类型，分别是 alloc_objects、alloc_space、inuse_objects、inuse_space，其中 alloc_objects 与 inuse_objects 分别代表已经被分配的对象和正在使用的对象的数量，alloc_objects 没有考虑对象的释放情况。要切换展示的类型很简单，只需要输入对应的指令即可，例如输入 alloc_objects 后再次输入 top 指令会看到 flat 代表的不再是分配的内存大小，而是分配内存的次数。

```
(pprof) alloc_objects
(pprof) top
Showing nodes accounting for 3137, 99.78% of 3144 total
Dropped 15 nodes (cum <= 15)
      flat  flat%   sum%        cum   cum%
      1569 49.90% 49.90%       1569 49.90%  main.(*stu).Run2 (inline)
      1568 49.87% 99.78%       3137 99.78%  main.(*stu).Run (inline)
         0     0% 99.78%      3137 99.78%  main.main.func2
```

proof 工具还提供了强大的可视化功能，可以生成便于查看的图片或 html 文件。但实现这种功能需要首先安装 graphviz——开源的可视化工具，可以在官方网站找到最新的下载方式[2]，安装完成后，输入 web 即可在浏览器中显示出图 21-1 所示内存分配次数的可视化结果。png、gif 等指令可以将可视化结果保存为不同的图片格式。

```
(pprof) web
```

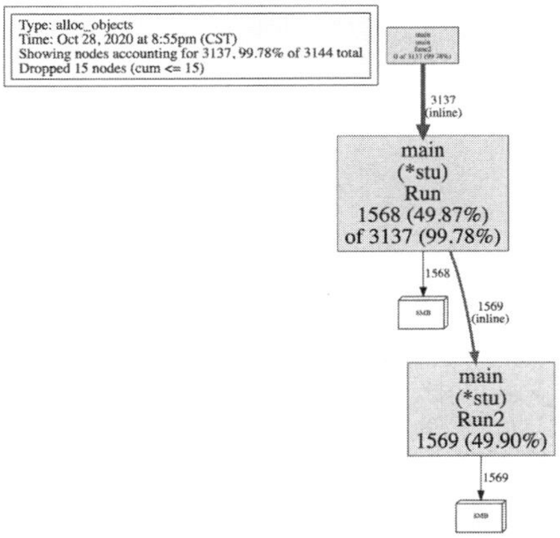

图 21-1 内存分配次数可视化结果

从图中能够直观地看出当前函数的调用链及内存分配数量和比例，从而找出程序中内存分配的关键部分。

21.1.2 pprof 可视化结果说明

图 21-2 过于简单，这里借用 pprof 官方文档[1]的示例图来说明可视化结果中重要的细节，如图 21-2 所示。

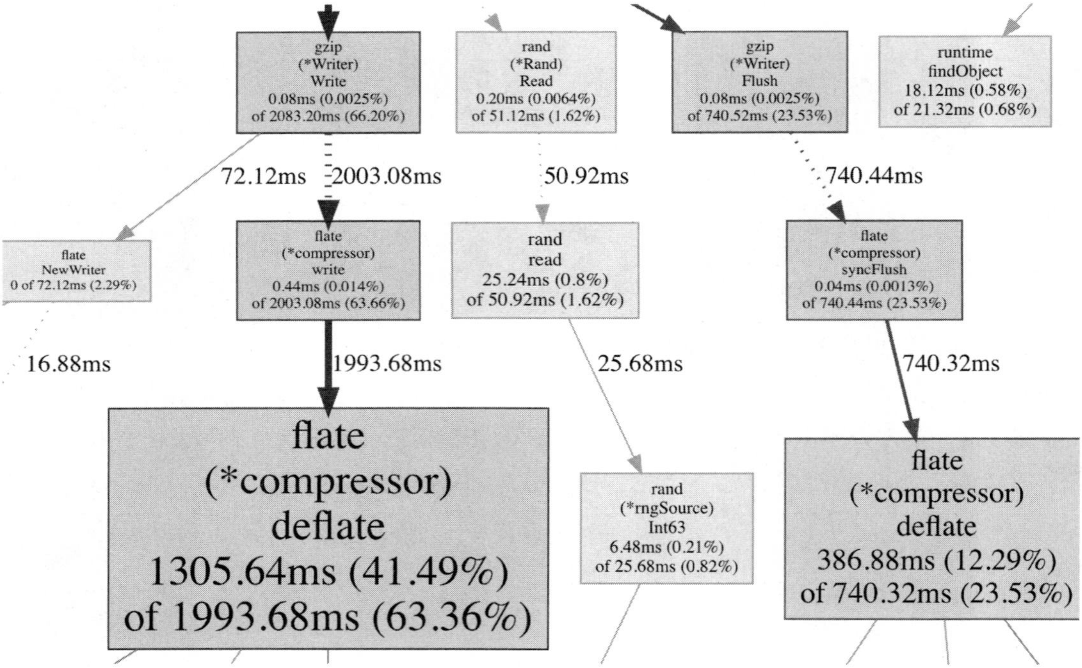

图 21-2　prrof 可视化案例

◎　节点颜色：

红色代表累计值 cum 为正，并且很大；

绿色代表累计值 cum 为负，并且很大；

灰色代表累计值 cum 可以忽略不计。

◎　节点字体大小：

较大的字体表示较大的当前值；

较小的字体表示较小的当前值。

◎ 边框颜色：

当前值较大并且为正数时为红色；

当前值较小并且为负数时为绿色；

接近 0 的当前值为灰色。

◎ 箭头大小：

箭头越粗代表当前的路径消耗了越多的资源；

箭头越细代表当前的路径消耗了越少的资源。

◎ 箭头线型：

虚线箭头表示两个节点之间的某些节点已被忽略，为间接调用；

实线箭头表示两个节点之间为直接调用。

21.1.3 pprof 协程栈分析

除了堆内存分析，协程栈使用得也比较多。分析协程栈有两方面的作用，一是查看协程的数量，查看协程是否泄漏。二是查看当前大量的协程在执行哪些函数，判断当前协程是否健康。

```
a := make(chan int)
for {
    time.Sleep(time.Second)
    go func() {
        <-a
    }()
}
```

上面是一个简单的例子，使用 pprof 工具查看程序运行信息如下所示。可以看出，当前收集到的协程数量有 36 个，并且大部分协程都在 runtime.gopark 函数中。

```
> go tool pprof http://localhost:6060/debug/pprof/goroutine
(pprof) top
Showing nodes accounting for 36, 100% of 36 total
Showing top 10 nodes out of 32
      flat  flat%   sum%        cum   cum%
        35 97.22% 97.22%         35 97.22%  runtime.gopark
         1  2.78%   100%          1  2.78%  runtime/pprof.writeRuntimeProfile
         0     0%   100%          1  2.78%  internal/poll.(*FD).Accept
         0     0%   100%          1  2.78%  internal/poll.(*FD).Read
         0     0%   100%          2  5.56%  internal/poll.(*pollDesc).wait
         0     0%   100%          2  5.56%  internal/poll.(*pollDesc).waitRead
(inline)
```

```
       0     0%    100%          2  5.56%  internal/poll.runtime_pollWait
       0     0%    100%          1  2.78%  main.main
       0     0%    100%          1  2.78%  main.main.func1
       0     0%    100%         32 88.89%  main.main.func2
```

runtime.gopark 是协程的休眠函数，要进一步查看程序是否异常可以使用 list 指令或者 tree 指令。

如下通过 tree 指令查找到函数的调用链，发现协程堵塞是调用了 runtime.chanrecv 函数以表明通道正在等待接收导致的。具体的原因还需要结合程序进一步分析。

```
(pprof) tree
Showing nodes accounting for 13, 100% of 13 total
----------------------------------------------------------+-------------
      flat  flat%   sum%        cum   cum%   calls calls% + context
----------------------------------------------------------+-------------
                                              9 75.00% |   runtime.chanrecv
                                              2 16.67% |   runtime.netpollblock
                                              1  8.33% |   time.Sleep
        12 92.31% 92.31%                     12 92.31% |   runtime.gopark
```

21.1.4 base 基准分析

除了查看协程栈帧数据，goroutine profile 还有一个用处是排查协程的泄露。通过对比协程的总数可以简单评估出程序是否陷入了泄露状态。另外，pprof 提供了更强大的工具用于对比前后特征文件的不同。下例使用了-base 标志，后跟基准特征文件。可以看出，后一个基准特征文件比前一个基准特征文件多了 15 个协程，其中 12 个协程都处于执行 runtime.gopark 阶段，可以根据实际的程序判断协程是否已经泄漏。

```
» go tool pprof -base pprof.goroutine.001.pb.gz pprof.goroutine.009.pb.gz
Type: goroutine
Time: Oct 28, 2020 at 10:32pm (CST)
Entering interactive mode (type "help" for commands, "o" for options)
(pprof) top
Showing nodes accounting for 13, 86.67% of 15 total
Showing top 10 nodes out of 12
      flat  flat%   sum%        cum   cum%
        12 80.00% 80.00%         12 80.00%  runtime.gopark
         1  6.67% 86.67%          0     0%  net/http.(*connReader).backgroundRead
         0     0% 86.67%         -1  6.67%  internal/poll.(*FD).Read
         0     0% 86.67%         -1  6.67%  internal/poll.(*pollDesc).wait
```

```
        0      0% 86.67%         -1   6.67%  internal/poll.(*pollDesc).waitRead
(inline)
        0      0% 86.67%         -1   6.67%  internal/poll.runtime_pollWait
        0      0% 86.67%         13  86.67%  main.main.func2
        0      0% 86.67%         -1   6.67%  net.(*conn).Read
        0      0% 86.67%         -1   6.67%  net.(*netFD).Read
        0      0% 86.67%         13  86.67%  runtime.chanrecv
```

21.1.5 mutex 堵塞分析

和 block 类似，mutex 主要用于查看锁争用导致的休眠时间，这有助于排查由于锁争用导致 CPU 利用率不足的问题，这两种特征不经常被使用。下例模拟了频繁的锁争用。

```
var mu sync.Mutex
var items = make(map[int]struct{})
runtime.SetMutexProfileFraction(5)
for i := 0; i < 1000*1000; i++ {
    go func(i int) {
        mu.Lock()
        defer mu.Unlock()
        items[i] = struct{}{}
    }(i)
}
```

执行 pprof mutex 可以看到，锁争用集中在互斥锁中，互斥带来的休眠时间为 918.68ms，需要结合实际程序判断锁争用是否导致了 CPU 利用率不足。

```
» go tool pprof http://localhost:6060/debug/pprof/mutex
Fetching profile over HTTP from http://localhost:6060/debug/pprof/mutex
Saved profile in /Users/jackson/pprof/pprof.contentions.delay.007.pb.gz
Type: delay
Entering interactive mode (type "help" for commands, "o" for options)
(pprof) top
Showing nodes accounting for 918.68ms, 100% of 918.68ms total
      flat  flat%   sum%        cum   cum%
  918.68ms   100%   100%   918.68ms   100%  sync.(*Mutex).Unlock
         0     0%   100%   918.68ms   100%  main.main.func2
```

21.1.6 CPU 占用分析

在实践中我们经常使用 pprof 分析 CPU 占用，它提供了强有力的工具，在不破坏原始程序的情况下，估计出函数的执行时间，从而找出程序的瓶颈。

执行如下指令进行 CPU 占用分析，其中 seconds 参数指定一共要分析的时间。下例表明将花费 20s 收集特征信息。

```
go tool pprof http://localhost:6060/debug/pprof/profile?seconds=20
```

下面，以一个逻辑炸弹为例，分析 CPU 占用。执行 top 后可以看出，程序有 95%的时间都在执行 main.empty 函数。

```
» go tool pprof http://localhost:6060/debug/pprof/profile?seconds=20
jackson@jacksondeMacBook-Pro
Type: cpu
Time: Oct 30, 2020 at 10:44pm (CST)
Duration: 20.19s, Total samples = 18.48s (91.54%)
(pprof) top
Showing nodes accounting for 18350ms, 99.30% of 18480ms total
Dropped 16 nodes (cum <= 92.40ms)
      flat  flat%   sum%        cum   cum%
   17660ms 95.56% 95.56%    18110ms 98.00%  main.empty
     450ms  2.44% 98.00%      450ms  2.44%  runtime.asyncPreempt
     240ms  1.30% 99.30%      240ms  1.30%  runtime.nanotime1
         0     0% 99.30%    18110ms 98.00%  main.main.func2
         0     0% 99.30%      320ms  1.73%  runtime.mstart
         0     0% 99.30%      320ms  1.73%  runtime.mstart1
         0     0% 99.30%      240ms  1.30%  runtime.nanotime (inline)
         0     0% 99.30%      320ms  1.73%  runtime.sysmon
```

执行 list main.empty 显示函数信息后，可以看出当前函数是一个死循环，从而轻松地找到了问题的根源。

```
.          .     154:func empty(){
         .          .     155:   i   :=    0
   17.63s     18.08s     156:   for {
         .          .     157:            i++
         .          .     158:   }
         .          .     159:}
```

当然，我们也可以通过图形化的方式形象地看出当前 CPU 的瓶颈所在，图 21-3 显示了 CPU 的占用情况，颜色最深最大的为 empty 函数，它占用了绝大多数 CPU。

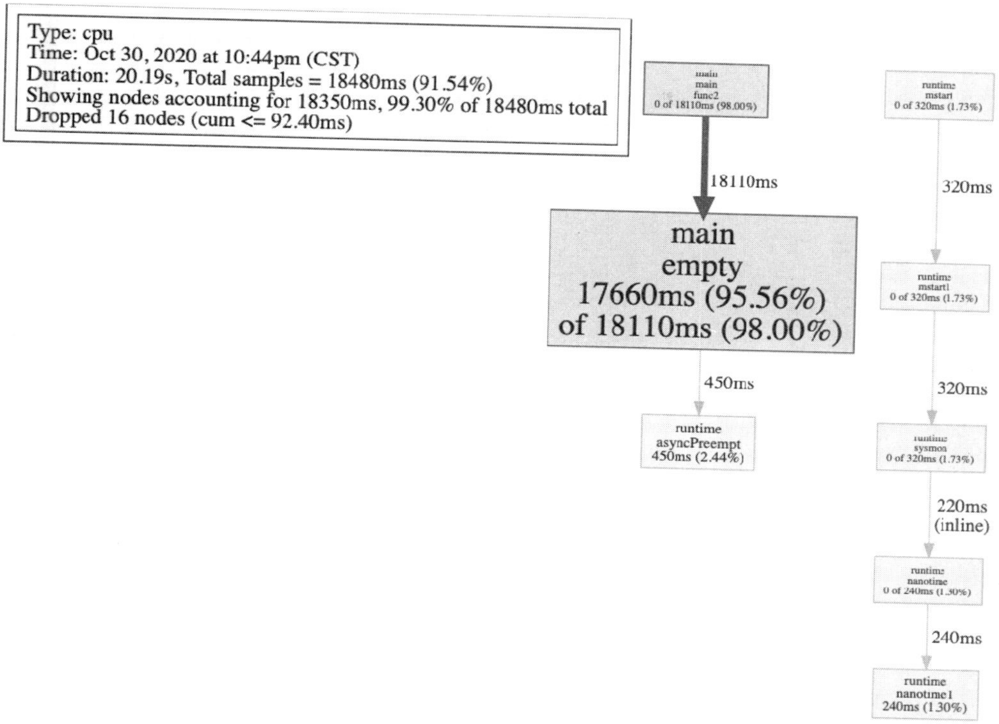

图 21-3　使用 pprof 查看 CPU 占用情况

21.2　火焰图分析

火焰图是软件分析中用于特征和性能分析的利器，因其形状和颜色像火焰而得名。火焰图可以快速准确地识别出最频繁使用的代码路径，从而得知程序的瓶颈所在。在 Go 1.11 之后，火焰图已经内置到了 pprof 分析工具中，用于分析堆内存与 CPU 的使用情况。笔者在本节中以比特币工作量证明算法（Proof-of-Work，PoW）为例，介绍火焰图的使用方法。

如下所示，可以简单地通过 pprof 工具查看火焰图。其中，-http 表示开启 pprof 内置的 http 服务器，:6061 代表监听的 IP 地址与端口。

```
go tool pprof -http :6061
http://localhost:6060/debug/pprof/profile?seconds=20
```

在收集程序 20s 的 CPU 信息后，对应的 web 页面会自动打开。web 页面的最上方为导航栏，可以查看之前提到的许多 pprof 分析指标，点击导航栏中的 VIEW 菜单下的 Flame Graph 选项，可以切换到火焰图，如图 21-4 所示。

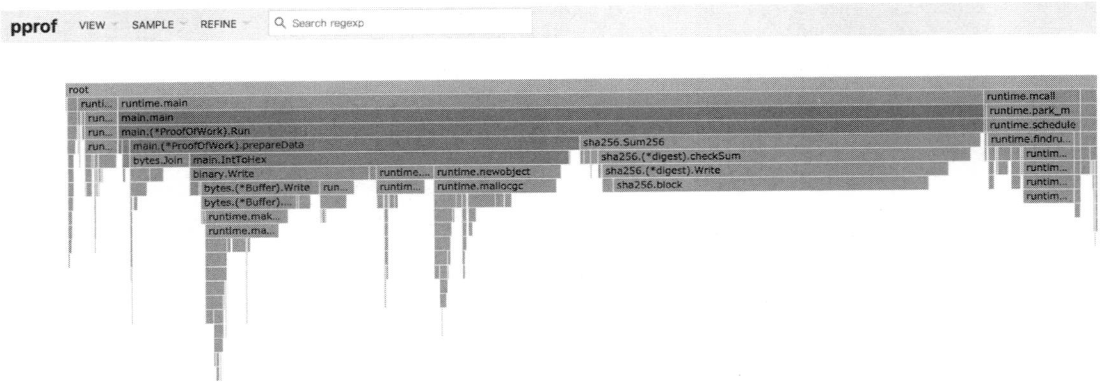

图 21-4　使用 pprof 查看 CPU 火焰图

以 CPU 火焰图为例说明如下：

◎　最上方的 root 框代表整个程序的开始，其他的框都代表一个函数。

◎　火焰图每一层中的函数都是平级的，下层函数是其对应的上层函数的子函数。

◎　函数调用栈越长，火焰就越高。

◎　框越长、颜色越深，代表当前函数占用 CPU 时间越久。

◎　可以单击任何框，查看该函数更详细的信息。

在上图中，通过自上而下查看火焰图可以看出，当前工作协程中占用 CPU 最多的为 main.(*ProofOfWork).Run 函数及 sha256.Sum256 哈希函数，进一步分析 Run 函数可以看出，大部分消耗位于 main.IntToHex 函数，这是将 int 类型转换为小端模式存储的函数，可以根据实际情况进一步分析和优化。

21.3　trace 事件追踪

21.3.1　trace 工具的用法与说明

在 pprof 的分析中，能够知道一段时间内的 CPU 占用、内存分配、协程堆栈信息。这些信息都是一段时间内数据的汇总，但是它们并没有提供整个周期内发生的事件，例如指定的 Goroutines 何时执行、执行了多长时间、什么时候陷入了堵塞、什么时候解除了堵塞、GC 如何影响单个 Goroutine 的执行、STW 中断花费的时间是否太长等。这就是在 Go1.5 之后推出的 trace 工具的强大之处，它提供了指定时间内程序发生的事件的完整信息，这些事件信息包括：

- ◎ 协程的创建、开始和结束。
- ◎ 协程的堵塞——系统调用、通道、锁。
- ◎ 网络 I / O 相关事件。
- ◎ 系统调用事件。
- ◎ 垃圾回收相关事件。

收集 trace 文件的方式和收集 pprof 特征文件的方式非常相似，有两种主要的方式，一种是在程序中调用 runtime/trace 包的接口：

```
import "runtime/trace"
trace.Start(f)
defer trace.Stop()
```

另一种方式仍然是使用 http 服务器，net/http/pprof 库中集成了 trace 的接口，下例获取 20s 内的 trace 事件并存储到 trace.out 文件中。

```
curl -o trace.out http://127.0.0.1:6060/debug/pprof/trace?seconds=20
```

当要对获取的文件进行分析时，需要使用 trace 工具。

```
go tool trace trace.out
```

执行后会默认自动打开浏览器，显示如下超链接信息。

```
View trace
goroutine analysis
Network blocking profile
Synchronization blocking profile
Syscall blocking profile
Scheduler latency profile
User-defined tasks
User-defined regions
Minimum mutator utilization
```

这几个选项中最复杂、信息最丰富的当属第 1 个 View trace 选项。点击后会出现如图 21-5 所示的交互式的可视化界面，用于显示整个执行周期内的完整事件。

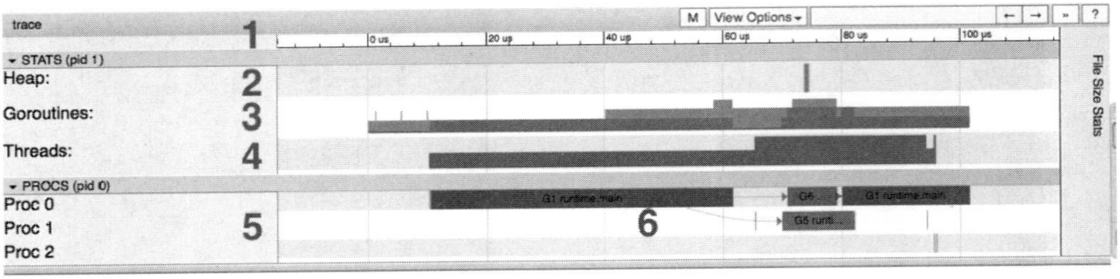

图 21-5 trace 可视化界面

图中各部分说明如下：

1、时间线。显示执行的时间，时间单位可能放大或缩小，可以使用键盘快捷键（WASD）浏览时间轴。

2、堆。显示执行期间的内存分配情况，对于查找内存泄漏及检查每次运行时 GC 释放的内存非常有用。

3、Goroutines。显示每个时间点正在运行的 Goroutine 数量及可运行（等待调度）的 Goroutine 数量。存在大量可运行的 Goroutine 可能表明调度器繁忙。

4、操作系统线程。显示正在使用的操作系统线程数及被系统调用阻止的线程数。

5、显示每个逻辑处理器。

6、显示协程和事件，表明协程何时开始、何时结束，以及结束的原因。

点击一个特定的协程，可以在下方信息框中看到协程的许多信息，其中包括：

◎ Title：协程的名字。
◎ Start：协程开始的时间。
◎ Wall Duration：协程持续时间。
◎ Start Stack Trace：协程开始时的栈追踪。
◎ End Stack Trace：协程结束时的栈追踪。
◎ Event：协程产生的事件信息。

如图 21-6 所示。

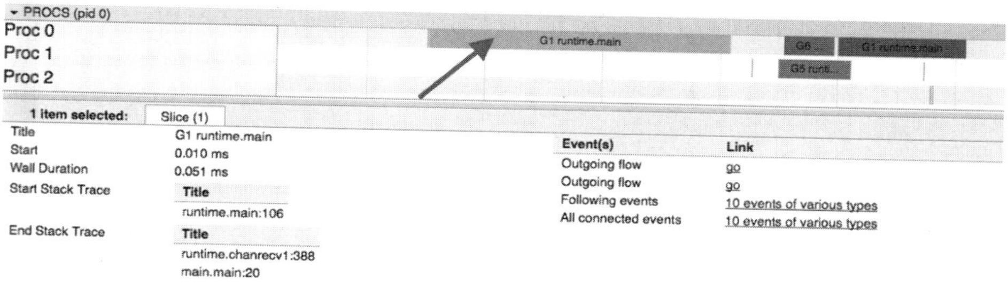

图 21-6　查看协程详细信息

21.3.2　trace 分析场景

trace 主要用在 3 种场景中：

1. 分析延迟问题

当程序中至关重要的协程长时间无法运行时，可能带来延迟问题。发生这种情况的原因有很多，例如系统调用被堵塞、通道/互斥锁上被堵塞、协程被运行时代码（例如 GC）堵塞，甚至可能是调度器没有按照预期的频率运行关键协程。

这些问题都可以通过 trace 查看。查看逻辑处理器的时间线，并查找到关键的协程长时间被阻塞的时间段，查看这段时间内发生的事件，有助于查找到延迟问题的根源。

如图 21-7 所示，GC Mark 阶段堵塞了整个程序，但是当前 Go 版本已经采用并发的垃圾回收策略，这表明当前程序的延迟由垃圾回收的不正常堵塞导致，这可能来自 Go 运行时的 bug。

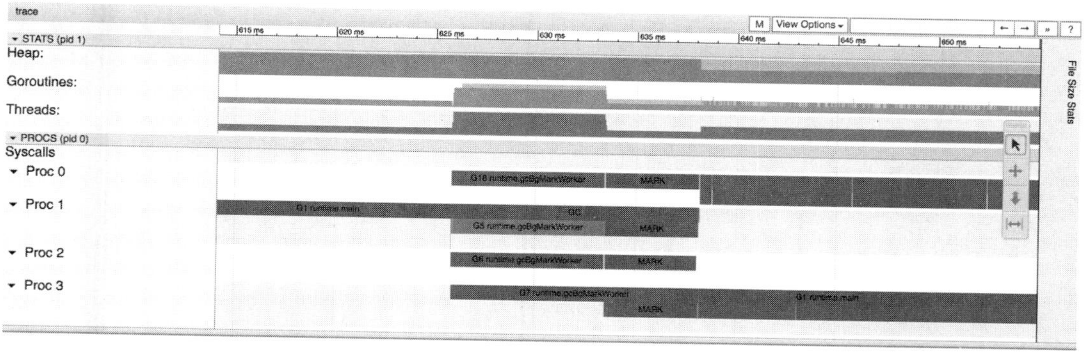

图 21-7　查看 GC Mark 阶段堵塞

2. 诊断不良并行性

在程序中应该保持适当的协程数和并行率。如果一个预期会使用所有 CPU 的程序运行速度比预期要慢，那么可能是因为程序没有按照期望的并行，如图 21-8 所示。可以查找程序中的关键路径是否有并发，如果没有并发，则查看是否可以让这些关键路径并发从而提高效率。

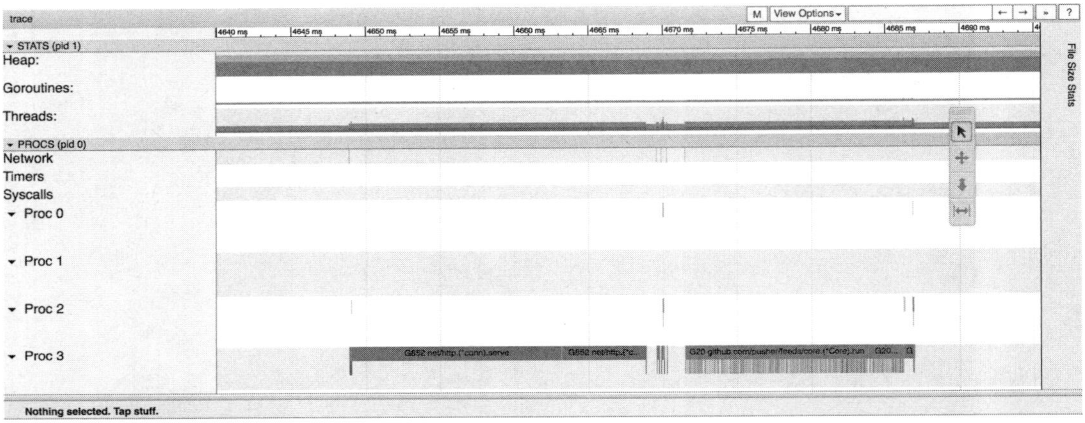

图 21-8 诊断不良并行性

trace 工具非常强大，提供了追踪到的运行时的完整事件和宏观视野。尽管如此，trace 仍然不是万能的，如果想查看协程内部函数占用 CPU 的时间、内存分配等详细信息，就需要结合 pprof 来实现。

21.4 pprof 底层原理

pprof 分为采样和分析两个阶段。采样指一段时间内某种类型的样本数据，pprof 并不会像 trace 一样记录每个事件，因此其相对于 trace 收集到的文件要小得多。

21.4.1 堆内存样本

对堆内存采样时，并不是每次调用 mallocgc 分配堆内存都会被记录下来，这里有一个指标——MemProfileRate，当多次内存分配累积到该指标以上时，才记录一次。

记录下来的每个样本都是一个 bucket，如图 21-9 所示，该 bucket 会存储到全局 mbuckets 链表中，mbuckets 链表中的对象不会被 GC 扫描，因为它加入了 span 中的 special 序列（具体查看第 20 章）。bucket 中保留的重要数据除了当前分配的内存大小，还包括当前哪一个函数触发了内存分配以及该函数的调用链，这借助栈追踪实现。有了这一数据，才能实现 list、tree、top 等命令。

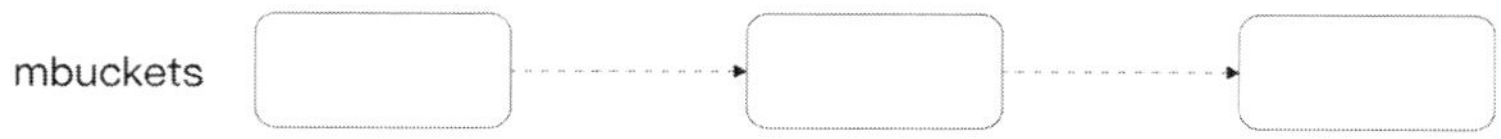

图 21-9　pprof 样本存储到链表中

不需要将每个样本都记录为一个 bucket，如果栈追踪后发现当前样本有相同的调用链，那么不用重复记录，直接在之前的 bucket 上加上对应的内存大小即可。为了实现这样的功能，使用简单的哈希表存储调用链上的指针，如图 21-10 所示，Go 语言对栈调用链上的指针进行哈希，并采用简单的拉链法解决哈希冲突。

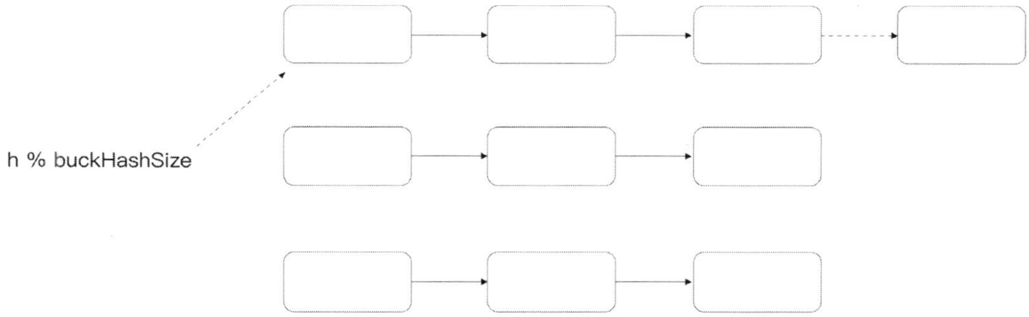

图 21-10　使用哈希表存储调用链上的指针

如果找到了相同的 bucket（即函数调用链上的指针都是相同的），那么只需要增加该 bucket 中的内存。如果在当前哈希表中没有查找到相同的 bucket，则不仅需要创建新的 bucket，还需要将该 bucket 记录到此哈希表中，方便下次查找。

在函数栈扫描过程中，需要根据函数调用链上的指针计算出所有的栈帧信息并保存。Go 语言在此处做了一些合理的优化，例如对于调用链 A()→B()→C()，如果有协程调用了函数 A，那么它一定调用了函数 B、函数 C，因此不需要重新扫描函数 B 和函数 C，也不再需要记录函数 B 和函数 C 的行号、文件名等原始数据。这些缓存信息存储在了 locs 中，locs 是一个 map 结构，key 代表标识函数的指针（例如 A），而对应的 value 存储了该函数调用链上的其他指针（例如 B、C）。

```
type profileBuilder struct {
    locs      map[uintptr]locInfo
}
type locInfo struct {
   id uint64
   pcs []uintptr
}
```

21.4.2 协程栈样本收集原理

获取协程栈样本数据和获取堆内存样本非常类似。因为他们都需要保存样本的栈追踪数据，并且使用了和堆内存样本收集相同的缓存优化手段。不太相同的是，堆内存样本关注的是函数分配的内存大小，而协程栈关注的是当前有多少协程，以及大部分协程正在执行哪个函数。另外，堆内存样本不会 STW，但每次获取协程栈样本都需要启动 STW，以获取当前所有协程的快照，pprof 协程栈样本获取流程如图 21-11 所示。

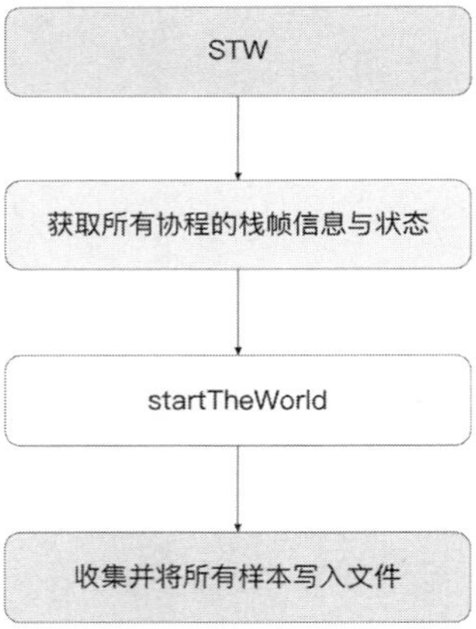

图 21-11　pprof 协程栈样本获取流程

21.4.3 CPU 样本收集原理

CPU profile 分析的能力令人惊讶，其可以得到在某段时间内每个函数执行的时间，而不必修改原始程序。这是如何实现的呢？其实，和调度器的抢占类似，这需要借助程序中断的功能为分析和调试提供时机，在类 UNIX 操作系统中，会通过调用操作系统库函数 setitimer 实现。setitimer 将按照设定好的频率中断当前程序，并进入操作系统内核处理中断事件，这显然进行了线程的上下文切换。操作系统从内核态返回用户态，进入之前注册好的信号处理函数，从而为分析提供时机。图 21-12 展示了类 UNIX 操作系统信号处理的一般流程。

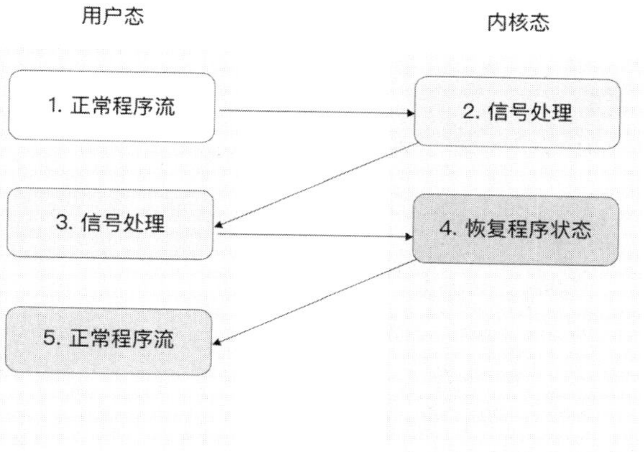

图 21-12　类 UNIX 操作系统信号处理的一般流程

当调用 pprof 获取 CPU 样本接口时，程序会为 setitimer 函数设置中断频率为 100Hz，即每秒中断 100 次。这是深思熟虑的选择，由于中断也会花费时间成本，所以中断的频率不可过高。另外，中断的频率也不可过低，否则我们将无法准确地计算出函数花费的时间。

调用 setitimer 函数时，中断的信号为 ITIMER_PROF。当内核态返回到用户态调用注册好的 sighandler 函数，sighandler 函数识别到信号为_SIGPROF 时，执行 sigprof 函数记录该 CPU 样本。

```
func sighandler(sig uint32, info *siginfo, ctxt unsafe.Pointer, gp *g) {
    if sig == _SIGPROF {
        sigprof(c.sigpc(), c.sigsp(), c.siglr(), gp, _g_.m)
        return
    }
  ...
}
```

Go 语言处理中断信号的具体执行流程如图 21-13 所示，在处理过程中调用了 sigprof 函数。

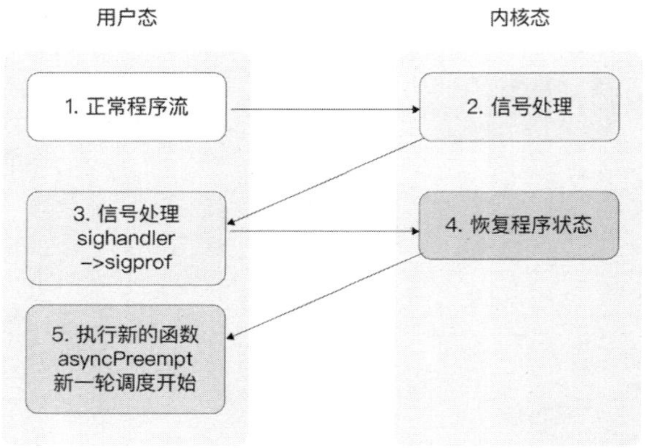

图 21-13 Go 语言处理中断信号的流程

sigprof 的核心功能是记录当前的栈追踪，其实现如下所示。

```
func sigprof(pc, sp, lr uintptr, gp *g, mp *m) {
   traceback := true
   if gp == nil || sp < gp.stack.lo || gp.stack.hi < sp || setsSP(pc) || (mp !=
nil && mp.vdsoSP != 0) {
      traceback = false
   }
   var stk [maxCPUProfStack]uintptr
   n := 0
   if traceback {
     // 栈追踪
      n = gentraceback(pc, sp, lr, gp, 0, &stk[0], len(stk), nil, nil,
_TraceTrap|_TraceJumpStack)
   }
   ...
  // 添加 CPU 样本
   if prof.hz != 0 {
      cpuprof.add(gp, stk[:n])
   }
}
```

添加的 CPU 样本会写入叫作 data 的 buf 中，每个样本都包含该样本的长度、时间戳、hdrsize、栈追踪指针。hdrsize 和 hz 有关，用于计算持续时间，由于中断周期固定为 100Hz，所以当前的 hdrsize 也固定为 1。最后的空间的长度是可变的，存储了栈追踪指针。

添加样本时所有数据都会被写入 data 缓存，同时会有专门的协程用于获取 data 中的数据，在读取样本的过程中，记录 data 中的读取位置 r 和写入位置 w，因此 w-r 表明当前可以读取的样本数量，如图 21-14 所示。

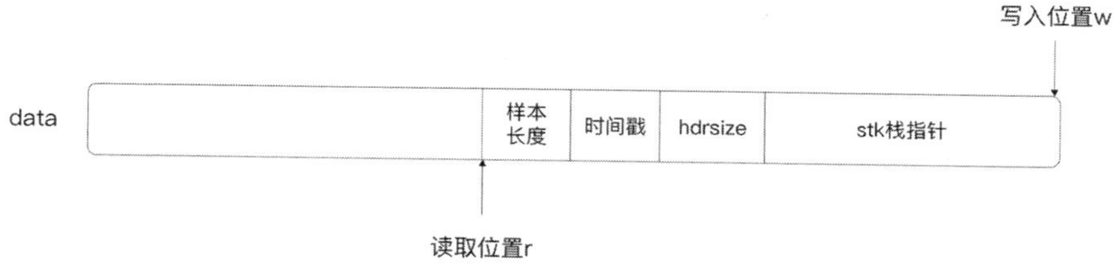

图 21-14　读取与写入位于 data 缓存中的 CPU 样本

21.4.4　pprof 分析原理

所有 pprof 的样本数据最后都会以 Protocol Buffers[6]格式序列化数据并通过 gzip 压缩后写入文件。用户获取该文件后最终将使用 go tool pprof 对样本文件进行解析。go tool pprof 将文件解码并还原为 Protocol Buffers 格式，如下。Profile 代表一系列样本的集合，主要包含样本类型、样本数组 Sample，以及表示函数、行号、文件名等调试信息的 Location 字段。

```
message Profile {
  repeated ValueType sample_type = 1;
  repeated Sample sample = 2;
  repeated Location location = 4;
  ...
}
```

每个 Sample 样本都对应一个 Location id 数组，代表函数调用链上的函数信息，正如之前讲到的，样本中的函数有可能重复，而每个 Location id 对应一个函数可以避免记录重复的信息。value 是一个数组，代表调用链上函数对应的值，该值和样本的类型有关，例如 CPU 样本是持续时间，而内存样本是内存的大小。

```
message Sample {
  repeated uint64 location_id = 1;
  repeated int64 value = 2;
  repeated Label label = 3;
}
```

pprof 的重要功能是统计搜集到的样本，包括 flat 与 cum 这两个重要的指标，除此之外，还能够以图的形式表示函数的调用链，相同的函数是图中同一个节点，图中的调用关系由两部分决定——父函数和子函数，其中箭头的方向表示父函数调用子函数。

下面举例分析内存分配特征文件的分析原理，图 21-15 所示为单样本，假设其函数调用链为 A()→B()→C()，所有函数都会被分配内存，对应的 flat 值为 A、B、C。当计算 cum 的值时，需要从 A 函数开始从上到下遍历调用链，当遍历到节点 B()时，需要对其父节点 A()的 cum 字段加上当前 flat 的值 B，当遍历到叶子节点 C()时，父节点 B()与 A()的 cum 字段都需要加上当前 flat 的值 C。

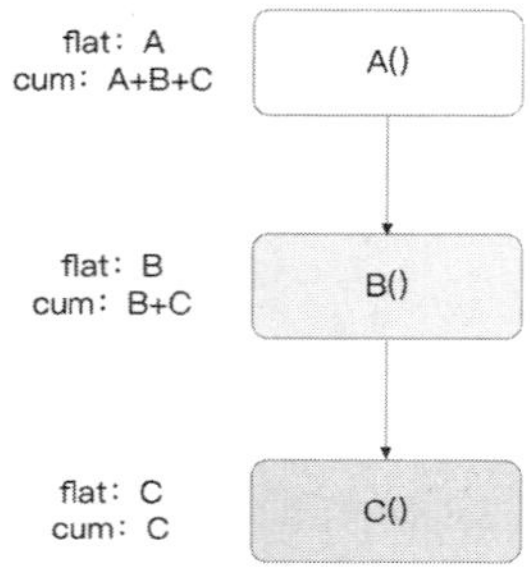

图 21-15　单样本 pprof 分析原理

再来看多样本的情况，我们假设其函数调用链为 D()→B()→C()，相同的调用链将会合并，其 pprof 分析原理如图 21-16 所示。

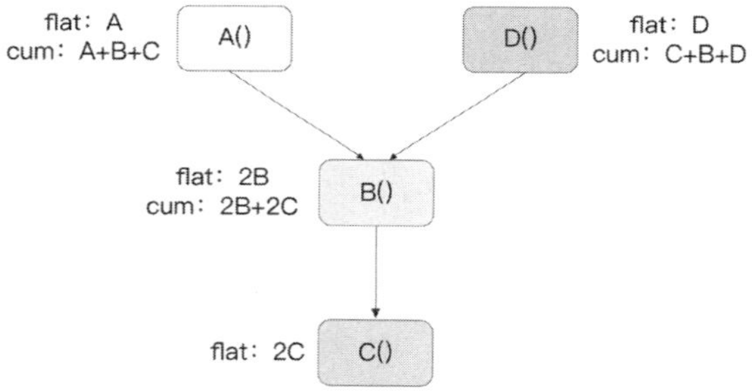

图 21-16　多样本 pprof 分析原理

核心逻辑可以在 newGraph 函数中查看。

```
// pprof/internal/graph
func newGraph(prof *profile.Profile, o *Options) (*Graph, map[uint64]Nodes) {
// 遍历所有样本
for _, sample := range prof.Sample {
      // 遍历样本的调用链
```

```
        for i := len(sample.Location) - 1; i >= 0; i-- {
            l := sample.Location[i]
            locNodes := locationMap[l.ID]
            for ni := len(locNodes) - 1; ni >= 0; ni-- {
                n := locNodes[ni]
                // 所有父节点都计算 cum，同时避免重复计算
                if _, ok := seenNode[n]; !ok {
                    n.addSample(dw, w, labels, sample.NumLabel, sample.NumUnit,
o.FormatTag, false)
                }
                // 父节点与子节点决定了图上的一条边
                parent.AddToEdgeDiv(n, dw, w, residual, ni != len(locNodes)-1)
                parent = n
            }
        }
        if parent != nil && !residual {
            // 叶子节点加 flat
            parent.addSample(dw, w, labels, sample.NumLabel, sample.NumUnit,
o.FormatTag, true)
        }
    }
    return selectNodesForGraph(nodes, o.DropNegative), locationMap
}
```

21.5 trace 底层原理

即便使用 net/http/pprof 包，底层仍然会调用 runtime/trace 功能。在 trace 的初始阶段需要首先 STW，然后获取协程的快照、状态、栈帧信息，接着设置 trace.enable=true 开启 GC，最后重新启动所有协程，如图 21-17 所示。

trace 提供了强大的内省功能，这种功能不是没有代价的，Go 语言在运行时源码中每个重要的事件处都加入了判断 trace.enabled 是否开启的条件，并编译到了程序中，当 trace 开启后，会触发 traceEvent 写入事件。

```
if trace.enabled {
        traceEvent(args)
    }
```

这些关键的事件包括协程的生命周期、协程堵塞、网络 I / O、系统调用、垃圾回收等，根据事件的不同，可能保存和此事件相关的不同数量的参数及栈追踪数据。每个逻辑处理器 P 都

有一个缓存（p.tracebuf），用于存储已经被序列化为字节的事件（Event），如图 21-18 所示。

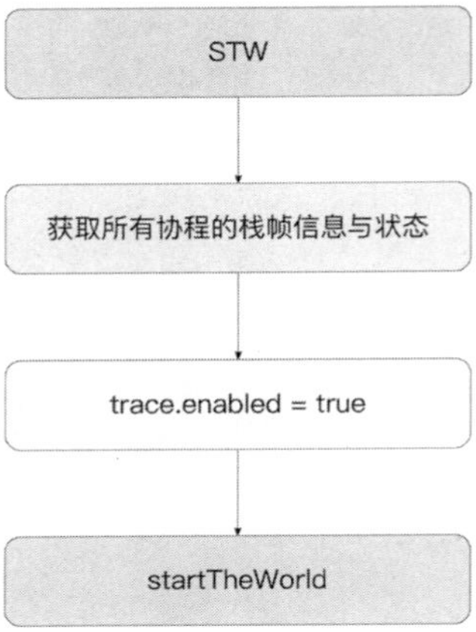

图 21-17　tracec 处理流程

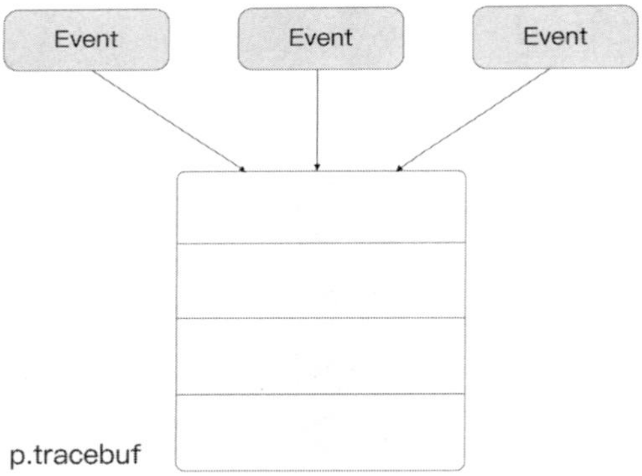

图 21-18　trace 事件存储到逻辑处理器 P 的缓存中

版本、时间戳、栈 ID、协程 ID 等整数信息使用 LEB128 编码，用于有效压缩数字的长度。字符串使用 UFT-8 编码。

每个逻辑处理器 P 的缓存都是有限度的，当超过了缓存限度后，逻辑处理器 P 中的 tracebuf 会转移到全局链表中，如图 21-19 所示。

同时，trace 工具会新开一个协程专门用于读取全局 trace 上的信息，此时全局的事件对象已经是序列化之后的字节数组，直接添加到文件中即可。另外，访问全局 trace 缓存需要加锁，当没有可以访问的对象时，读取协程会陷入休眠状态。

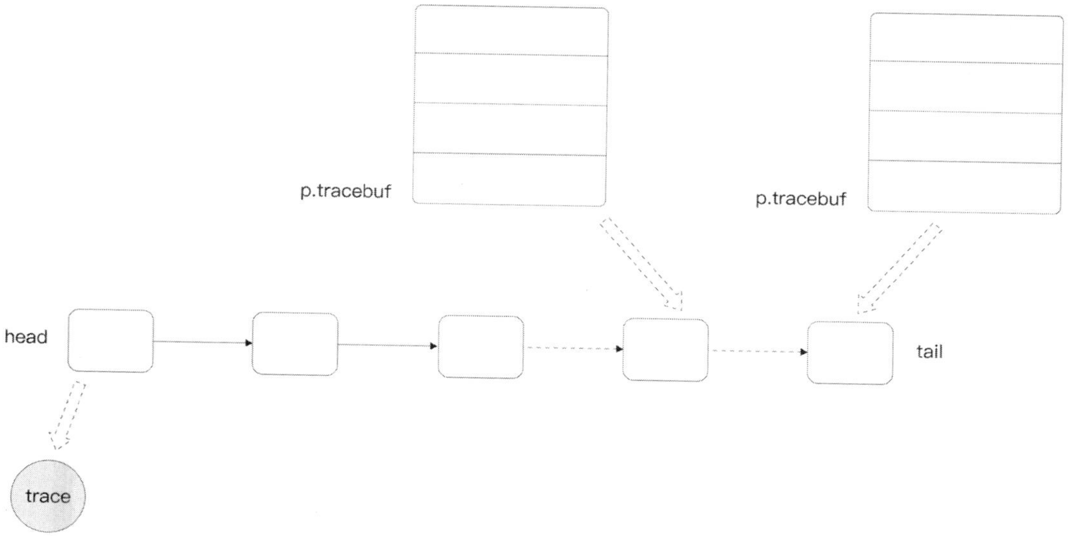

图 21-19　逻辑处理器 P 中的缓存溢出到全局链表中

当指定的时间到期后，需要结束 trace 任务，程序会再次陷入 STW 状态，刷新逻辑处理器 P 上的 tracebuf 缓存，设置 trace.enabled = false，从而完成整个 trace 收集周期。

当完成收集工作并存储到文件后，go tool trace 完成对 trace 文件的解析并开启 http 服务供浏览器访问，在 Go 源码中可以看到具体的解析过程[3]。trace 的 web 界面来自 trace-viewer 项目[4]，trace-viewer 可以从多种事件格式中生成可视化效果，go tool trace 中使用了基于 JSON 的事件格式[5]。

21.6　总结

本章介绍了调试 Go 语言程序的强大工具——pprof 及 trace 的使用方法和底层原理。pprof 提供了内存大小、CPU 使用时间、协程堆栈信息、堵塞时间等多种维度的样本统计信息。通过查看占用最多资源的代码路径，可以方便地检查出程序遇到的内存泄露、死锁、CPU 利用率过高等问题。在实践中，可以放心地将 pprof 以 http 的形式暴露出来，在不调用 http 接口的情况下对程序的性能几乎没有影响。

trace 是以事件为基础的信息追踪，可以反映出一段时间内程序的变化，例如频繁的 GC 及协程调度等。在掌握其原理后适时对 Go 程序遇到的问题进行调试，将起到事半功倍的效果。